北航双一流建设教材

张 量 分 析

尹幸榆　李海旺　由儒全　编著

北京航空航天大学出版社

内容简介

本书尽量避免抽象的数学概念与繁难的数学推导，代之以直观的几何或物理解释、证明或验证。书中内容尽管在数学的严密性上不足，但有益于数学背景知识较少的工科学生尽快熟悉和掌握张量这个有力的数学工具。此外，虽然本书重点介绍应用最为广泛的三维几何与物理空间的张量，但许多结论可直接用于抽象的 n 维线性空间的张量。

本书可以作为工科专业本科生和研究生的张量入门教材。

图书在版编目(CIP)数据

张量分析 / 尹幸榆，李海旺，由儒全编著. -- 北京：北京航空航天大学出版社，2020.7

ISBN 978-7-5124-3303-8

Ⅰ. ①张… Ⅱ. ①尹… ②李… ③由… Ⅲ. ①张量分析一高等学校一教材 Ⅳ. ①O183.2

中国版本图书馆 CIP 数据核字(2020)第 121149 号

张量分析

尹幸榆　李海旺　由儒全　编著

责任编辑　杨　昕

*

北京航空航天大学出版社出版发行

北京市海淀区学院路 37 号(邮编 100191)　http://www.buaapress.com.cn

发行部电话：(010)82317024　传真：(010)82328026

读者信箱：emsbook@buaacm.com.cn　邮购电话：(010)82316936

涿州市新华印刷有限公司印装　各地书店经销

*

开本：710×1 000　1/16　印张：12　字数：249 千字

2020 年 8 月第 1 版　2020 年 8 月第 1 次印刷　印数：2 000 册

ISBN 978-7-5124-3303-8　定价：49.00 元

前　言

张量可看作是向量(矢量)的一种推广。我们知道,向量是既有大小又有方向的量。然而,在数学和物理学中还会遇到更为复杂的量,对它们的描述就不能只用大小和方向,而必须应用更多的概念。例如,在材料力学中,为了描述变形体内的应力,除了知道它的大小与方向外,还必须知道应力作用面的方位。这样的量就只能用张量的数学客体来描述。事实上,以后我们将会看到,向量和标量均可视为张量的特例,它们分别称为一阶张量和零阶张量。

客观的自然规律本质上与人为选择的坐标系无关,但为了定量描述自然规律,往往需要引入适当的坐标系,这就有可能对同一现象的描述在不同的坐标系下得到不同形式的数学方程。用张量方程表达物理定律与几何定理具有两个重要的特性:第一个重要特性是方程形式的不变性,即在任何坐标系下张量方程具有不变的形式。这一特性正好反映了自然规律与坐标系无关这一事实。利用这一特性,我们可以在某些简单情况以及特定的坐标系下建立某种物理现象的数学方程,然后把它写成张量的形式,便可应用到其他复杂情况及坐标系中。在某些情况下,还可根据张量方程的不变特性直接导出物理方程的具体数学形式。当然,并非所有的物理方程均可写成张量的形式,但一个具有普遍意义的物理方程应当具有张量的数学形式,这一点可成为我们判别物理方程普遍性的一种方法。张量方程的第二个重要特性是方程的简洁性。它不仅可以大大简化方程的书写与推导,更有助于我们清晰地把握物理现象的本质。随着现代科学技术的发展,张量分析这门学科已成为科学研究与工程技术中不可缺少的数学工具。可以说,对于一个21世纪的科技工作者,如果对张量分析没有一定程度的了解,就无法读懂许多领域(尤其是力学领域)的大部分参考文献,因而无法正常地开展工作。

本书是为工科专业本科生和研究生编写的张量入门教材。假定读者已具有高等数学和线性代数的知识,因此凡遇到上述内容,只须简要地复习或直接引用其结论即可。书中尽量避免抽象的数学概念与繁难的数学推导,代之以直观的几何或物理解释、证明或验证。书中内容尽管在数学的严密性上不足，但有益于数学背景知识较少的工科学生尽快熟悉和掌握张量这个有力的数学工具。此外，虽然本书重点介绍应用最为广泛的三维几何与物理空间的张量，但许多结论可直接用于抽象的 n 维线性空间的张量。

张量分析课程内容实际上包括张量代数与张量分析两部分，其中，前者介绍张量的基本概念及代数运算，后者主要涉及张量的微积分。本书把笛卡儿张量与一般张量作为两个相对独立的单元来编写，这样可方便只需了解前者的读者。

限于编者水平，书中难免有疏误之处，恳请读者批评指正。

作　者

2020 年 5 月

目　　录

第 1 章　向量与坐标

张量是向量的推广。和向量一样，张量本身与坐标系无关，但其分量的值却与坐标系密切相关。本章在复习向量和坐标的同时，介绍了张量的表示方法，重点是**指标表示法**。除此之外，本章还引入了新的内容——**向量的并积**，为下一步定义张量打下基础。

1.1　向量与向量空间

向量可以用三种方式定义：几何方式、解析方式和公理方式。

几何方式是最基本的方式，它直接根据向量的物理意义来定义向量：向量是有大小与方向的量，合成时符合平行四边形法则。由定义，可用有向线段 $\overline{OP}$（见图 1-1）来表示向量，记为 $\boldsymbol{a}$。O 点表示 $\boldsymbol{a}$ 的起点，P 点为终点。线段长度表示 $\boldsymbol{a}$ 的大小，记为 $|\boldsymbol{a}|$。向量的定义表明：① 向量与坐标系无关，这是向量的重要特征；② 向量与作用点无关，这是一种数学假定，它表明向量在数学上视为自由向量，也就是两个长

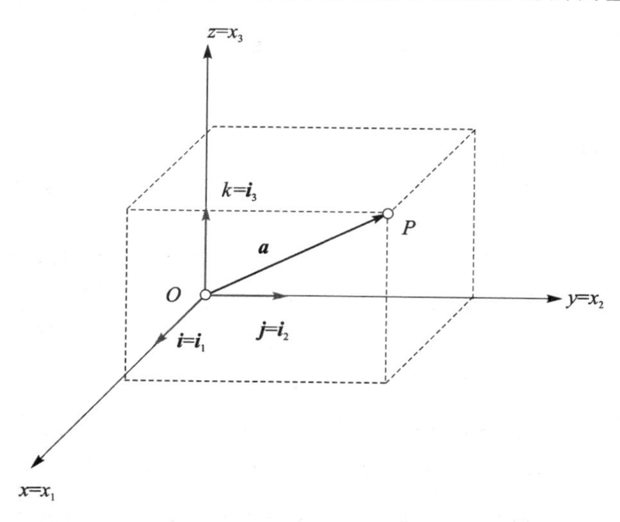

图 1-1　向量的定义

度和方向相同的向量为等向量。

向量的位置(作用点)效应可用向量函数$\boldsymbol{v}(x,y,z)$表示,x,y,z 表示$\boldsymbol{v}$ 作用点的空间坐标。如图 1-2 所示,水流各点的流速可用向量函数$\boldsymbol{v}(x,y,z)$表示,x,y,z 表示$\boldsymbol{v}$ 作用点的空间坐标。

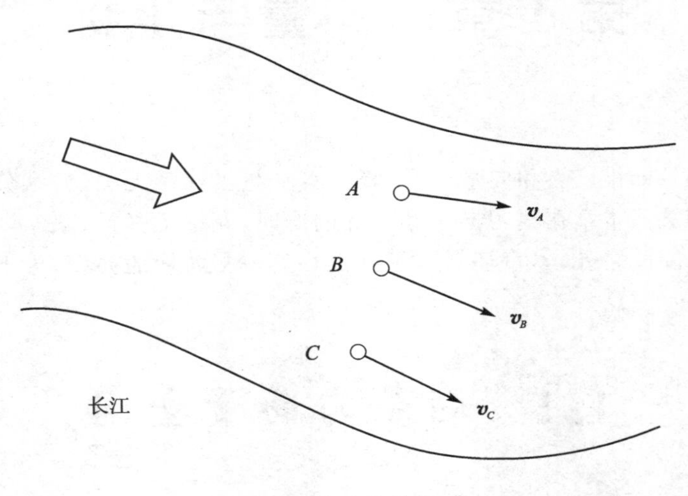

图 1-2 流速场

用几何方式研究向量,最大的缺陷是不方便计算,为此可引入直角坐标系(见图 1-1)将几何向量数值化(解析化)。由平行四边形法则,将 $\boldsymbol{a}$ 沿坐标轴正向分解可得

$$\boldsymbol{a}=a_x\boldsymbol{i}+a_y\boldsymbol{j}+a_z\boldsymbol{k} \tag{1.1}$$

式中:(a_x,a_y,a_z)为$\boldsymbol{a}$ 在(x,y,z)轴上的投影(张量理论中称为分量),$(\boldsymbol{i},\boldsymbol{j},\boldsymbol{k})$为沿坐标轴正向的单位正交向量组,称为向量的**基**。

指标表示法

1. 自由标

为简化表示法,引入数字指标(下标或上标)表示数(向量)组,如

$$(x,y,z)\ (x_1,x_2,x_3)=x_k$$

$$(a_x,a_y,a_z)\ (a_1,a_2,a_3)=a_l$$

$$(\boldsymbol{i},\boldsymbol{j},\boldsymbol{k})\ (\boldsymbol{i}_1,\boldsymbol{i}_2,\boldsymbol{i}_3)=\boldsymbol{i}_m$$

式中:小写指标 k,l,m 为整型变量,称为**自由标**,可在默认范围内取任意值。本书仅讨论三维线性空间,自由标默认取值为 1,2,3 (n 维线性空间中,自由标默认取值为 $1,\cdots,n$)。字母带自由标不仅简化了数(向量)组的表示,而且具有双重意义:它

既可代表数(向量)组全体(当视自由标为变量时),亦可表示数(向量)组中某一分量(当视自由标为某一数值时)。

2. 爱因斯坦求和约定与哑标

引入数字指标后,式(1.1)可写为

$$\boldsymbol{a}=a_1\boldsymbol{i}_1+a_2\boldsymbol{i}_2+a_3\boldsymbol{i}_3=\sum_{j=1}^{3}a_j\boldsymbol{i}_j$$

采用**爱因斯坦求和约定**:若指标中有两个相同,则表示在默认范围内求和,可略去求和号,即

$$\boldsymbol{a}=a_j\boldsymbol{i}_j \tag{1.2}$$

式中:j 称为**哑标**。哑标的默认取值仍为 1,2,3。哑标必须成对出现,暗示存在隐含的求和运算。哑标的符号可任换:

$$a_j\boldsymbol{i}_j=a_k\boldsymbol{i}_k=a_l\boldsymbol{i}_l=a_1\boldsymbol{i}_1+a_2\boldsymbol{i}_2+a_3\boldsymbol{i}_3$$

哑标换号是张量方程推导中常用的技巧

式(1.2)中,a_j 代表向量的数量特性,$\boldsymbol{i}_j$ 是物理实体,可能是一组物理对象或抽象的数学对象(如加速度、相互正交单位有向线段等)。但如果我们只关心向量的代数特性,可将 $\boldsymbol{i}_j$ 数值化,人为规定

$$\boldsymbol{i}_1=(1,0,0),\quad \boldsymbol{i}_2=(0,1,0),\quad \boldsymbol{i}_3=(0,0,1) \tag{1.3}$$

自然基

在线性代数中,单位正交向量构成的基称为标准正交基,这里我们把满足式(1.3)的标准正交基称为自然基(本书中自然基均用 $\boldsymbol{i}_j$ 表示)。通常自然基是默认的标准正交基,任意标准正交基用 $\boldsymbol{e}_i$ 表示,可视为由自然基通过某种变换(旋转、平移、反射)得到。显然除自然基外,$\boldsymbol{e}_i$ 不满足式(1.3)。由向量代数可知基不是唯一的,同一向量可用不同的基表示,即

$$\boldsymbol{a}=a_i\boldsymbol{e}_i=a_j\boldsymbol{i}_j \tag{1.4}$$

式中:a_i 为 $\boldsymbol{a}$ 在 $\boldsymbol{e}_i$ 下的分量(坐标)。

由式(1.2),在给定的基向量$(\boldsymbol{i}_1,\boldsymbol{i}_2,\boldsymbol{i}_3)=\boldsymbol{i}_j$ 下,向量 $\boldsymbol{a}$ 与数组$(a_1,a_2,a_3)=a_j$ 一一对应,我们给出以下定义。

1. 向量的解析定义

向量是一个三元数组 $\boldsymbol{a} \equiv (a_1, a_2, a_3) = a_i$，满足下面运算法则：

$$
\begin{array}{lll}
① & \text{相等} & \boldsymbol{a} = \boldsymbol{b}，\text{当且仅当 } a_1 = b_1, a_2 = b_2, a_3 = b_3, (a_i = b_i) \\
② & \text{零向量} & \boldsymbol{0} \equiv (0,0,0) \\
③ & \text{负向量} & -\boldsymbol{a} \equiv (-a_1, -a_2, -a_3) = -a_i \\
④ & \text{数乘} & \lambda\boldsymbol{a} \equiv (\lambda a_1, \lambda a_2, \lambda a_3) = \lambda a_i \\
⑤ & \text{加法} & \boldsymbol{a} + \boldsymbol{b} \equiv (a_1 + b_1, a_2 + b_2, a_3 + b_3) = a_i + b_i
\end{array} \tag{1.5}
$$

定义中符号"≡"表示向量解析定义数组的数值对应于式(1.3)所确定的自然基，"≡"称为**解析等**，对应的分量称为**解析分量。**实际上式(1.5)可根据向量的几何定义及式(1.3)推导得出。

任一向量可表示为

$$
\begin{aligned}
\boldsymbol{a} &\equiv (a_1, a_2, a_3) \\
&= a_j \\
&= a_1(1,0,0) + a_2(0,1,0) + a_3(0,0,1) \\
&\equiv a_1\boldsymbol{i}_1 + a_2\boldsymbol{i}_2 + a_3\boldsymbol{i}_3 = a_j\boldsymbol{i}_j
\end{aligned} \tag{1.6}
$$

在自然基下物理实体和纯数之间须用解析等号连接

可见解析法与几何法定义的结果相同。自然基的引入使我们摆脱了向量的物理背景，将其完全数值化，从而更利于分析和计算，且可推广到应用更为广泛的 n 维向量。

由几何定义与解析定义可导出向量满足的八条最基本的运算规律：

$$
\begin{array}{lll}
① & \text{交换律} & \boldsymbol{a} + \boldsymbol{b} = \boldsymbol{b} + \boldsymbol{a} \\
② & \text{结合律} & (\boldsymbol{a} + \boldsymbol{b}) + \boldsymbol{c} = \boldsymbol{a} + (\boldsymbol{b} + \boldsymbol{c}) \\
③ & \text{零向量} & \boldsymbol{a} + \boldsymbol{0} = \boldsymbol{a} \\
④ & \text{负向量} & \boldsymbol{a} + (-\boldsymbol{a}) = \boldsymbol{0} \\
⑤ & \text{结合律} & (\lambda\mu)\boldsymbol{a} = \lambda(\mu\boldsymbol{a}) \\
⑥ & \text{分配律} & \lambda(\boldsymbol{a} + \boldsymbol{b}) = \lambda\boldsymbol{a} + \lambda\boldsymbol{b} \\
⑦ & \text{分配律} & (\lambda + \mu)\boldsymbol{a} = \lambda\boldsymbol{a} + \mu\boldsymbol{a} \\
⑧ & 1\text{ 元素} & 1\boldsymbol{a} = \boldsymbol{a}
\end{array} \tag{1.7}
$$

这 8 条规律反映了向量最本质的代数特征，可用来作为向量的公理化定义。

2. 向量的公理化定义

在含有零元素与负元素的集合 V 中，定义了加法与数乘两种线性运算，若满足上述八条运算规律，则 V 称为线性空间，V 中的元素称为**向量**。

公理化定义不涉及线性运算具体的定义，故可描述更为广泛、更为抽象的数学对象和物理对象。本书只讨论由解析法定义的线性空间，称为**向量空间。**

线性代数的理论表明：空间中任意向量都可用 n 个线性无关的向量的线性组合来表示，n 称为空间的维数，线性无关的向量组称为向量空间的**基**。在式(1.3)中，$\boldsymbol{i}_j$ 是三维向量空间的一组单位正交向量，必定线性无关，可取为向量空间的基，则有

$$\boldsymbol{a}=a_1\boldsymbol{i}_1+a_2\boldsymbol{i}_2+a_3\boldsymbol{i}_3=a_j\boldsymbol{i}_j$$

可见三种定义的结果是相同的，我们主要用解析定义讨论三维向量，并引用公理化定义的理论结果，用几何的定义来观察向量的图像。

自测题 1.1

由式(1.6)有

$$\boldsymbol{a}\equiv(a_1,a_2,a_3)=a_j\equiv a_j\boldsymbol{i}_j \tag{1.8}$$

再由式(1.4)是否可写为

$$\boldsymbol{a}=(a_1,a_2,a_3)=a_j=a_j\boldsymbol{e}_j$$

1.2　点积与欧氏空间

同义词：点积、内积、数量积、标量积

在线性空间里，没有长度和夹角的概念，从而没有几何度量的概念；此外，几何上求向量在数轴上的投影，物理上功与功率的计算等，都需引入点积的概念。

点积也有三种定义方式：**几何方式**、**解析方式**、**公理方式**。

几何定义与坐标系无关，即

$$\boldsymbol{a}\cdot\boldsymbol{b}=|\boldsymbol{a}|\,|\boldsymbol{b}|\cos(\boldsymbol{a},\boldsymbol{b})=a_B\,|\boldsymbol{b}|=b_A\,|\boldsymbol{a}| \tag{1.9}$$

式中：a_B，b_A 表示投影(见图 1-3)。

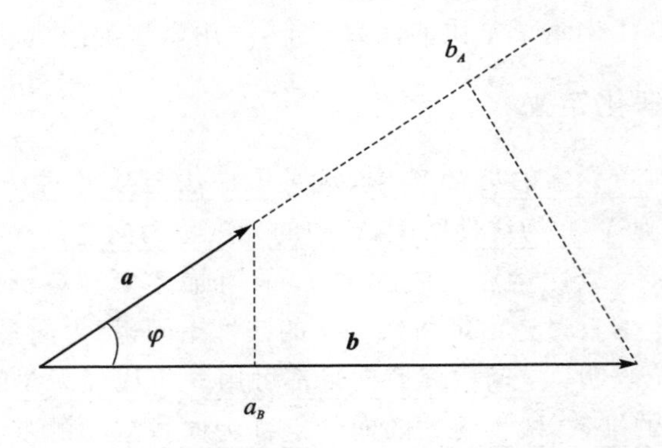

图 1-3 点积的几何定义

本书大写的下标不是数字标(自由标或哑标),仅注释所属的变量

由定义可知,点积是一种非线性运算,两向量的夹角为

$$\cos\varphi=\cos(\boldsymbol{a},\boldsymbol{b})=\frac{\boldsymbol{a}\cdot\boldsymbol{b}}{|\boldsymbol{a}||\boldsymbol{b}|} \tag{1.10}$$

向量的模(长度)为

$$|\boldsymbol{a}|=\sqrt{\boldsymbol{a}\cdot\boldsymbol{a}} \tag{1.11}$$

由几何定义可导出向量点积的 4 条最基本的运算规律:

① 交换律 $\boldsymbol{a}\cdot\boldsymbol{b}=\boldsymbol{b}\cdot\boldsymbol{a}$
② 结合律 $(\lambda\boldsymbol{a})\cdot\boldsymbol{b}=\lambda(\boldsymbol{a}\cdot\boldsymbol{b})$
③ 分配律 $(\boldsymbol{a}+\boldsymbol{b})\cdot\boldsymbol{c}=\boldsymbol{a}\cdot\boldsymbol{c}+\boldsymbol{b}\cdot\boldsymbol{c}$
④ $\boldsymbol{a}\cdot\boldsymbol{a}\geqslant 0$,当且仅当 $\boldsymbol{a}=\boldsymbol{0}$ 时 $\boldsymbol{a}\cdot\boldsymbol{a}=0$
(1.12a)

读者可利用这些基本运算规律进一步导出下面的运算规律:

$$\left.\begin{array}{ll}\text{结合律} & \lambda(\boldsymbol{a}\cdot\boldsymbol{b})=\boldsymbol{a}\cdot(\lambda\boldsymbol{b})\\ \text{结合律} & (\lambda\mu)\boldsymbol{a}\cdot\boldsymbol{b}=(\lambda\boldsymbol{a})\cdot(\mu\boldsymbol{b})\\ \text{分配律} & \boldsymbol{a}\cdot(\boldsymbol{b}+\boldsymbol{c})=\boldsymbol{a}\cdot\boldsymbol{b}+\boldsymbol{a}\cdot\boldsymbol{c}\end{array}\right\} \tag{1.12b}$$

式(1.12a)的运算规律本质上反映了点积的全部代数特征,可作为点积的公理化定义。

公理化定义:点积是在线性空间中,满足运算规律式(1.12)的代数运算。

公理化定义不涉及坐标系和点积运算的具体定义,适用于任何抽象的线性空间。有了点积概念,再由式(1.10)和式(1.11),线性空间就有了几何度量,任意线性空间就与真实的三维欧几里得几何空间相似,所以定义了点积的线性空间称为**欧氏**

空间。

设 $\boldsymbol{g}_i$ 为三维欧氏空间的任意基(可以为非标准正交基),$\boldsymbol{a}=a_i\boldsymbol{g}_i$,$\boldsymbol{b}=b_j\boldsymbol{g}_j$ 为空间任意两个向量,由公理化定义

$$\begin{aligned}\boldsymbol{a}\cdot\boldsymbol{b}&=(a_i\boldsymbol{g}_i)\cdot(b_j\boldsymbol{g}_j)\\&=(a_1\boldsymbol{g}_1+a_2\boldsymbol{g}_2+a_3\boldsymbol{g}_3)\cdot(b_1\boldsymbol{g}_1+b_2\boldsymbol{g}_2+b_3\boldsymbol{g}_3)\\&=a_1b_1\boldsymbol{g}_1\cdot\boldsymbol{g}_1+a_1b_2\boldsymbol{g}_1\cdot\boldsymbol{g}_2+a_1b_3\boldsymbol{g}_1\cdot\boldsymbol{g}_3+\\&\quad a_2b_1\boldsymbol{g}_2\cdot\boldsymbol{g}_1+a_2b_2\boldsymbol{g}_2\cdot\boldsymbol{g}_2+a_2b_3\boldsymbol{g}_2\cdot\boldsymbol{g}_3+\\&\quad a_3b_1\boldsymbol{g}_3\cdot\boldsymbol{g}_1+a_3b_2\boldsymbol{g}_3\cdot\boldsymbol{g}_2+a_3b_3\boldsymbol{g}_3\cdot\boldsymbol{g}_3\\&=a_ib_1\boldsymbol{g}_i\cdot\boldsymbol{g}_1+a_ib_2\boldsymbol{g}_i\cdot\boldsymbol{g}_2+a_ib_3\boldsymbol{g}_i\cdot\boldsymbol{g}_3\\&=a_ib_j\boldsymbol{g}_i\cdot\boldsymbol{g}_j\end{aligned}\tag{1.13}$$

指标表示法

1. 指标式的仿代数特性

在式(1.13)的推导中,引用了点积的结合律、分配律、实数的加法结合律,以及应用了两次求和约定,由此可得出一个重要的规律性的结论:

在满足结合律、分配律的条件下,指标式的运算规律类同实数的运算规律

这一结论称为**指标式的仿代数特性**。利用这个结论,上面的推导过程可简化为

$$\boldsymbol{a}\cdot\boldsymbol{b}=a_i\boldsymbol{g}_i\cdot b_j\boldsymbol{g}_j=a_ib_j\boldsymbol{g}_i\cdot\boldsymbol{g}_j\tag{1.14}$$

令

$$g_{ij}=\boldsymbol{g}_i\cdot\boldsymbol{g}_j\tag{1.15}$$

式(1.14)可写为

$$\boldsymbol{a}\cdot\boldsymbol{b}=a_ib_jg_{ij}\tag{1.16}$$

式(1.16)中左边是**实体表示法**,右边是**指标表示法**,g_{ij} 是由两个自由标表示的二阶数组,数组分量的排列顺序规定为

$$g_{ij}=(g_{11},g_{12},g_{13},g_{21},g_{22},g_{23},g_{31},g_{32},g_{33})\tag{1.17a}$$

排列顺序与算法语言多重循环变量的循环顺序相同,其中 i 是外循环变量,j 是内循环变量。二阶数组还可以用矩阵表示

$$[g_{ij}]=\begin{bmatrix}g_{11}&g_{12}&g_{13}\\g_{21}&g_{22}&g_{23}\\g_{31}&g_{32}&g_{33}\end{bmatrix}=[G]\tag{1.17b}$$

用白斜体加方括号表示矩阵实体，以区别于后面的黑斜体表示的张量

所以两个自由标可表示二阶数组或矩阵，后面将看到，$[g_{ij}]=[G]$ 称为**度量矩阵**，它是正定矩阵，同时它也是一个二阶对称张量，称为**度量张量**。

2. 克罗内克符号(Kronecker Delta)及置换特性

如果 $\boldsymbol{g}_i$ 为标准正交基，即 $\boldsymbol{g}_i=\boldsymbol{e}_i$，则式(1.15)变为

$$\boldsymbol{e}_i\cdot\boldsymbol{e}_j=\delta_{ij}=\begin{cases}1, & i=j\\ 0, & i\neq j\end{cases}\tag{1.18}$$

式中：δ_{ij} 称为**克罗内克符号**，由式(1.18)知，它可表示为一个单位矩阵，即

$$[\delta_{ij}]=[I]=\begin{bmatrix}1 & 0 & 0\\ 0 & 1 & 0\\ 0 & 0 & 1\end{bmatrix}$$

本书用 $[I]$ 表示单位矩阵

克罗内克符号最重要的特性是它的**置换特性**：

δ_{ij} 符号相当于单位矩阵，与任意指标量作用(相乘)时，自身消失，同时改变被作用指标量的符号。如

$$A_{ij}\delta_{ik}=A_{kj}$$

规则是：若 δ_{ij} 有一指标与被作用指标量的某一指标相同，则用 δ_{ij} 另一指标置换被作用指标量的相同指标，同时自身消失。

证：

$$\begin{aligned}A_{ij}\delta_{ik}&=A_{1j}\delta_{1k}+A_{2j}\delta_{2k}+A_{3j}\delta_{3k}\\&=\begin{bmatrix}A_{1j}\delta_{11}+A_{2j}\delta_{21}+A_{3j}\delta_{31}\\ A_{1j}\delta_{12}+A_{2j}\delta_{22}+A_{3j}\delta_{32}\\ A_{1j}\delta_{13}+A_{2j}\delta_{23}+A_{3j}\delta_{33}\end{bmatrix}\\&=\begin{bmatrix}A_{1j}\\ A_{2j}\\ A_{3j}\end{bmatrix}\begin{matrix}\Rightarrow(k=1)\\ \Rightarrow(k=2)\\ \Rightarrow(k=3)\end{matrix}\\&=A_{kj}\end{aligned}$$

利用 δ_{ij} 的置换特性可简化指标表达式。

例题 1.1　利用 δ_{ij} 的置换特性简化：① δ_{kk}；② $\delta_{ik}\delta_{ik}$。

解：

① $\delta_{kk}=\delta_{11}+\delta_{22}+\delta_{33}=1+1+1=3$。

② $\delta_{ik}\delta_{ik}=\delta_{ii}=\delta_{kk}=3$。

在标准正交基下，式(1.16)变为

$$\boldsymbol{a}\cdot\boldsymbol{b}=a_ib_j\delta_{ij}\xlongequal{\delta_{ij}\text{ 为置换特性}}a_ib_i=a_jb_j=a_1b_1+a_2b_2+a_3b_3 \tag{1.19}$$

这是我们熟知的向量点积的**解析定义**。

向量点积的解析定义仅适用于标准正交基(包括自然基和其余标准正交基)

例题 1.2　已知，自然基下，$\boldsymbol{a}\equiv(a_1,a_2,a_3)=a_j\equiv a_j\boldsymbol{i}_j$（$a_j$ 为 $\boldsymbol{a}$ 的解析分量），另有任意标准正交基

$$\begin{bmatrix}\boldsymbol{e}_1\\ \boldsymbol{e}_2\\ \boldsymbol{e}_3\end{bmatrix}\equiv\begin{bmatrix}e_{11} & e_{12} & e_{13}\\ e_{21} & e_{22} & e_{23}\\ e_{31} & e_{32} & e_{33}\end{bmatrix}\equiv\begin{bmatrix}e_{1k}\boldsymbol{i}_k\\ e_{2k}\boldsymbol{i}_k\\ e_{3k}\boldsymbol{i}_k\end{bmatrix}\Leftrightarrow\boldsymbol{e}_j=e_{jk}\boldsymbol{i}_k \tag{1.20}$$

其中，e_{jk} 为 $\boldsymbol{e}_j$ 的解析分量，在 $\boldsymbol{e}_i$ 下

$$\boldsymbol{a}=a_i\boldsymbol{e}_i=a_j\boldsymbol{i}_j \tag{1.21}$$

只有在自然基下，向量可不表示为基向量的组合，
一般情况向量应表示为基向量的组合(见自测题 1.1)

试证：$a_i=\boldsymbol{a}\cdot\boldsymbol{e}_i=e_{ij}\alpha_j$。

证： 式(1.20)两边点乘 $\boldsymbol{i}_m$，得

$$\begin{aligned}\boldsymbol{e}_j\cdot\boldsymbol{i}_m&=e_{jk}\boldsymbol{i}_k\cdot\boldsymbol{i}_m\\&=e_{jk}\delta_{km}=e_{jm}\end{aligned}$$

即（各项自由标换标）

$$e_{jk}=\boldsymbol{e}_j\cdot\boldsymbol{i}_k \tag{1.22}$$

式(1.21)两边点乘 $\boldsymbol{e}_m$，得

$$\boldsymbol{a}\cdot\boldsymbol{e}_m=a_i\boldsymbol{e}_i\cdot\boldsymbol{e}_m=\alpha_j\boldsymbol{i}_j\cdot\boldsymbol{e}_m$$
$$=a_i\delta_{im}=\alpha_j e_{mj}$$
$$=a_m=e_{mj}\alpha_j$$

所以

$$a_i=\boldsymbol{a}\cdot\boldsymbol{e}_i=e_{ij}\alpha_j \tag{1.23}$$

证毕。

又由式(1.21)和式(1.23)可得

$$\boldsymbol{a}=(\boldsymbol{a}\cdot\boldsymbol{e}_i)\boldsymbol{e}_i=(\boldsymbol{a}\cdot\boldsymbol{e}_1)\boldsymbol{e}_1+(\boldsymbol{a}\cdot\boldsymbol{e}_2)\boldsymbol{e}_2+(\boldsymbol{a}\cdot\boldsymbol{e}_3)\boldsymbol{e}_3 \tag{1.24}$$

这是常用的求向量分量的公式。

向量在标准正交基下的分量等于向量与标准正交基的点积

式(1.23)可展开为矩阵形式(分量型),即

$$\begin{bmatrix}a_1\\a_2\\a_3\end{bmatrix}=\begin{bmatrix}e_{1j}\alpha_j\\e_{2j}\alpha_j\\e_{3j}\alpha_j\end{bmatrix}$$

$$[a_i]=[e_{i1}\alpha_1+e_{i2}\alpha_2+e_{i3}\alpha_3]$$

再展开得

$$\begin{bmatrix}a_1\\a_2\\a_3\end{bmatrix}=\begin{bmatrix}e_{11}\alpha_1+e_{12}\alpha_2+e_{13}\alpha_3\\e_{21}\alpha_1+e_{22}\alpha_2+e_{23}\alpha_3\\e_{31}\alpha_1+e_{32}\alpha_2+e_{33}\alpha_3\end{bmatrix}$$
$$=\begin{bmatrix}e_{11}&e_{12}&e_{13}\\e_{21}&e_{22}&e_{23}\\e_{31}&e_{32}&e_{33}\end{bmatrix}\begin{bmatrix}\alpha_1\\\alpha_2\\\alpha_3\end{bmatrix} \tag{1.25}$$

写成矩阵实体形式

$$[a]=[e]\,[\alpha]$$

式中:$[a]$,$[\alpha]$为列矩阵。

省略等

由自测题1.1知,在非自然基 $\boldsymbol{g}_i$ 下,向量必须表示为基向量线性组合,但为了简便起见,在不至于混淆的情况下,常可略去基向量,记

$$\boldsymbol{a} = a_i \boldsymbol{g}^i \triangleright (a_1, a_2, a_3) = a_i \tag{1.26}$$

式中：符号▷称为**省略等**。

1.3　叉积与轴向量

同义词：叉积、向量积

叉积的物理背景来自转动。如图 1-4 所示，作用于 P 点的力 $\boldsymbol{f}$ 使物体围绕通过 O 点且垂直于 $\boldsymbol{rf}$ 平面的轴转动。$\boldsymbol{r}$ 为 P 点的位置向量。由物理学可知，$\boldsymbol{f}$ 的转动效应可用力矩向量 $\boldsymbol{M}$ 来度量。$\boldsymbol{M}$ 定义为 $\boldsymbol{r}$ 与 $\boldsymbol{f}$ 的叉积，即

$$\boldsymbol{M} = \boldsymbol{r} \times \boldsymbol{f} \tag{1.27}$$

大小为

$$|\boldsymbol{M}| = |\boldsymbol{r} \times \boldsymbol{f}| = |\boldsymbol{r}|\,|\boldsymbol{f}| \sin(\boldsymbol{r}, \boldsymbol{f}) \tag{1.28}$$

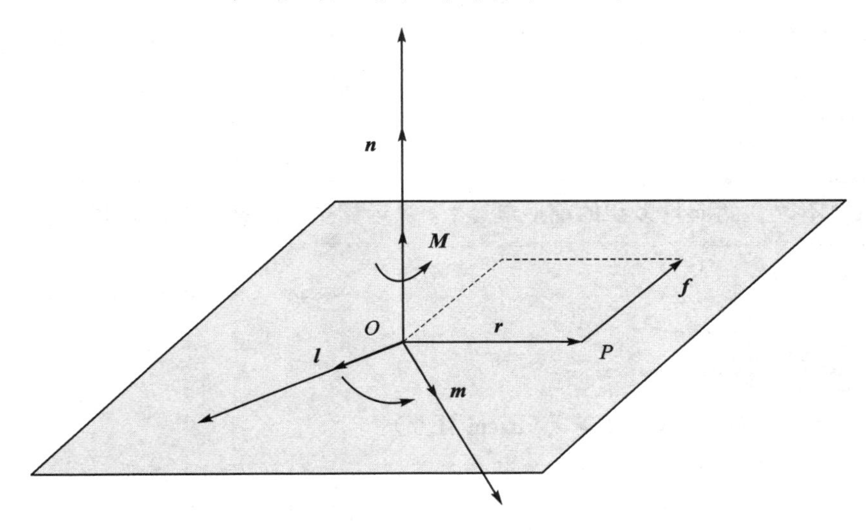

图 1-4　叉积的定义

几何上表示 $\boldsymbol{r}$ 与 $\boldsymbol{f}$ 构成的平行四边形面积。方向规定具有人为性，假定垂直于转动平面，指向按右手法则确定。这相当于定义了一个随物体转动的右手直角坐标系，其单位基向量为

$$(\boldsymbol{l}, \boldsymbol{m}, \boldsymbol{n})$$

坐标系的转动方向是 $\boldsymbol{l}$ 转至 $\boldsymbol{m}$，与 $\boldsymbol{r}$ 转至 $\boldsymbol{f}$ 保持一致，根据右手法则，$\boldsymbol{n}$ 的方向定义

为力矩 $\boldsymbol{M}$ 的方向，即

$$\boldsymbol{n}=\boldsymbol{l}\times\boldsymbol{m} \tag{1.29}$$

这种方向由人为规定的与坐标系转向有关的向量称为**轴向量**（如力矩、角转速等），而方向完全由物理意义确定的向量称为**极向量**（如力、速度等）。

在应用中，根据叉积的几何意义，我们常常定义一个**面积向量** $\boldsymbol{S}=\boldsymbol{a}\times\boldsymbol{b}=\boldsymbol{n}|\boldsymbol{S}|$ 来表示由两条有向线段确定的平行四边形面积，$\boldsymbol{S}=\frac{1}{2}\boldsymbol{a}\times\boldsymbol{b}=\boldsymbol{n}|\boldsymbol{S}|$ 表示由两条有向线段确定的三角形面积。

由定义可证，叉积符合下列基本运算法则：

$$\left.\begin{array}{ll}\text{负交换律} & \boldsymbol{a}\times\boldsymbol{b}=-\boldsymbol{b}\times\boldsymbol{a}\\ \text{结合律} & \lambda(\boldsymbol{a}\times\boldsymbol{b})=(\lambda\boldsymbol{a})\times\boldsymbol{b}\\ \text{分配律} & (\boldsymbol{a}+\boldsymbol{b})\times\boldsymbol{c}=\boldsymbol{a}\times\boldsymbol{c}+\boldsymbol{b}\times\boldsymbol{c}\end{array}\right\} \tag{1.30a}$$

读者可利用这些基本运算规律，进一步导出下面的运算规律：

$$\left.\begin{array}{ll}\text{结合律} & \lambda(\boldsymbol{a}\times\boldsymbol{b})=\boldsymbol{a}\times(\lambda\boldsymbol{b})\\ \text{结合律} & (\lambda\mu)\boldsymbol{a}\times\boldsymbol{b}=(\lambda\boldsymbol{a})\times(\mu\boldsymbol{b})\\ \text{分配律} & \boldsymbol{a}\times(\boldsymbol{b}+\boldsymbol{c})=\boldsymbol{a}\times\boldsymbol{b}+\boldsymbol{a}\times\boldsymbol{c}\end{array}\right\} \tag{1.30b}$$

参照推导式(1.13)的方法，可得叉积在标准正交基下的解析表达式，即

$$\boldsymbol{a}\times\boldsymbol{b}=a_j\boldsymbol{e}_j\times b_k\boldsymbol{e}_k=a_jb_k\boldsymbol{e}_j\times\boldsymbol{e}_k \tag{1.31}$$

可见，

只要不改变两向量叉积的前后顺序，叉积运算仍满足指标式的仿代数特性

置换符号

为了简化表达，引入**置换符号(Ricci 符号)**：

$$\varepsilon_{ijk}=\begin{cases}1, & ijk\text{ 的不重复偶排列 }123,231,312\text{（又称正循环排列）}\\ -1, & ijk\text{ 的不重复奇排列 }132,321,213\text{（又称逆循环排列）}\\ 0, & \text{重复排列}\end{cases} \tag{1.32}$$

如图 1-5 所示逆时针设为正循环，顺时针设为逆循环

由奇偶排列的性质，显然有

$$\varepsilon_{ijk}=-\varepsilon_{jik}=\varepsilon_{kij}=\cdots \tag{1.33}$$

置换符号的指标交换一次变号，交换两次值不变

当坐标系为右手坐标系时(见图 1－5)，不难得出

偶排列：$\boldsymbol{e}_1\times\boldsymbol{e}_2=\boldsymbol{e}_3,\quad \boldsymbol{e}_2\times\boldsymbol{e}_3=\boldsymbol{e}_1,\quad \boldsymbol{e}_3\times\boldsymbol{e}_1=\boldsymbol{e}_2$

奇排列：$\boldsymbol{e}_1\times\boldsymbol{e}_3=-\boldsymbol{e}_2,\quad \boldsymbol{e}_3\times\boldsymbol{e}_2=-\boldsymbol{e}_1,\quad \boldsymbol{e}_2\times\boldsymbol{e}_1=-\boldsymbol{e}_3$

同指标：$\boldsymbol{e}_1\times\boldsymbol{e}_1=\boldsymbol{e}_2\times\boldsymbol{e}_2=\boldsymbol{e}_3\times\boldsymbol{e}_3=\boldsymbol{0}$

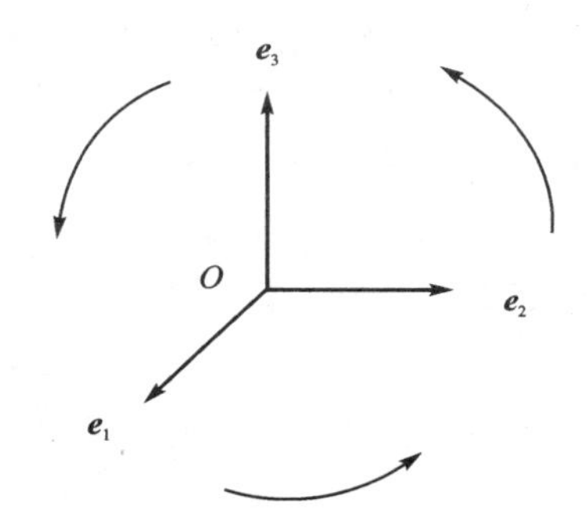

图 1－5　右手直角坐标系

指标变化规律与置换符号相同，所以

$$\boldsymbol{e}_j\times\boldsymbol{e}_k=\varepsilon_{ijk}\boldsymbol{e}_i \tag{1.34a}$$

同理，对于左手坐标系，不难得到

$$\boldsymbol{e}_j\times\boldsymbol{e}_k=-\varepsilon_{ijk}\boldsymbol{e}_i \tag{1.34b}$$

所以，式(1.31)简化为

$$\boldsymbol{a}\times\boldsymbol{b}=\begin{cases}\varepsilon_{ijk}a_jb_k\boldsymbol{e}_i, & \text{右手坐标系}\\ -\varepsilon_{ijk}a_jb_k\boldsymbol{e}_i, & \text{左手坐标系}\end{cases} \tag{1.35}$$

若用 $\tau(i,j,k)$ 表示 ijk 的逆序数，由置换符号的定义和行列式展开特性，当坐标系为右手坐标系时

$$\begin{aligned}\boldsymbol{a}\times\boldsymbol{b}&=\varepsilon_{ijk}\boldsymbol{e}_ia_jb_k\\&=\sum_{i,j,k}(-1)^{\tau(i,j,k,)}\boldsymbol{e}_ia_jb_k\\&=\begin{vmatrix}\boldsymbol{e}_1&\boldsymbol{e}_2&\boldsymbol{e}_3\\a_1&a_2&a_3\\b_1&b_2&b_3\end{vmatrix}\end{aligned} \tag{1.36}$$

这是我们熟知的向量叉积的行列式表示，它只适用于右手直角坐标系。

1.4 混合积与坐标系转向

三向量的混合积是点积与叉积的复合运算，因为点积与叉积指标式的运算规律均类同实数的运算规律，故其复合运算混合积指标式的运算规律仍类同实数的运算规律，在右手坐标系下有

$$\begin{aligned}[\boldsymbol{a},\boldsymbol{b},\boldsymbol{c}] &= (\boldsymbol{a}\times\boldsymbol{b})\cdot\boldsymbol{c} \\ &= (a_i\boldsymbol{e}_i)\times(b_j\boldsymbol{e}_j)\cdot(c_k\boldsymbol{e}_k) \\ &= a_ib_jc_k\boldsymbol{e}_i\times\boldsymbol{e}_j\cdot\boldsymbol{e}_k \\ &= a_ib_jc_k\varepsilon_{mij}\boldsymbol{e}_m\cdot\boldsymbol{e}_k \\ &= a_ib_jc_k\varepsilon_{mij}\delta_{mk}\end{aligned}$$

利用 δ_{ij} 的置换特性简化，又比较式(1.36)得

$$[\boldsymbol{a},\boldsymbol{b},\boldsymbol{c}] = \varepsilon_{ijk}a_ib_jc_k = \begin{vmatrix} a_1 & a_2 & a_3 \\ b_1 & b_2 & b_3 \\ c_1 & c_2 & c_3 \end{vmatrix} \tag{1.37a}$$

不难得到对于左手坐标系有

$$[\boldsymbol{a},\boldsymbol{b},\boldsymbol{c}] = -\varepsilon_{ijk}a_ib_jc_k \tag{1.37b}$$

式(1.37a)从左至右为混合积的实体表示法、指标表示法和行列式表示法，后两者仅适用于右手坐标系。

混合积是一标量，它的绝对值表示 $\boldsymbol{a}$，$\boldsymbol{b}$，$\boldsymbol{c}$ 构成的平行六面体的体积(见图 1-6)，记

$$V_{ABC} = [\boldsymbol{a},\boldsymbol{b},\boldsymbol{c}] \tag{1.38}$$

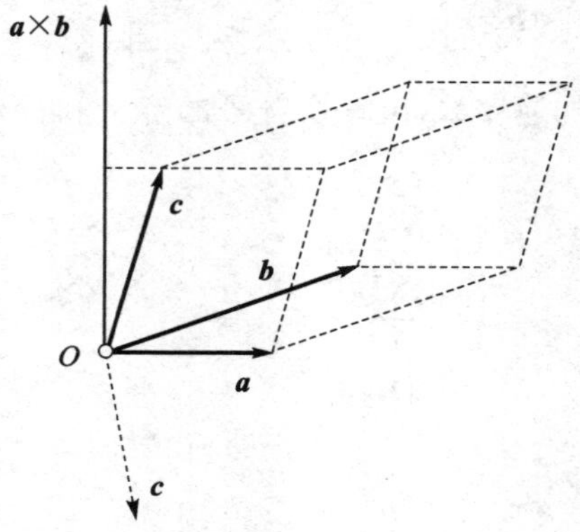

图 1-6 混合积的几何意义

当 $\boldsymbol{a}$,$\boldsymbol{b}$,$\boldsymbol{c}$ 为坐标系的基向量时,可以用混合积来判断坐标系的转向(见图 1－7)。

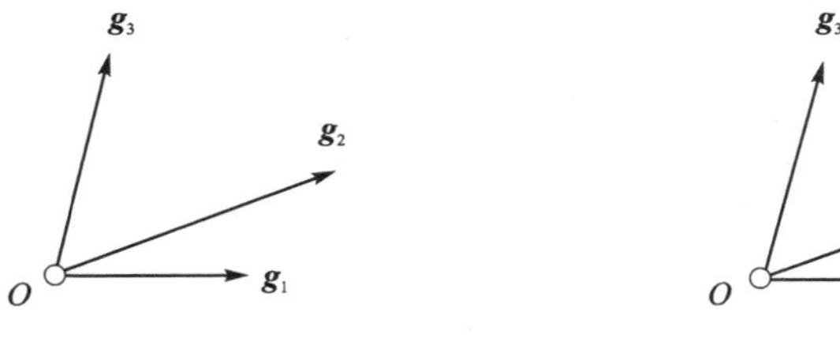

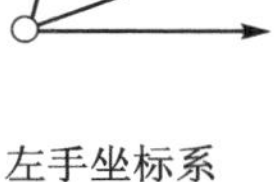

右手坐标系　　　　左手坐标系

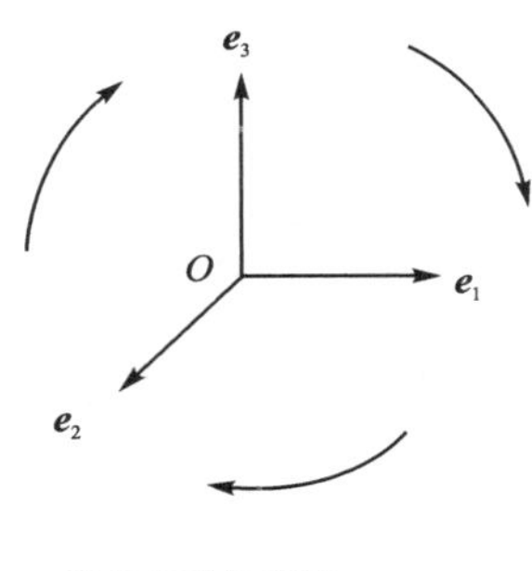

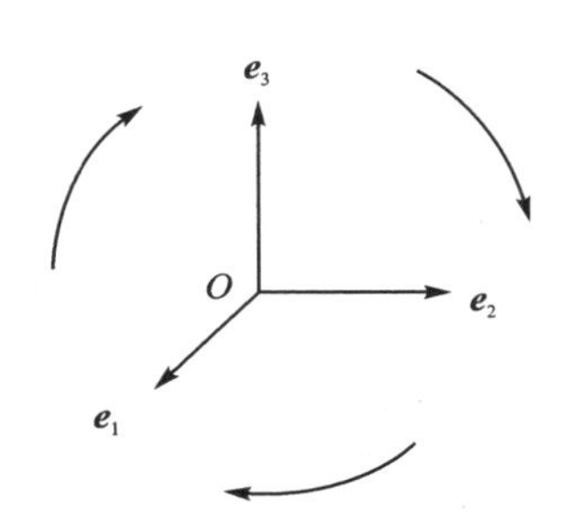

直角左手坐标系　　　　直角右手坐标系

图 1－7　坐标系转向

设任意坐标系的基向量为 $\boldsymbol{g}_i$,有

$$V_G = [\boldsymbol{g}_1, \boldsymbol{g}_2, \boldsymbol{g}_3] = \begin{cases} > 0, & \text{右手坐标系} \\ < 0, & \text{左手坐标系} \end{cases} \tag{1.39}$$

对于标准正交基有(见图 1－7)

$$V_E = [\boldsymbol{e}_1, \boldsymbol{e}_2, \boldsymbol{e}_3] = \begin{cases} 1, & \text{右手坐标系} \\ -1, & \text{左手坐标系} \end{cases} \tag{1.40}$$

利用式(1.34)、式(1.35)、式(1.37)可写为标准正交基下左手坐标系和右手坐标系通用的一般表达式,即

$$\boldsymbol{a} \times \boldsymbol{b} = V_E \varepsilon_{ijk} a_j b_k \boldsymbol{e}_i \tag{1.41}$$

$$[\boldsymbol{a}, \boldsymbol{b}, \boldsymbol{c}] = V_E \varepsilon_{ijk} a_i b_j c_k \tag{1.42}$$

$$\boldsymbol{e}_j \times \boldsymbol{e}_k = V_E \varepsilon_{ijk} \boldsymbol{e}_i \tag{1.43}$$

请区别混合积 $[a, b, c]$ 与行矩阵 $[a \quad b \quad c]$ 的表示法

指标表示法

1. 指标一致性法则及伴随标

根据自由标与哑标的定义和以上应用，总结下面要点，对张量表示法与推导有重要意义：

① 表达式中各项（指标项）的自由标个数（为表达式展开的个数）、指标符号必须一致，各项指标的符号可同时替换。

② 各项中哑标必须成对出现（不能有两个以上相同的哑标符号），符号可任换，各项的展开项数由哑标数决定。

③ 在指标符号不变的情况下，指标式的代数运算规则与实数代数式运算规则类同（这是由代数运算的结合律、分配律所保证的）。

意义③为前面提到的**指标式的仿代数特性**。下面的自测题 1.2 可帮助读者熟悉指标一致性法则。

由于有了自由标与哑标的约定，使得某些表达式不能用指标式简化，需引入新的指标约定，如

$$(a_{11}, a_{22}, a_{33}) = a_{\underset{\cdot}{ii}} \tag{1.44a}$$

$$a_{111} + a_{222} + a_{333} = a_{\underset{\cdot}{iii}} \tag{1.44b}$$

式中：$\underline{i}$ 称**伴随标**，它可随其余指标变化，但不参加求和运算。

指标一致性法则不适用于有解析等号或
省略等号的表达式（见式（1.8）和式（1.26））

2. δ_{ij} 与 ε_{ijk} 的关系

δ_{ij} 与 ε_{ijk} 是张量分析中两个重要的符号和特殊张量（后面将看到，前者是二阶单位对称各向同性张量，后者是三阶完全反对称相对张量），两者存在下面的关系。

式（1.34a）两边点乘 $\boldsymbol{e}_m$ 得

$$\boldsymbol{e}_j \times \boldsymbol{e}_k \cdot \boldsymbol{e}_m = \varepsilon_{ijk}\boldsymbol{e}_i \cdot \boldsymbol{e}_m = \varepsilon_{ijk}\delta_{im} = \varepsilon_{mjk} = \varepsilon_{jkm}$$

各项更换自由标得

$$\varepsilon_{ijk} = [\boldsymbol{e}_i, \boldsymbol{e}_j, \boldsymbol{e}_k], \quad \text{右手坐标系} \tag{1.45}$$

由式（1.37a）和式（1.23）得

$$\varepsilon_{ijk} = [\boldsymbol{e}_i, \boldsymbol{e}_j, \boldsymbol{e}_k]$$
$$= \begin{vmatrix} \boldsymbol{e}_i \cdot \boldsymbol{e}_1 & \boldsymbol{e}_i \cdot \boldsymbol{e}_2 & \boldsymbol{e}_i \cdot \boldsymbol{e}_3 \\ \boldsymbol{e}_j \cdot \boldsymbol{e}_1 & \boldsymbol{e}_j \cdot \boldsymbol{e}_2 & \boldsymbol{e}_j \cdot \boldsymbol{e}_3 \\ \boldsymbol{e}_k \cdot \boldsymbol{e}_1 & \boldsymbol{e}_k \cdot \boldsymbol{e}_2 & \boldsymbol{e}_k \cdot \boldsymbol{e}_3 \end{vmatrix}$$

所以有

$$\varepsilon_{ijk}=\begin{vmatrix}\delta_{i1} & \delta_{i2} & \delta_{i3}\\ \delta_{j1} & \delta_{j2} & \delta_{j3}\\ \delta_{k1} & \delta_{k2} & \delta_{k3}\end{vmatrix}=\begin{vmatrix}\delta_{i1} & \delta_{j1} & \delta_{k1}\\ \delta_{i2} & \delta_{j2} & \delta_{k2}\\ \delta_{i3} & \delta_{j3} & \delta_{k3}\end{vmatrix}\tag{1.46}$$

另有

$$\varepsilon_{ijk}\varepsilon_{lmn}=\begin{vmatrix}\delta_{i1} & \delta_{i2} & \delta_{i3}\\ \delta_{j1} & \delta_{j2} & \delta_{j3}\\ \delta_{k1} & \delta_{k2} & \delta_{k3}\end{vmatrix}\begin{vmatrix}\delta_{l1} & \delta_{m1} & \delta_{n1}\\ \delta_{l2} & \delta_{m2} & \delta_{n2}\\ \delta_{l3} & \delta_{m3} & \delta_{n3}\end{vmatrix}=\begin{vmatrix}\delta_{ir}\delta_{lr} & \delta_{ir}\delta_{mr} & \delta_{ir}\delta_{nr}\\ \delta_{jr}\delta_{lr} & \delta_{jr}\delta_{mr} & \delta_{jr}\delta_{nr}\\ \delta_{kr}\delta_{lr} & \delta_{kr}\delta_{mr} & \delta_{kr}\delta_{nr}\end{vmatrix}\tag{1.47}$$

此为两行列式相乘的结果，以第一行乘以第一列为例：

$$\delta_{i1}\delta_{l1}+\delta_{i2}\delta_{l2}+\delta_{i3}\delta_{l3}=\delta_{ir}\delta_{lr}$$

再由 δ_{ij} 的特性得

$$\varepsilon_{ijk}\varepsilon_{lmn}=\begin{vmatrix}\delta_{il} & \delta_{im} & \delta_{in}\\ \delta_{jl} & \delta_{jm} & \delta_{jn}\\ \delta_{kl} & \delta_{km} & \delta_{kn}\end{vmatrix}\tag{1.48}$$

令 $n=k$（即将自由标变为哑标）得

$$\begin{aligned}\varepsilon_{ijk}\varepsilon_{lmk}&=\begin{vmatrix}\delta_{il} & \delta_{im} & \delta_{ik}\\ \delta_{jl} & \delta_{jm} & \delta_{jk}\\ \delta_{kl} & \delta_{km} & \delta_{kk}\end{vmatrix}\\ &=\delta_{kk}(\delta_{il}\delta_{jm}-\delta_{im}\delta_{jl})-\delta_{jk}(\delta_{il}\delta_{km}-\delta_{im}\delta_{kl})+\delta_{ik}(\delta_{km}\delta_{jl}-\delta_{kl}\delta_{jm})\\ &=3(\delta_{il}\delta_{jm}-\delta_{im}\delta_{jl})-(\delta_{il}\delta_{jm}-\delta_{im}\delta_{jl})-(\delta_{il}\delta_{jm}-\delta_{im}\delta_{jl})\end{aligned}$$

所以有

$$\boxed{\varepsilon_{ijk}\varepsilon_{lmk}=\delta_{il}\delta_{jm}-\delta_{im}\delta_{jl}}\tag{1.49}$$

式(1.49)在张量式的推导中经常用到，请读者熟记。例题 1.3 中应用了式(1.49)。

自测题 1.2 判断正误：

(1) $\boldsymbol{a}\cdot\boldsymbol{b}=(a_i\boldsymbol{e}_i)\cdot(b_j\boldsymbol{e}_j)=$________。

① $b_j\boldsymbol{e}_i\cdot a_i\boldsymbol{e}_j$（　　）

② $a_j\boldsymbol{e}_j\cdot\boldsymbol{e}_i b_i$（　　）

③ $a_j b_j\boldsymbol{e}_i\cdot\boldsymbol{e}_j$（　　）

④ $\delta_{ij}a_i b_j$（　　）

⑤ $\delta_{ik}a_k b_k$（　　）

⑥ $a_1b_1+a_2b_2+a_3b_3$（　　）

⑦ $a_k b_k$（　　）

(2) $\omega_k x_j x_j-\omega_i x_i x_k=$________。

① $(x_j x_j-x_i x_k)\omega_i$（　　）

② $(\delta_{ki}x_j x_j-x_i x_k)\omega_i$（　　）

③ $\omega_i(x_j\delta_{ki}x_j-x_k x_i)$（　　）

自测题 1.3

式(1.46)、式(1.48)、式(1.49)的推导用了右手坐标系的公式，其结果能否用于左手坐标系？

例题 1.3 求证：

$$\boldsymbol{a}\times(\boldsymbol{b}\times\boldsymbol{c})=(\boldsymbol{a}\cdot\boldsymbol{c})\boldsymbol{b}-(\boldsymbol{a}\cdot\boldsymbol{b})\boldsymbol{c} \tag{1.50}$$

证 1：

$$\begin{aligned}\boldsymbol{a}\times\boldsymbol{b}\times\boldsymbol{c}&=a_j\boldsymbol{e}_j\times(b_l\boldsymbol{e}_l\times c_m\boldsymbol{e}_m)\\&=a_j b_l c_m\boldsymbol{e}_j\times(\boldsymbol{e}_l\times\boldsymbol{e}_m)\\&=a_j b_l c_m\boldsymbol{e}_j\times\varepsilon_{klm}\boldsymbol{e}_k\\&=\varepsilon_{klm}a_j b_l c_m\boldsymbol{e}_j\times\boldsymbol{e}_k\\&=\varepsilon_{klm}a_j b_l c_m\varepsilon_{ijk}\boldsymbol{e}_i\\&=\varepsilon_{ijk}\varepsilon_{lmk}a_j b_l c_m\boldsymbol{e}_i\\&=(\delta_{il}\delta_{jm}-\delta_{im}\delta_{jl})a_j b_l c_m\boldsymbol{e}_i\\&=a_j c_j b_i\boldsymbol{e}_i-a_l b_l c_i\boldsymbol{e}_i\\&=(\boldsymbol{a}\cdot\boldsymbol{c})\boldsymbol{b}-(\boldsymbol{a}\cdot\boldsymbol{b})\boldsymbol{c}\end{aligned}$$

证毕。

证 2： 省略基向量，用指标分量证明

$$\begin{aligned}(\boldsymbol{a}\times\boldsymbol{b}\times\boldsymbol{c})_i &= \varepsilon_{ijk}a_j(\varepsilon_{klm}b_l c_m)\\ &= \varepsilon_{ijk}\varepsilon_{klm}a_j b_l c_m\\ &= (\delta_{il}\delta_{jm}-\delta_{im}\delta_{jl})a_j b_l c_m\\ &= a_j c_j b_i - a_l b_l c_i\end{aligned}$$

加上基向量

$$(\boldsymbol{a}\times\boldsymbol{b}\times\boldsymbol{c})_i\boldsymbol{e}_i = (\boldsymbol{a}\cdot\boldsymbol{c})(b_i\boldsymbol{e}_i) - (\boldsymbol{a}\cdot\boldsymbol{b})(c_i\boldsymbol{e}_i)$$

则有

$$\boldsymbol{a}\times\boldsymbol{b}\times\boldsymbol{c} = (\boldsymbol{a}\cdot\boldsymbol{c})\boldsymbol{b} - (\boldsymbol{a}\cdot\boldsymbol{b})\boldsymbol{c}$$

证毕。

可见证 1 较为严谨，证 2 更为简便。

自测题 1.4

式(1.50)的证明用了右手坐标系的公式，其结果能否用于左手坐标系？请用式(1.43)重新证明。事实上，我们将看到式(1.50)适用于任意坐标系。

用通用表达式(1.41)～式(1.43)证明式(1.48)～式(1.50)可得同样结果

1.5　并积与向量诱导空间

下面我们引入一种新的向量乘法运算：**并积**。

同义词：并积、张量积、外积、直积

由并积进一步可得**并基**(类似于向量空间的向量基)。并基在张量的定义和表达中起重要作用。下面我们将会看到，张量可表示为并基的线性组合，如同向量可表示为基向量的组合一样。

将向量 $\boldsymbol{a}\equiv(a_1,a_2,a_3)$ 的每一个分量(解析分量)与向量 $\boldsymbol{b}\equiv(b_1,b_2,b_3)$ 的每一个分量(解析分量)相乘，得到一个具有 $3^2=9$ 个分量的数组：

$$a_i b_j = (a_1b_1,a_1b_2,a_1b_3,a_2b_1,a_2b_2,a_2b_3,a_3b_1,a_3b_2,a_3b_3) \tag{1.51}$$

数组 a_ib_j 分量(解析分量)的排列顺序与算法语言二重循环变量的循环顺序相

同，其中 i 是外循环变量，j 是内循环变量。规定数组 a_ib_j 满足式(1.5)所示的基本代数运算法则，则该数组定义为向量的**并积**，记为

$$\boldsymbol{ab} \equiv (a_1b_1, a_1b_2, a_1b_3, a_2b_1, a_2b_2, a_2b_3, a_3b_1, a_3b_2, a_3b_3) \tag{1.52}$$

并积的两种表示法：$\boldsymbol{ab}$、$\boldsymbol{a}\otimes\boldsymbol{b}$

同向量解析定义一样，并积也是在自然基下定义的，故用了解析等符号，它可视为由三维向量诱导出来的 3^2 维向量。这些诱导向量满足向量八大基本法则式(1.7)，构成新的线性空间，我们称为**向量诱导空间**。

并积不符合交换律，因为

$$\begin{aligned}\boldsymbol{ba} &\equiv (b_1a_1, b_1a_2, b_1a_3, b_2a_1, b_2a_2, b_2a_3, b_3a_1, b_3a_2, b_3a_3) = b_ia_j \\ &= (a_1b_1, a_2b_1, a_3b_1, a_1b_2, a_2b_2, a_3b_2, a_1b_3, a_2b_3, a_3b_3) = a_jb_i\end{aligned}$$

比较式(1.52)

$$\boldsymbol{ba} \neq \boldsymbol{ab} \quad \Leftrightarrow \quad b_ia_j = a_jb_i \neq a_ib_j$$

指标式中变量的位置可交换，实体式中一般不能交换

由定义容易证明，并积有如下基本运算规律：

$$\left.\begin{array}{ll}\text{结合律} & \lambda(\boldsymbol{ab}) = (\lambda\boldsymbol{a})\boldsymbol{b} = \boldsymbol{a}(\lambda\boldsymbol{b}) \\ \text{分配律} & \boldsymbol{a}(\boldsymbol{b}+\boldsymbol{c}) = \boldsymbol{ab} + \boldsymbol{ac} \\ \text{分配律} & (\boldsymbol{a}+\boldsymbol{b})\boldsymbol{c} = \boldsymbol{ac} + \boldsymbol{bc}\end{array}\right\} \tag{1.53a}$$

结合律的另一种常用形式是

$$\text{结合律} \quad (\lambda\mu)(\boldsymbol{ab}) = (\lambda\boldsymbol{a})(\mu\boldsymbol{b}) \tag{1.53b}$$

式(1.53b)容易由式(1.7)中的数乘向量结合律和式(1.53a)中的结合律导出。

式(1.53)保证了并积指标式仍满足指标式的仿代数特性，所以，若向量用一般基向量 $\boldsymbol{g}_i$ 表示(对应分量为非解析分量)，则有

$$\begin{aligned}\boldsymbol{ab} &= (a_i\boldsymbol{g}_i)(b_j\boldsymbol{g}_j) \\ &= a_ib_j\boldsymbol{g}_i\boldsymbol{g}_j \\ &= a_1b_1\boldsymbol{g}_1\boldsymbol{g}_1 + a_1b_2\boldsymbol{g}_1\boldsymbol{g}_2 + a_1b_3\boldsymbol{g}_1\boldsymbol{g}_3 + \\ &\quad\ a_2b_1\boldsymbol{g}_2\boldsymbol{g}_1 + a_2b_2\boldsymbol{g}_2\boldsymbol{g}_2 + a_2b_3\boldsymbol{g}_2\boldsymbol{g}_3 + \\ &\quad\ a_3b_1\boldsymbol{g}_3\boldsymbol{g}_1 + a_3b_2\boldsymbol{g}_3\boldsymbol{g}_2 + a_3b_3\boldsymbol{g}_3\boldsymbol{g}_3\end{aligned} \tag{1.54}$$

自测题 1.5

式(1.52)中分量的排列顺序可否交换？式(1.54)中分量的排列顺序可否交换？

式(1.54)中 $\boldsymbol{g}_i\boldsymbol{g}_j$ 为基向量并积组成的并积组(即诱导向量组,可以证明,见附录),此并积组是线性无关的,可以作为**向量诱导空间**的基,称为**并基**。

同义词:并基、张量基、乘积基

式(1.54)表明:

并积可表示为并基的线性组合

另外,对于基向量 $\boldsymbol{g}_i$,我们总可以通过并积得到并基 $\boldsymbol{g}_i\boldsymbol{g}_j$。由并基总可以形成一个新的 3^2 维向量空间,其中的元素 $\boldsymbol{C}$ 为

$$\boldsymbol{C}=C_{ij}\boldsymbol{g}_i\boldsymbol{g}_j \tag{1.55}$$

式中:$\boldsymbol{C}$ 为**二阶诱导向量**(即第 2 章将要定义的张量);C_{ij} 为诱导向量的分量,共有 3^2 个。

类似地,还可将二重并积推广至三重并积以及 n 重并积,如下:

$$\begin{aligned}\boldsymbol{abc}&=(\boldsymbol{ab})\boldsymbol{c}\\&\equiv(a_1b_1,a_1b_2,a_1b_3,a_2b_1,a_2b_2,a_2b_3,a_3b_1,a_3b_2,a_3b_3)(c_1,c_2,c_3)\\&=(a_1b_1c_1,a_1b_1c_2,a_1b_1c_3,a_1b_2c_1,\cdots,a_3b_2c_3,a_3b_3c_1,a_3b_3c_2,a_3b_3c_3)\\&=a_ib_jc_k\end{aligned} \tag{1.56}$$

以上为三重并积的定义式,各向量分量对应于自然基,并积分量的排列顺序与算法语言三重循环变量的循环顺序相同,由外至内,i 是第一循环变量,j 是第二循环变量,k 是第三循环变量。仿二重并积可导出在一般基下三重并积的表达式:

$$\begin{aligned}\boldsymbol{abc}&=a_ib_jc_k\boldsymbol{g}_i\boldsymbol{g}_j\boldsymbol{g}_k\\&=a_1b_1c_1\boldsymbol{g}_1\boldsymbol{g}_1\boldsymbol{g}_1+a_1b_1c_2\boldsymbol{g}_1\boldsymbol{g}_1\boldsymbol{g}_2+a_1b_1c_3\boldsymbol{g}_1\boldsymbol{g}_1\boldsymbol{g}_3+\cdots+\\&\quad a_3b_3c_1\boldsymbol{g}_3\boldsymbol{g}_3\boldsymbol{g}_1+a_3b_3c_2\boldsymbol{g}_3\boldsymbol{g}_3\boldsymbol{g}_2+a_3b_3c_3\boldsymbol{g}_3\boldsymbol{g}_3\boldsymbol{g}_3\end{aligned} \tag{1.57}$$

容易证明,三重并积的结合律、分配律成立,即

$$\begin{gathered}(\boldsymbol{ab})\boldsymbol{c}=\boldsymbol{a}(\boldsymbol{bc})\\ \boldsymbol{r}(\boldsymbol{ab}+\boldsymbol{cd})=\boldsymbol{rab}+\boldsymbol{rcd}\\ (\boldsymbol{ab}+\boldsymbol{cd})\boldsymbol{r}=\boldsymbol{abr}+\boldsymbol{cdr}\\ \boldsymbol{cd}(\boldsymbol{a}+\boldsymbol{b})=\boldsymbol{cda}+\boldsymbol{cdb}\\ (\boldsymbol{a}+\boldsymbol{b})\boldsymbol{cd}=\boldsymbol{acd}+\boldsymbol{bcd}\end{gathered}$$

多重并积的运算规律保证了其指标式的仿代数特性

依次类推，

……（n 重并积表达式）

从而构造出 3^n 维诱导空间。

1.6 坐标系与坐标变换

向量作为一个实体，与坐标系无关，但组成向量的分量却与坐标系密切相关。后面我们将看到，作为向量扩展的张量总是定义在一定的坐标系上的。下面我们讨论坐标系的基本特性。

1.6.1 坐标系的构成

如图 1－8 所示，为确定空间点 P 的位置，可任选一参考点 O（**原点**）与一**参考基** $\boldsymbol{e}_i$（标准正交基，通常为自然基 i_i），则点 P 的位置可用矢径 $\boldsymbol{r}=x_i\boldsymbol{e}_i$ 来确定，x_i 是对应于参考点和参考基的**坐标**。系统（O,e_i,x_i）称为**初始坐标系**。坐标系的基本元素还有参考基的转向（左手坐标系或右手坐标系）和与参考基指向一致的**坐标轴**。而坐标轴的基本要素是轴名、单位（有量纲的量）、比例尺（若需作图）和指向。轴名 x_j

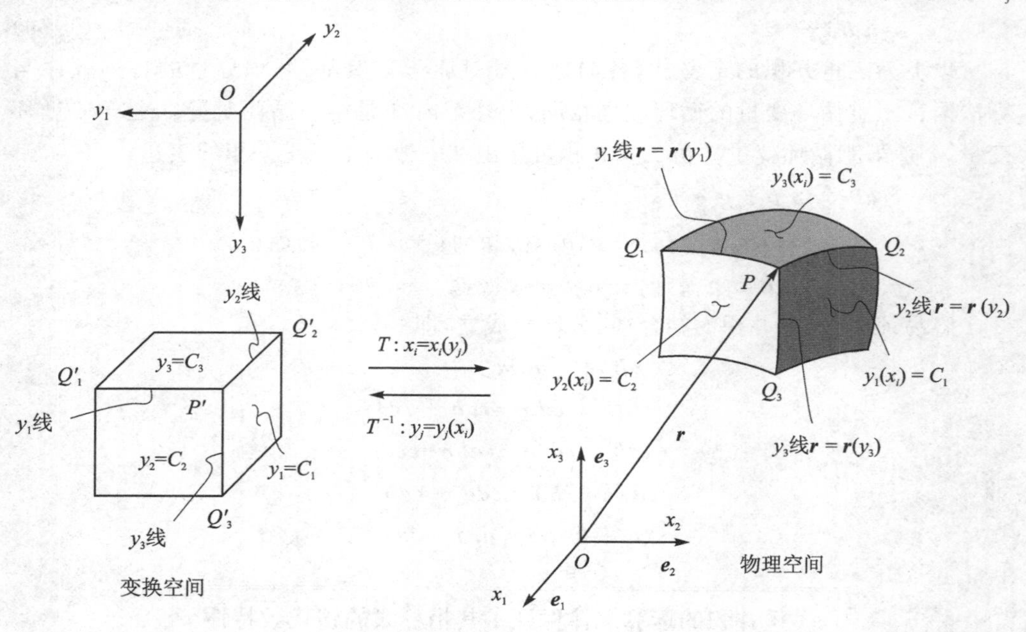

图 1－8　坐标系的构成

原则上可代表任何物理量，但本书中，我们仅让它代表几何长度，所描述的空间为真实的几何空间。其他物理量的轴名用另外的字符表示(如 a_j)，描述的“空间”称为**相空间**。在确定了物理背景后，坐标轴就是一个数轴。

在参考点、参考基一定的情况下，点 P 与坐标 x_i 一一对应。然而在某些情况下，为了方便，还可以用另外一组数 $y_j=(y_1,y_2,y_3)$ 来确定点的位置，y_j 与 x_i 存在一一对应的变换关系。例如，当函数的定义域为旋转体时，采用柱坐标系更为方便，即

$$\left.\begin{aligned} y_j&=(r,\theta,z)\\ x_i&=(x,y,z)\end{aligned}\right\} \tag{1.58a}$$

$$T:x_i=x_i(y_j)\Leftrightarrow\begin{cases}x=r\cos\theta\\ y=r\sin\theta\\ z=z\end{cases} \tag{1.58b}$$

一般地，若一组数 $y_j=(y_1,y_2,y_3)$，满足

$$T:x_i=x_i(y_j) \tag{1.59}$$

其中，x_i 为点的初始坐标，则称 y_j 为点的**坐标**，T:为 y_j 到 x_i 的坐标变换。

式(1.59)还可写为

$$\begin{cases}f_1(x_1,x_2,x_3,y_1,y_2,y_3)=x_1-x_1(y_1,y_2,y_3)=0\\ f_2(x_1,x_2,x_3,y_1,y_2,y_3)=x_2-x_2(y_1,y_2,y_3)=0\\ f_3(x_1,x_2,x_3,y_1,y_2,y_3)=x_3-x_3(y_1,y_2,y_3)=0\end{cases} \tag{1.60}$$

由多元函数微积分可知，如果 f_i 满足

① 在 (x_i,y_j) 的邻域有连续偏导数；

② Jacobi 行列式

$$\begin{aligned} J&=\frac{\partial(f_1,f_2,f_3)}{\partial(y_1,y_2,y_3)}\\ &=\frac{\partial(x_1,x_2,x_3)}{\partial(y_1,y_2,y_3)}\\ &=\begin{vmatrix}\dfrac{\partial x_1}{\partial y_1} & \dfrac{\partial x_1}{\partial y_2} & \dfrac{\partial x_1}{\partial y_3}\\ \dfrac{\partial x_2}{\partial y_1} & \dfrac{\partial x_2}{\partial y_2} & \dfrac{\partial x_2}{\partial y_3}\\ \dfrac{\partial x_3}{\partial y_1} & \dfrac{\partial x_3}{\partial y_2} & \dfrac{\partial x_3}{\partial y_3}\end{vmatrix}\\ &=\det\left[\frac{\partial x_i}{\partial y_j}\right]\neq 0\end{aligned} \tag{1.61}$$

则根据隐函数存在定理,在点(x_i,y_j)的邻域存在一一对应的逆变换T^{-1},即

$$T^{-1}:y_j=y_j(x_i) \tag{1.62}$$

例如,在柱坐标系中

$$T^{-1}:\begin{cases} r=\sqrt{x^2+y^2} \\ \theta=\arctan\dfrac{y}{x} \\ z=z \end{cases}$$

式(1.61)中$[J]=\left[\dfrac{\partial x_i}{\partial y_j}\right]$称为**Jacobi 矩阵**。由于隐函数存在定理是局部性定理,故在实用上,我们一般假定,除边界外,定义域内变换T:是一一对应的可逆变换。由于初始坐标系也可看作自身到自身的恒等变换,所以坐标系的一般定义可以描述为

> **坐标系是定义在参考点和参考基上的可逆变换⇒$\boldsymbol{O},\boldsymbol{e}_i,\boldsymbol{x}_i(\boldsymbol{y}_j)$**

从几何角度看(见图 1-8),T:表示从空间y_j到空间x_i的一个变换,T^{-1}:为逆变换。我们把y_j空间称为**变换空间**,x_i空间称为**物理空间**。T:把变换空间中的点P'变成物理空间的点P。在变换空间中,垂直于坐标轴的平面称为**坐标面**。过变换空间任一点P',有三个坐标平面,方程为

$$y_1=C_1,\quad y_2=C_2,\quad y_3=C_3,\quad C_i\text{ 为常数},\quad i=1,2,3 \tag{1.63a}$$

分别表示垂直于y_1,y_2,y_3坐标轴的平面。一般地,变换T:把变换空间的坐标平面变换为物理空间的坐标曲面,方程为

$$y_1(x,y,z)=C_1,\quad y_2(x,y,z)=C_2,\quad y_3(x,y,z)=C_3,\quad C_i\text{ 为常数},\quad i=1,2,3 \tag{1.63b}$$

另外,两坐标面的交线称为**坐标线**,变换空间中任一点P'有三条坐标直线通过,方程为

$$\left.\begin{array}{lll} y_1\text{ 线}, & y_2,y_3=\text{常数}, & \text{仅 }y_1\text{ 变} \\ y_2\text{ 线}, & y_3,y_1=\text{常数}, & \text{仅 }y_2\text{ 变} \\ y_3\text{ 线}, & y_1,y_2=\text{常数}, & \text{仅 }y_3\text{ 变} \end{array}\right\} \tag{1.64a}$$

一般地,变换T:把变换空间坐标直线变换成物理空间的坐标曲线,其方程为

$$\left.\begin{array}{lllll} y_1\text{ 线}, & x_1=x_1(y_1), & x_2=x_2(y_1), & x_3=x_3(y_1) & \Leftrightarrow \boldsymbol{r}=\boldsymbol{r}(y_1) \\ y_2\text{ 线}, & x_1=x_1(y_2), & x_2=x_2(y_2), & x_3=x_3(y_2) & \Leftrightarrow \boldsymbol{r}=\boldsymbol{r}(y_2) \\ y_3\text{ 线}, & x_1=x_1(y_3), & x_2=x_2(y_3), & x_3=x_3(y_3) & \Leftrightarrow \boldsymbol{r}=\boldsymbol{r}(y_3) \end{array}\right\} \tag{1.64b}$$

因此,从几何角度,我们把建立在(O,e_j)上的坐标y_j和变换T:组成的系统称

为**曲线坐标系**，y_j 称为**曲线坐标**。因直线也可看作曲线的特例，所以曲线坐标系也称为**一般坐标系**。根据坐标线的类型，坐标系的分类如表 1－1 所列。

表 1－1　坐标系的分类

<table>
<tr><td rowspan="3">一般坐标系</td><td rowspan="2">左手坐标系</td><td colspan="2">曲线坐标系</td><td colspan="2">坐标线为曲线，张量基向量是与坐标有关的变量</td></tr>
<tr><td rowspan="2">直线坐标系</td><td rowspan="2">也称笛卡儿坐标系。坐标线为直线，张量基向量是与坐标无关的常量</td><td>斜角坐标系</td><td>也称笛卡儿斜角坐标系。坐标线斜交，张量基向量为非标准正交基</td></tr>
<tr><td>右手坐标系</td><td>直角坐标系</td><td>也称笛卡儿直角坐标系。坐标线正交，张量基向量为标准正交基</td></tr>
</table>

张量基向量指构成张量并基的向量(见第 2～5 章)

最简单、最常用的坐标系为笛卡儿直角坐标系，适用于该坐标系的张量称为**笛卡儿张量**。适用于一般坐标系的张量称为**一般张量**。本书先讨论笛卡儿张量，后介绍一般张量。

1.6.2　坐标变换

1. 直线变换函数

显然，坐标系的核心问题是求坐标变换函数。对于曲线坐标系，可视具体问题而定。例如，常用的柱坐标系与球坐标系可由定义直接找到变换函数。计算数学中，常采用数值求解椭圆形微分方程的办法来求变换函数。这里着重讨论直线坐标系变换函数的建立。对于直线坐标系，可以采用移动原点和改变参考基向量的方法来求变换函数，如图 1－9 所示，$(O,\boldsymbol{e}_j,x_j)$ 为任选的初始系坐标系，$(O',\boldsymbol{g}_j,y_j)$ 为任选的直线坐标系，P 为空间任意一点，它在 $(O,\boldsymbol{e}_j,x_j)$ 中的矢径 $\boldsymbol{r}=x_k\boldsymbol{e}_k$，在 $(O',\boldsymbol{g}_j,y_j)$ 中的矢径 $\boldsymbol{r}'=y_j\boldsymbol{g}_j$，$\boldsymbol{g}_j$ 为与点 P 的坐标无关的常向量组，$\boldsymbol{c}=c_k\boldsymbol{e}_k$ 为新原点的位置矢量，表示原点的平移，是与点 P 的坐标无关的常向量。由图 1－9 可得

$$\boldsymbol{r}=\boldsymbol{r}'+\boldsymbol{c}\Rightarrow x_k\boldsymbol{e}_k=y_j\boldsymbol{g}_j+c_k\boldsymbol{e}_k$$

两边点乘 $\boldsymbol{e}_i$ 得

$$x_k\boldsymbol{e}_k\cdot\boldsymbol{e}_i=y_j\boldsymbol{g}_j\cdot\boldsymbol{e}_i+c_k\boldsymbol{e}_k\cdot\boldsymbol{e}_i \tag{1.65}$$

令

$$\alpha_{ji}=\boldsymbol{g}_j\cdot\boldsymbol{e}_i \tag{1.66}$$

由向量公式(1.24)可得

$$\boldsymbol{g}_j=\alpha_{ji}\boldsymbol{e}_i \tag{1.67}$$

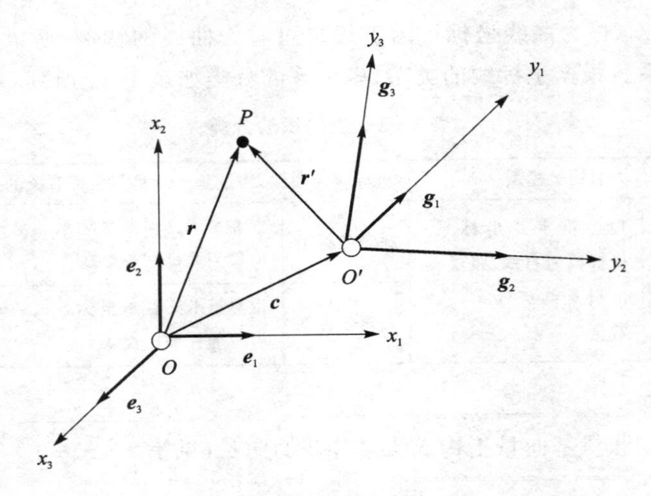

图 1-9　直线变换

式中：α_{ji} 是 $\boldsymbol{e}_i$ 到 $\boldsymbol{g}_j$ 的变换数组。将式(1.66)代入式(1.65)得

$$x_k\delta_{ki} = \alpha_{ji}y_j + c_k\delta_{ki}$$

$$x_i = \alpha_{ji}y_j + c_i \tag{1.68}$$

因为 α_{ji}、c_i 均与 y_j 无关，所以式(1.68)为线性函数，物理空间的坐标线必为直线，是直线坐标系的变换函数，它可视为由如下几个基本变换复合而成(见图 1-10)。

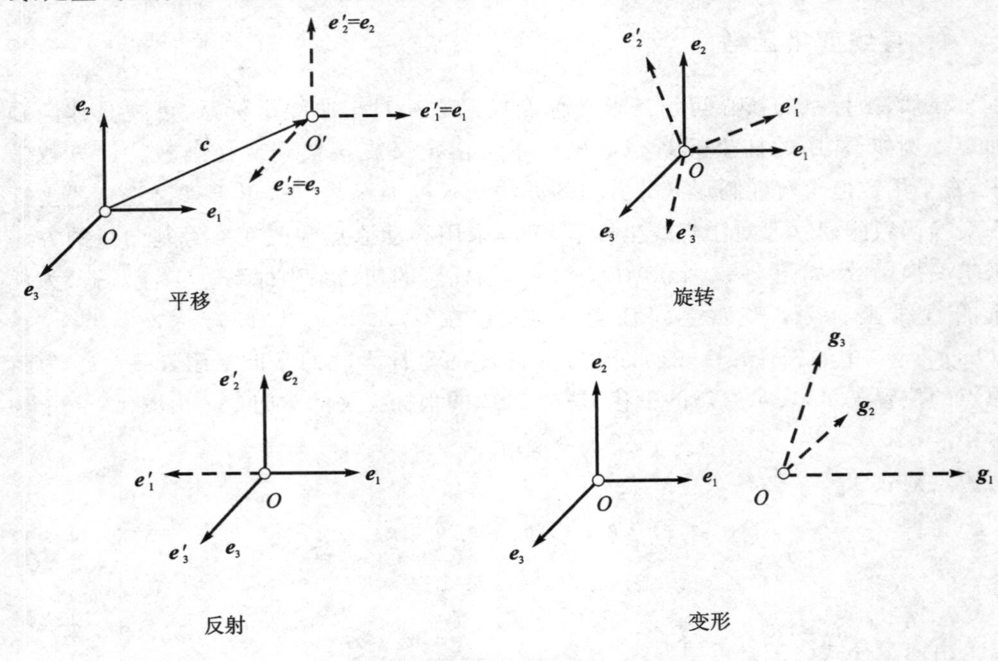

图 1-10　基向量的变换

图1－10中，$\boldsymbol{e}_i\boldsymbol{e}'_i$均为标准正交基，$\boldsymbol{e}_i$为任意选定的初始参考基，以下称为**老基**，相应坐标系称为**老系**，$\boldsymbol{e}'_i$为任意选定的变换基，以下称为**新基**，相应坐标系称为**新系**。

平移变换是原点移动，基向量不变。**旋转变换**仅仅改变了基向量的方向，坐标系的正交性和转向均未改变。**反射变换**某一基向量方向改变，其余不变。反射变换使坐标系转向发生改变，直线变换中其他变换不会使坐标系转向改变。反射变换是基向量的非连续变化，直线变换中其他变换都可由基向量连续改变得到，所以把反射变换称为**反常变换**，其余变换称为**正常变换。**以上三变换为标准正交基到标准正交基的变换，称为**正交变换**。**变形变换**是标准正交基到非标准正交基的变换。

除平移变换外，直线变换实际上是基向量的变换

2. 正交变换

作为笛卡儿张量的预备知识，下面我们进一步讨论正交变换。正交变换包括平移、旋转、反射变换。在平移变换中，矢径不是不变量($\boldsymbol{r}\neq\boldsymbol{r}'$)，不具备张量特征，因此我们假定

若张量式中含有矢径，则正交变换只包括旋转和反射变换

(1) 正交正变换

对于正交变换，式(1.66)～式(1.68)重写为

$$x_i=\beta_{ji}y_j+c_i \tag{1.69}$$

$$\boldsymbol{e}'_j=\beta_{ji}\boldsymbol{e}_i \tag{1.70}$$

$$\beta_{ji}=\boldsymbol{e}'_j\cdot\boldsymbol{e}_i \tag{1.71}$$

这里β_{ji}为一组标准正交基(老)到另一标准正交基(新)的**变换数组**或**变换矩阵**($[\beta_{ji}]=[\beta]$)。式(1.69)和式(1.70)称为**正交正变换**，对于坐标的变换，正变换为新系到老系的变换；对于基的变换，正变换为老系到新系的变换。

(2) 正交逆变换

下面进一步求**正交逆变换**。由隐函数存在定理，式(1.69)是否存在逆变换取决于Jacobi行列式的值是否为零。所以，我们需要考察Jacobi行列式的大小。在考察过程中，我们将得到两个重要公式：① 置换符号的混合积表达式(见式(1.72))；② 任意基向量混合积之间的关系式(见式(1.74))。

将式(1.69)展开，得

$$x_1=\beta_{11}y_1+\beta_{21}y_2+\beta_{31}y_3+c_1$$
$$x_2=\beta_{12}y_1+\beta_{22}y_2+\beta_{32}y_3+c_2$$
$$x_3=\beta_{13}y_1+\beta_{23}y_2+\beta_{33}y_3+c_3$$

则可得 Jacobi 矩阵，即

$$\begin{aligned}[J]&=\left[\frac{\partial x_i}{\partial y_j}\right]\\&=\begin{bmatrix}\frac{\partial x_1}{\partial y_1} & \frac{\partial x_1}{\partial y_2} & \frac{\partial x_1}{\partial y_3}\\ \frac{\partial x_2}{\partial y_1} & \frac{\partial x_2}{\partial y_2} & \frac{\partial x_2}{\partial y_3}\\ \frac{\partial x_3}{\partial y_1} & \frac{\partial x_3}{\partial y_2} & \frac{\partial x_3}{\partial y_3}\end{bmatrix}\\&=\begin{bmatrix}\beta_{11} & \beta_{21} & \beta_{31}\\ \beta_{12} & \beta_{22} & \beta_{32}\\ \beta_{13} & \beta_{23} & \beta_{33}\end{bmatrix}\\&=[\beta_{ji}]\end{aligned}\tag{1.72}$$

指标表示法

我们来考察指标式的求导规律：

$$\frac{\partial x_i}{\partial y_j}=\frac{\partial}{\partial y_j}(\beta_{ki}y_k+c_i)$$

先展开自由标，有 9 个方程，如下：

$$\begin{aligned}\frac{\partial x_1}{\partial y_1}&=\frac{\partial}{\partial y_1}(\beta_{k1}y_k+c_1)\cdots\frac{\partial x_2}{\partial y_1}\\&=\frac{\partial}{\partial y_1}(\beta_{k2}y_k+c_2)\cdots\frac{\partial x_3}{\partial y_3}\\&=\frac{\partial}{\partial y_1}(\beta_{k3}y_k+c_3)\end{aligned}$$

考察其中 1 个方程，展开哑标，得

$$\begin{aligned}\frac{\partial x_2}{\partial y_1}&=\frac{\partial}{\partial y_1}(\beta_{12}y_1+\beta_{22}y_2+\beta_{32}y_3+c_2)\\&=\beta_{12}\frac{\partial y_1}{\partial y_1}+\beta_{22}\frac{\partial y_2}{\partial y_1}+\beta_{32}\frac{\partial y_3}{\partial y_1}+\frac{\partial c_2}{\partial y_1}\\&=\beta_{12}\delta_{11}+\beta_{22}\delta_{21}+\beta_{32}\delta_{31}=\beta_{k2}\delta_{k1}\end{aligned}$$

每个方程的结构都是相同的，所以有

$$\frac{\partial x_1}{\partial y_1}=\beta_{k1}\delta_{k1}\cdots\frac{\partial x_2}{\partial y_1}$$

$$=\beta_{k2}\delta_{k1}\cdots\frac{\partial x_3}{\partial y_3}=\beta_{k3}\delta_{k3}$$

收缩自由标得

$$\frac{\partial x_i}{\partial y_j}=\beta_{ki}\delta_{kj}=\beta_{ji}$$

上面过程可简化为

$$\frac{\partial x_i}{\partial y_j}=\frac{\partial}{\partial y_j}(\beta_{ki}y_k+c_i)=\beta_{ki}\frac{\partial y_k}{\partial y_j}$$

$$\frac{\partial y_k}{\partial y_j}=\delta_{kj} \tag{1.73}$$

$$\Rightarrow\frac{\partial x_i}{\partial y_j}=\beta_{ki}\delta_{kj}=\beta_{ji}$$

结果和前面分量推导一致。原因是：① 自由标代表的每个方程的结构相同；② 哑标代表方程的各项结构相同；③ 微分号$\frac{\partial}{\partial y_j}$满足分配律；④ 求导并不破坏自由标与哑标的结构。因此，对指标式求导相当于对某一数值项求导，因而可用数值函数的方法进行。由于自由标与哑标的结构未破坏，故可略去展开和收缩过程，这就是可直接对指标式求导的原因，它说明

微分运算仍满足指标式的仿代数特征

所以 Jacobi 行列式为

$$J=\det\left(\frac{\partial x_i}{\partial y_j}\right)=\det(\beta_{ji}) \tag{1.74}$$

为确定 Jacobi 行列式的大小，先导出任意两组基（两组基是非标准正交基，常用老基 $\boldsymbol{g}_i$ 和新基 $\boldsymbol{g}'_j$ 进行区别）混合积之间的关系。设老基与新基的关系为

$$\boldsymbol{g}'_i=\chi_{ij}\boldsymbol{g}_j\Leftrightarrow\begin{bmatrix}\boldsymbol{g}'_1\\\boldsymbol{g}'_2\\\boldsymbol{g}'_3\end{bmatrix}=\begin{bmatrix}\chi_{11}&\chi_{12}&\chi_{13}\\\chi_{21}&\chi_{22}&\chi_{23}\\\chi_{31}&\chi_{32}&\chi_{33}\end{bmatrix}\begin{bmatrix}\boldsymbol{g}_1\\\boldsymbol{g}_2\\\boldsymbol{g}_3\end{bmatrix} \tag{1.75}$$

$[\chi_{ij}]$ 为老基到新基的矩阵。根据 ε_{ijk} 的定义和混合积的特性有

$$\boxed{\varepsilon_{ijk}=\frac{[\boldsymbol{g}_i,\boldsymbol{g}_j,\boldsymbol{g}_k]}{[\boldsymbol{g}_1,\boldsymbol{g}_2,\boldsymbol{g}_3]}=\frac{[\boldsymbol{g}_i,\boldsymbol{g}_j,\boldsymbol{g}_k]}{V_G}} \tag{1.76}$$

这是因为分子分母的绝对值都是基向量平行六面体的体积，偶排列时，两者同号；当分子为奇排列时，两者异号；当分子为重复排列时，其体积绝对值为零。显然，式(1.76)对任意基向量(左右手转向)都成立。老基、新基混合积的关系为

$$\begin{aligned}
V'_G &= [\boldsymbol{g}'_1, \boldsymbol{g}'_2, \boldsymbol{g}'_3] \\
&= [\chi_{1i}\boldsymbol{g}_i, \chi_{2j}\boldsymbol{g}_j, \chi_{3k}\boldsymbol{g}_k] \\
&= \chi_{1i}\chi_{2j}\chi_{3k}[\boldsymbol{g}_i, \boldsymbol{g}_j, \boldsymbol{g}_k] \\
&= V_G \varepsilon_{ijk}\chi_{1i}\chi_{2j}\chi_{3k} \\
&= \begin{vmatrix} \chi_{11} & \chi_{12} & \chi_{13} \\ \chi_{21} & \chi_{22} & \chi_{23} \\ \chi_{31} & \chi_{32} & \chi_{33} \end{vmatrix} V_G \\
&= \begin{vmatrix} \chi_{11} & \chi_{21} & \chi_{31} \\ \chi_{12} & \chi_{22} & \chi_{32} \\ \chi_{13} & \chi_{23} & \chi_{33} \end{vmatrix} V_G \\
&= \det(\chi_{ji}) V_G
\end{aligned} \tag{1.77}$$

即

$$V'_G = \det(\chi_{ji}) V_G \tag{1.78}$$

将上式应用到 $\boldsymbol{e}'_i$ 和 $\boldsymbol{e}_i$，并根据式(1.70)得

$$\begin{aligned}
V'_E &= [\boldsymbol{e}'_1, \boldsymbol{e}'_2, \boldsymbol{e}'_3] \\
&= \det(\beta_{ji})[\boldsymbol{e}_1, \boldsymbol{e}_2, \boldsymbol{e}_3] \\
&= J V_E
\end{aligned} \tag{1.79}$$

因基向量线性无关，向量组($\boldsymbol{e}'_1, \boldsymbol{e}'_2, \boldsymbol{e}'_3$)和 $\boldsymbol{e}_1, \boldsymbol{e}_2, \boldsymbol{e}_3$ 都不共面，即 $V'_E, V_E \neq 0$，由式(1.79)，$J = V'_E / V_E \neq 0$，所以坐标逆变换存在。式(1.79)还表明当 $J > 0$ 时，新、老坐标系转向相同；当 $J < 0$ 时，新、老坐标系转向相同反。下面求坐标逆变换函数，在求逆变换函数之前，先求基的逆变换，由向量公式(1.24)得

$$\boldsymbol{e}_j = (\boldsymbol{e}_j \cdot \boldsymbol{e}'_i)\boldsymbol{e}'_i = (\boldsymbol{e}'_i \cdot \boldsymbol{e}_j)\boldsymbol{e}'_i$$

$$\boldsymbol{e}_j = \beta_{ij}\boldsymbol{e}'_i \tag{1.80}$$

或

$$\boldsymbol{e}_i = \beta_{ji}\boldsymbol{e}'_j \tag{1.81}$$

自测题 1.6

式(1.70)中的变换矩阵 $[\beta_{ji}]$ 与式(1.81)中的变换矩阵 $[\beta_{ji}]$ 是否相同，有何关系？

基的变换由变换矩阵 $[\beta]$ 决定。可以证明对于正交变换，变换矩阵与自身的转

置矩阵的乘积等于单位矩阵：

$$[\beta][\beta]^{\mathrm{T}}=[\beta]^{\mathrm{T}}[\beta]=[I] \tag{1.82}$$

即转置矩阵等于逆矩阵

$$[\beta]^{\mathrm{T}}=[\beta]^{-1} \tag{1.83}$$

线性代数中称满足上两式的矩阵为正交矩阵

实际上，由自测题 1.6 可知，

逆变换矩阵是正变换矩阵的转置矩阵和逆矩阵

下面我们用指标法证明式(1.82)。由式(1.70)得

$$\delta_{ik}=\boldsymbol{e}'_i\cdot\boldsymbol{e}'_k=\beta_{ij}\boldsymbol{e}_j\cdot\boldsymbol{e}'_k=\beta_{ij}\boldsymbol{e}'_k\cdot\boldsymbol{e}_j=\beta_{ij}\beta_{kj}$$

$$\boxed{\beta_{ik}\beta_{jk}=\delta_{ij}} \tag{1.84}$$

同理，

$$\delta_{jk}=\boldsymbol{e}_j\cdot\boldsymbol{e}_k=\beta_{ij}\boldsymbol{e}'_i\cdot\boldsymbol{e}_k=\beta_{ij}\beta_{ik}$$

$$\boxed{\beta_{ki}\beta_{kj}=\delta_{ij}} \tag{1.85}$$

不难证明式(1.84)和式(1.85)正是式(1.82)的指标表达式。为此，我们先看如何写矩阵乘法的指标表达式，我们知道，矩阵乘积分量可表示为

$$[C]=[A][B]\Rightarrow C_{ij}=\sum_{k=1}^{3}A_{ik}B_{kj}=A_{ik}B_{kj}$$

所以

$$[\beta][\beta]^{\mathrm{T}}=[I]\Rightarrow\beta_{ik}\beta^{\mathrm{T}}_{kj}=\beta_{ik}\beta_{jk}=\delta_{ij}$$

$$[\beta]^{\mathrm{T}}[\beta]=[I]\Rightarrow\beta^{\mathrm{T}}_{ik}\beta_{kj}=\beta_{ki}\beta_{kj}=\delta_{ij}$$

再来求坐标的逆变换，为此用 β_{ki} 乘以式(1.69)得

$$\beta_{ki}x_i=\beta_{ki}\beta_{ji}y_j+c_i\Rightarrow\delta_{kj}y_j=\beta_{ki}x_i-\beta_{ki}c_i\Rightarrow y_k=\beta_{ki}x_i-c'_k,\quad c'_k=\beta_{ki}c_i \tag{1.86}$$

式(1.86)对 x_i 求导得逆变换的 Jacobi 矩阵，即

$$[J]^{-1}=\left[\frac{\partial y_k}{\partial x_i}\right]=[\beta_{ki}] \tag{1.87}$$

(3) 向量的坐标变换式

以上重点讨论了基向量相关的变换式，下面我们用向量的不变特性导出任意向

量 $\boldsymbol{a}$ 分量的坐标变换式。由向量不变特性

$$\boldsymbol{a}=a'_i\boldsymbol{e}'_i=a_j\boldsymbol{e}_j \tag{1.88}$$

$$\Rightarrow \boldsymbol{a}=a'_i\boldsymbol{e}'_i\cdot\boldsymbol{e}'_k=a_j\boldsymbol{e}_j\cdot\boldsymbol{e}'_k=a_j\boldsymbol{e}'_k\cdot\boldsymbol{e}_j=a_j\beta_{kj}$$

$$\Rightarrow a'_i\delta_{ik}=a'_k=a_j\beta_{kj}$$

则有**正变换**

$$\boxed{a'_i=\beta_{ij}a_j} \tag{1.89}$$

同理,可得**逆变换**

$$\boxed{a_j=\beta_{ij}a'_i} \tag{1.90}$$

逆变换数组第二个下标为自由标,正变换数组第一个下标为自由标

可见,基向量变换式与向量变换式的形式是相似的。

例题 1.4 设向量 $\boldsymbol{a}$ 在基

$$\boldsymbol{g}_1\equiv(1,-1,1)/\sqrt{3},\quad \boldsymbol{g}_2\equiv(1,0,-1)/\sqrt{2},\quad \boldsymbol{g}_3\equiv(1,2,1)/\sqrt{6}$$

下的分量为 $a_i=(1,1,1)$,求 $\boldsymbol{a}$ 的解析分量。

解: $\boldsymbol{a}$ 的解析分量即 $\boldsymbol{a}$ 在自然基 $\boldsymbol{i}_j$ 下的分量 a_j。

$$\begin{aligned}
(\sqrt{3}\boldsymbol{g}_1)\cdot(\sqrt{2}\boldsymbol{g}_2)&=(1,-1,1)\cdot(1,0,-1)\\
&=1\times1+(-1)\times0+1\times(-1)=0\\
(\sqrt{3}\boldsymbol{g}_1)\cdot(\sqrt{6}\boldsymbol{g}_3)&=(1,-1,1)\cdot(1,2,1)\\
&=1\times1+(-1)\times2+1\times1=0\\
(\sqrt{2}\boldsymbol{g}_2)\cdot(\sqrt{6}\boldsymbol{g}_3)&=(1,0,-1)\cdot(1,2,1)\\
&=1\times1+0\times2+(-1)\times1=0\\
(\sqrt{3}\boldsymbol{g}_1)\cdot(\sqrt{3}\boldsymbol{g}_1)&=3\boldsymbol{g}_1\cdot\boldsymbol{g}_1\\
&=3|\boldsymbol{g}_1|^2=(1,-1,1)\cdot(1,-1,1)\\
&=1^2+(-1)^2+1^2=3\\
(\sqrt{2}\boldsymbol{g}_2)\cdot(\sqrt{2}\boldsymbol{g}_2)&=2\boldsymbol{g}_2\cdot\boldsymbol{g}_2=2|\boldsymbol{g}_2|^2\\
&=(1,0,-1)\cdot(1,0,-1)\\
&=1^2+0^2+(-1)^2=2\\
(\sqrt{6}\boldsymbol{g}_3)\cdot(\sqrt{6}\boldsymbol{g}_3)&=6\boldsymbol{g}_3\cdot\boldsymbol{g}_3=6|\boldsymbol{g}_1|^2
\end{aligned}$$

$$=(1,2,1)\cdot(1,2,1)$$
$$=1^2+2^2+1^2=6$$

式中：$\boldsymbol{g}_j$ 为标准正交基。

利用式(1.79)和式(1.89)，

$$\boldsymbol{g}_i=\boldsymbol{e}_i,\quad \boldsymbol{i}_j=\boldsymbol{e}'_i,\quad a_i=a_i,\quad a_j=a'_j$$

则

$$\beta_{ij}=\boldsymbol{i}_i\cdot\boldsymbol{g}_j,\quad a_i=\beta_{ij}a_j$$

$$\beta_{11}=\boldsymbol{i}_1\cdot\boldsymbol{g}_1=1/\sqrt{3},\quad \beta_{12}=\boldsymbol{i}_1\cdot\boldsymbol{g}_2=1/\sqrt{2},\quad \beta_{13}=\boldsymbol{i}_1\cdot\boldsymbol{g}_3=1/\sqrt{6}$$

$$\beta_{21}=\boldsymbol{i}_2\cdot\boldsymbol{g}_1=-1/\sqrt{3},\quad \beta_{22}=\boldsymbol{i}_2\cdot\boldsymbol{g}_2=0,\quad \beta_{23}=\boldsymbol{i}_2\cdot\boldsymbol{g}_3=2/\sqrt{6}$$

$$\beta_{31}=\boldsymbol{i}_3\cdot\boldsymbol{g}_1=1/\sqrt{3},\quad \beta_{32}=\boldsymbol{i}_3\cdot\boldsymbol{g}_2=-1/\sqrt{2},\quad \beta_{33}=\boldsymbol{i}_3\cdot\boldsymbol{g}_3=1/\sqrt{6}$$

$$\alpha_1=\beta_{11}a_1+\beta_{12}a_2+\beta_{13}a_3=1/\sqrt{3}+1/\sqrt{2}+1/\sqrt{6}=(\sqrt{2}+\sqrt{3}+1)/\sqrt{6}$$

$$\alpha_2=\beta_{21}a_1+\beta_{22}a_2+\beta_{23}a_3=-1/\sqrt{3}+0+2/\sqrt{6}=(2-\sqrt{2})/\sqrt{6}$$

$$\alpha_3=\beta_{31}a_1+\beta_{32}a_2+\beta_{33}a_3=1/\sqrt{3}-1/\sqrt{2}+1/\sqrt{6}=(\sqrt{2}-\sqrt{3}+1)/\sqrt{6}$$

第2章　笛卡儿张量代数

笛卡儿张量(简称卡氏张量)是建立在笛卡儿直角坐标系(包括右手坐标系与左手坐标系)上的张量。不同的坐标系对应于初始坐标系的某种变换。笛卡儿直角坐标系涉及的变换有平移、旋转和反射。前两者属正常变换,后者为反常变换。三种变换均为正交变换(见1.6.2小节),如前所述,若张量式中含有矢径,则正交变换只包括旋转和反射变换。

卡氏张量是最基本、最简单,同时也是最常用的张量。它是迈向一般张量的一个台阶,但又可自成一体系。实际上,不少应用问题可能只需用到卡氏张量。因此,本书把卡氏张量作为相对独立的单元来讨论。卡氏张量涉及的内容包括基本概念、张量代数和张量分析,本章讨论前两部分。

本书假定读者仅有高等数学、线性代数知识,未学过流体力学、弹性力学或材料力学(统称为连续介质力学)。所以,从本章起,将通过实例系统地介绍一些连续介质力学的基本概念、公式或定律,帮助读者理解抽象的张量概念。

2.1　不变量的充分必要条件

我们知道,向量是坐标变换的不变量,可以表示为

$$\boldsymbol{a}=a_i\boldsymbol{e}_i=a'_j\boldsymbol{e}'_j=\boldsymbol{a}' \tag{2.1}$$

由此可导出向量的坐标变换式(见1.6.3小节)

$$a'_j=\beta_{ji}a_i \tag{2.2a}$$

$$a_i=\beta_{ji}a'_j \tag{2.2b}$$

反之,若数组 a_i 满足式(2.2),则

$$\boldsymbol{a}'=a'_j\boldsymbol{e}'_j=(\beta_{ji}a_i)(\beta_{jk}\boldsymbol{e}_k)=\beta_{ji}\beta_{jk}a_i\boldsymbol{e}_k=\delta_{ik}a_i\boldsymbol{e}_k=a_i\boldsymbol{e}_i=\boldsymbol{a}$$

即向量是不变量。这表明向量是不变量与数组满足坐标变换式(2.2)是等价的。因此,式(2.2)也可作为向量的定义。

另外,在1.5节中,我们通过并积得到诱导向量。诱导向量的集合构成诱导向量空间。由向量代数理论可知,任何线性空间的元素都可表示为基向量的线性组合,线性组合的系数为向量的分量。基不是唯一的,同一向量在不同基下有不同的分

量。基的变化将引起分量的变化，但不同基对应的向量并没有变，仍为同一个向量。基的变化实质上是坐标系的变化，因此，诱导向量仍然是坐标变换的不变量。

$$\boldsymbol{A}=A_{ij}\boldsymbol{e}_i\boldsymbol{e}_j=A'_{kl}\boldsymbol{e}'_k\boldsymbol{e}'_l \tag{2.3}$$

与式(2.1)不同的是，分量有两个指标，基为并矢基，这种不变量称为**二阶不变量**，即二阶张量。上述不变性定义应用上并不方便，很多二阶数组并非由向量的并积得到，分量的值仍随坐标系的变化而变化，但无法用上式判断是否为不变量。例如，式(1.15)中，g_{ij} 由任意基向量的点积得到，一般情况下，g_{ij} 分量的值随基(坐标系)的变化而变化，是否为二阶不变量？确切地说，是否为诱导空间的元素并满足式(2.3)？回答此问题需要找出二阶不变量的充分必要条件：

设物理量 $\boldsymbol{A}$ 有 3^2 个随坐标系变化而变化的分量，在老系与新系下的分量分别为 A_{ij}、A'_{kl}，令

$$\boldsymbol{A}'=A'_{kl}\boldsymbol{e}'_k\boldsymbol{e}'_l,\quad \boldsymbol{A}=A_{ij}\boldsymbol{e}_i\boldsymbol{e}_j$$

若 $\boldsymbol{A}$ 为不变量，必有

$$\boldsymbol{A}=\boldsymbol{A}' \tag{2.4}$$

即

$$A_{ij}\boldsymbol{e}_i\boldsymbol{e}_j=A'_{kl}\boldsymbol{e}'_k\boldsymbol{e}'_l$$

将变换式(1.81)代入有

$$A_{ij}\boldsymbol{e}_i\boldsymbol{e}_j=A_{ij}\beta_{ki}\beta_{lj}\boldsymbol{e}'_k\boldsymbol{e}'_l=A'_{kl}\boldsymbol{e}'_k\boldsymbol{e}'_l$$

所以

$$A'_{kl}=\beta_{ki}\beta_{lj}A_{ij} \tag{2.5a}$$

同理，可导出(问题)

$$A_{ij}=\beta_{ki}\beta_{lj}A'_{kl} \tag{2.5b}$$

反之，若 $\boldsymbol{A}$ 的分量满足式(2.5)，则

$$\boldsymbol{A}'=A'_{kl}\boldsymbol{e}'_k\boldsymbol{e}'_l=\beta_{ki}\beta_{lj}A_{ij}\boldsymbol{e}'_k\boldsymbol{e}'_l=A_{ij}(\beta_{ki}\boldsymbol{e}'_k)(\beta_{lj}\boldsymbol{e}'_l)=A_{ij}\boldsymbol{e}_i\boldsymbol{e}_j=\boldsymbol{A}$$

即 $\boldsymbol{A}$ 是不变量。因此，式(2.5)是 $\boldsymbol{A}$ 为不变量的充分必要条件，即 $\boldsymbol{A}$ 为不变量与分量 A_{ij} 满足式(2.5)是等价的。式(2.5)可作为二阶张量的定义。事实上，任何一个物理量满足的充分必要条件都可作为该物理量的定义。事实上，用式(2.5)来判断不变量更为普遍和方便。例如，我们可用式(2.5)来判断克罗内克符号是否为不变量，由于式(1.84)

$$\delta'_{kl}=\beta_{ki}\beta_{li}=\beta_{ki}\beta_{li}\delta_{ij}$$

所以 δ_{ij} 为二阶不变量(二阶张量)，必有

$$\boldsymbol{I}=\delta_{ij}\boldsymbol{e}_i\boldsymbol{e}_j=\delta'_{kl}\boldsymbol{e}'_k\boldsymbol{e}'_l \tag{2.6a}$$

或

$$\boldsymbol{I}=\boldsymbol{e}_i\boldsymbol{e}_i=\boldsymbol{e}'_k\boldsymbol{e}'_k \tag{2.6b}$$

$\boldsymbol{I} \triangleright \delta_{ij}$ 称为**单位张量**,它的分量就是大家熟知的克罗内克符号。

在数学、物理学中,还有许多二阶数组满足不变量的充分必要条件,这一类不变量就构成了我们定义二阶张量的基础。

应力张量

变形体在外力作用下将产生变形,其内部各部分会产生相互作用力来抵抗变形(见图 2-1)。单位面积上的内力定义为**应力**。由定义知,应力总是与作用面相关联。对于变形体内任一点 P 可作无穷多个面(我们用单位法矢 $\boldsymbol{n}$ 代表不同的作用面),因而有无穷多个应力向量 $\boldsymbol{f}^{N}$(见图 2-2),这无穷多个应力向量的集合称为点 P 的**应力状态**。可以证明,同一点各面上的应力向量并非独立,它们可由三个相互垂直的坐标面(与坐标轴垂直的面)上的应力来确定。为此,我们先讨论坐标面应力的特性和表示法。

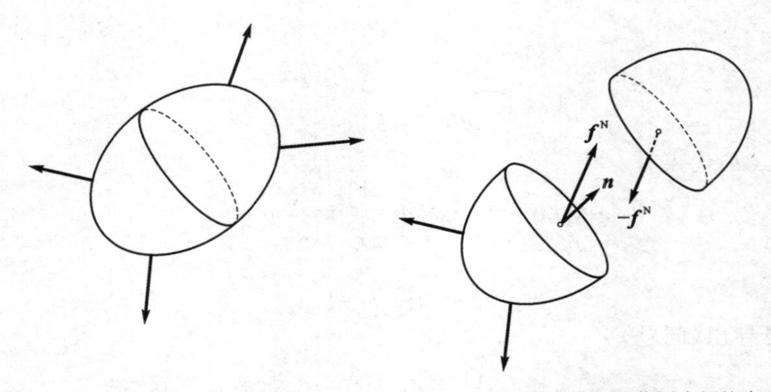

图 2-1 应力是单位面积的内力

如图 2-2 所示,过 P 点作一坐标面构成的微小正六面体。数学上,微小六面体可视为无体积的"一点",因而六面体各个面上的应力可认为是同一点不同面上的应力。而物理上,六面体又可视为体积微小的受力实体,应当满足力的平衡条件。六面体有三对与坐标轴垂直的面,其中外法向与坐标轴方向一致的面称正面,另一面为负面。正面上的应力用 $\boldsymbol{\sigma}_i$(i 表示不同的作用面)表示,负面上的应力用 $\boldsymbol{\sigma}_i^-$ 表示。同一点正负面上的内力是作用力与反作用力的关系,例如(见图 2-2(c)):

$$\boldsymbol{\sigma}_2 \mathrm{d}S_2 = -\boldsymbol{\sigma}_2^- \mathrm{d}S_2$$

则有

$$\boldsymbol{\sigma}_i^- = -\boldsymbol{\sigma}_i \tag{2.7}$$

即

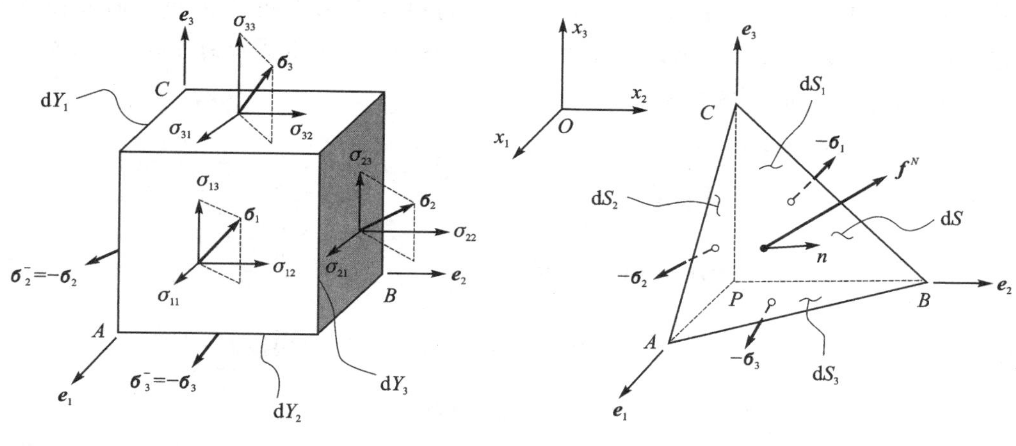

(a) 坐标面的应力向量及分量

(b) 应力张量决定应力状态

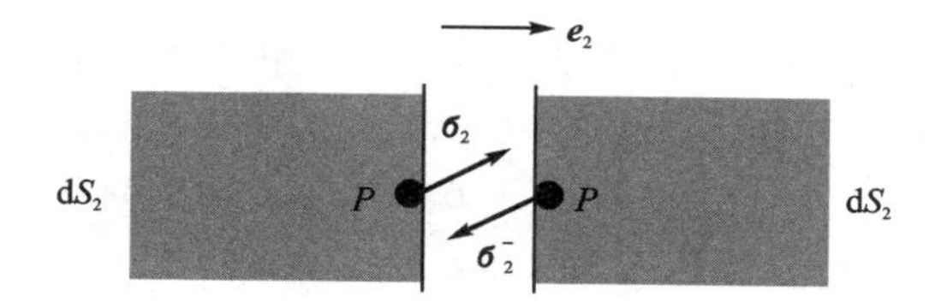

(c) 正负面上的应力关系

图 2-2　空间点 P 的应力状态

正负面上的应力向量大小相等方向相反

在坐标系 $\boldsymbol{e}_j$ 中正面上的应力向量可表示为

$$\boldsymbol{\sigma}_i=\sigma_{ij}\boldsymbol{e}_j \tag{2.8}$$

σ_{ij} 表示正面应力向量的分量，第一指标表示作用面，第二指标表示应力分量的方向，当两个指标值相同时表示垂直于作用面的**正应力**（如 σ_{22}），不同时表示平行于作用面的切应力（**剪应力**，如 σ_{21}）（见图 2-2）。σ_{ij} 有 9 个分量，可用二阶数组或矩阵来表示

$$\sigma_{ij}=(\sigma_{11},\sigma_{12},\sigma_{13},\sigma_{21},\sigma_{22},\sigma_{23},\sigma_{31},\sigma_{32},\sigma_{33}) \tag{2.9}$$

$$[\sigma_{ij}]=\begin{bmatrix}\sigma_{11} & \sigma_{12} & \sigma_{13}\\ \sigma_{21} & \sigma_{22} & \sigma_{23}\\ \sigma_{31} & \sigma_{32} & \sigma_{33}\end{bmatrix} \tag{2.10}$$

据式(2.7)和式(2.8)，负面上的应力向量可表示为

$$\boldsymbol{\sigma}_i^-=-\sigma_{ij}\boldsymbol{e}_j \tag{2.11}$$

为求 P 点任一斜面 $\boldsymbol{n}$ 上的应力,可作一由斜面和三个坐标面构成的四面体(见图 2-2)。设斜面的面积为 $\mathrm{d}S$,坐标面的面积为 $\mathrm{d}S_i$。由叉积的几何意义,斜面($\boldsymbol{n}=n_i\boldsymbol{e}_i$)的面积向量 $\mathrm{d}\boldsymbol{S}$ 可表示为

$$
\begin{aligned}
\mathrm{d}\boldsymbol{S} &= \mathrm{d}S\boldsymbol{n} = \mathrm{d}Sn_i\boldsymbol{e}_i \\
&= \frac{1}{2}\overline{AB}\times\overline{AC} \\
&= \frac{1}{2}(\overline{PB}-\overline{PA})\times(\overline{PC}-\overline{PA}) \\
&= \frac{1}{2}(\overline{PB}\times\overline{PC}-\overline{PC}\times\overline{PA}-\overline{PB}\times\overline{PA}+\overline{PA}\times\overline{PA}) \\
&= \mathrm{d}S_1\boldsymbol{e}_1+\mathrm{d}S_2\boldsymbol{e}_2+\mathrm{d}S_3\boldsymbol{e}_3=\mathrm{d}S_i\boldsymbol{e}_i \\
\Rightarrow\ \mathrm{d}Sn_i &= \mathrm{d}S_i
\end{aligned}
\tag{2.12}
$$

$\mathrm{d}S_i$ 称为 $\mathrm{d}S$ 在坐标平面的**投影面积**。式(2.12)对任何形状的多边形平面都是成立的,因为任何形状的多边形平面都可分解为若干三角形平面。

根据四面体的平衡条件有

$$
\begin{aligned}
\boldsymbol{f}^{\mathrm{N}}\mathrm{d}S+\boldsymbol{\sigma}_1^-\mathrm{d}S_1+\boldsymbol{\sigma}_2^-\mathrm{d}S_2+\boldsymbol{\sigma}_3^-\mathrm{d}S_3=\boldsymbol{0}\Rightarrow \\
\boldsymbol{f}^{\mathrm{N}}\mathrm{d}S+\boldsymbol{\sigma}_i^-\mathrm{d}S_i=\boldsymbol{0}\Rightarrow \\
\boldsymbol{f}^{\mathrm{N}}\mathrm{d}S-\boldsymbol{\sigma}_i\mathrm{d}S_i=\boldsymbol{0}\Rightarrow \\
\boldsymbol{f}^{\mathrm{N}}=\boldsymbol{\sigma}_i\mathrm{d}S_i/\mathrm{d}S
\end{aligned}
$$

将 $\boldsymbol{f}^{\mathrm{N}}=f_j^{\mathrm{N}}\boldsymbol{e}_j$、式(2.8)、式(2.12)代入上式得

$$
\boldsymbol{f}^{\mathrm{N}}=\boldsymbol{\sigma}_i n_i \tag{2.13}
$$

$$
\Rightarrow f_j^{\mathrm{N}}\boldsymbol{e}_j=\sigma_{ij}\boldsymbol{e}_j n_i
$$

则有

$$
\boxed{f_j^{\mathrm{N}}=\sigma_{ij}n_i} \tag{2.14}
$$

上式为著名的**柯西应力公式**。式中 σ_{ij} 依赖于 P 点的位置和选定的坐标系 $\boldsymbol{e}_i$,与 n_i 无关,f_j^{N} 随 n_i 变化。

另外,对于同一空间点 P 以及给定的斜面 $\boldsymbol{n}$ 和相应的 $\boldsymbol{f}^{\mathrm{N}}$,可选择不同的坐标系 $\boldsymbol{e}'_i$ 来建立平衡条件(见图 2-3)。在新坐标系下

$$
\boldsymbol{f}^{\mathrm{N}}=f_i'^{\mathrm{N}}\boldsymbol{e}'_i,\quad \boldsymbol{n}=n'_k\boldsymbol{e}'_i,\quad \boldsymbol{\sigma}'_i=\sigma'_{ij}\boldsymbol{e}'_j \tag{2.15}
$$

同样的分析可得

$$
\boldsymbol{f}^{\mathrm{N}}=\boldsymbol{\sigma}'_k n'_k \tag{2.16}
$$

比较式(2.13)和式(2.16)得

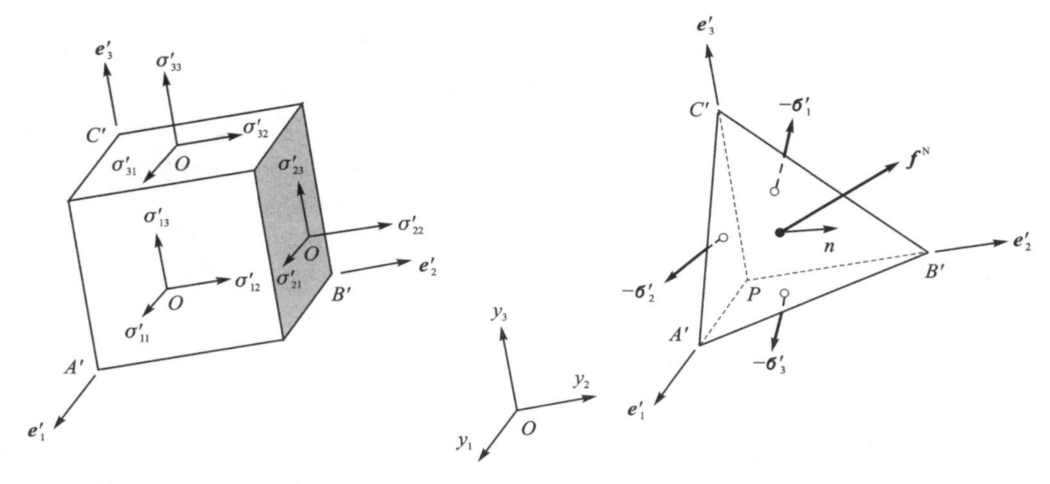

图 2-3　同一空间点不同坐标系的应力状态

$$\boldsymbol{б}'_k n'_k = \boldsymbol{б}_i n_i \Rightarrow$$
$$\sigma'_{kl} \boldsymbol{e}'_l n'_k = \sigma_{ij} e_j n_i = \sigma_{ij} (\beta_{lj} \boldsymbol{e}'_l)(\beta_{ki} n'_k) \Rightarrow$$
$$\sigma'_{kl} = \beta_{ki} \beta_{lj} \sigma_{ij}$$

这正是不变量的充分必要条件，所以必有

$$\boldsymbol{\sigma} = \sigma_{ij} \boldsymbol{e}_i \boldsymbol{e}_j = \sigma'_{kl} \boldsymbol{e}'_k \boldsymbol{e}'_{lk} \tag{2.17}$$

请区别希腊字母 σ 与俄文字母 б

这说明应力 $\boldsymbol{\sigma} \triangleright \boldsymbol{\sigma}_{ij}$ 是二阶不变量，即二阶张量。柯西应力公式(2.14)表明

应力张量决定点的应力状态

转动惯量张量

如图 2-4 所示，由物理学，质量为 m 位于 $P(\boldsymbol{r} = x_i \boldsymbol{e}_i)$ 点绕轴($\boldsymbol{n} = n_i \boldsymbol{e}_i$)转动的质点的转动惯量为

$$I_{\mathrm{N}} = m\rho^2 \tag{2.18}$$

式中：ρ 为 P 点到轴 $\boldsymbol{n}$ 的垂距。

对于位于 P 点的质点 m，过 O 点可作无穷多条轴，因而有无穷多个转动惯量，但

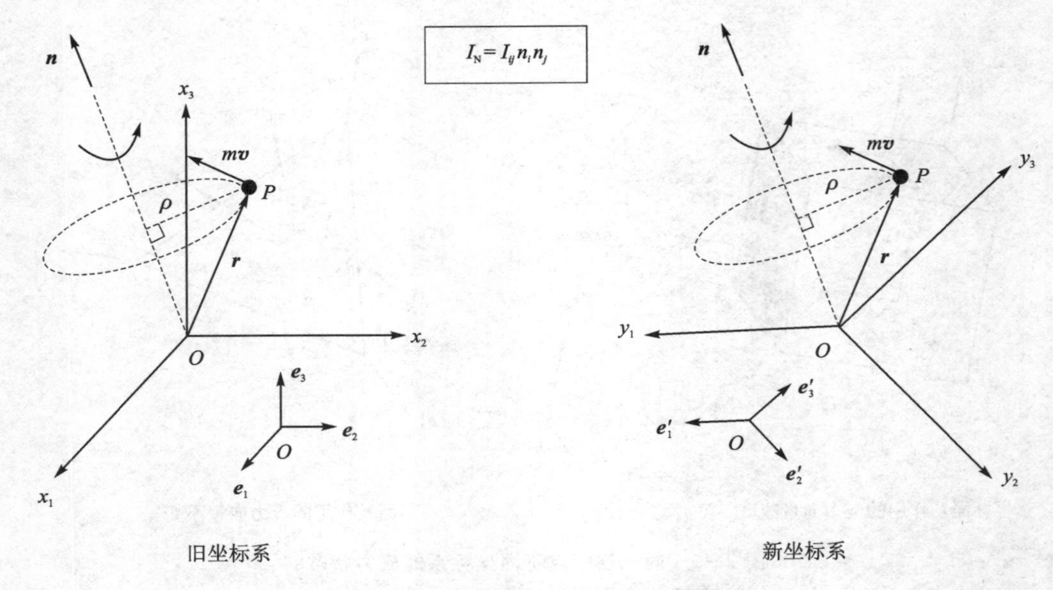

图 2-4　转动惯量张量决定转动惯量

这些惯量可由一个二阶张量来确定,如下:

$$\begin{aligned} I_N &= m\rho^2 = m[\boldsymbol{r}\cdot\boldsymbol{r}-(\boldsymbol{r}\cdot\boldsymbol{n})^2] \\ &= m[n_in_ix_kx_k-(n_ix_i)(n_jx_j)] \\ &= m(\delta_{ij}n_in_jx_kx_k-x_ix_jn_in_j) \\ &= m(\delta_{ij}x_kx_k-x_ix_j)n_in_j \end{aligned} \tag{2.19}$$

令

$$I_{ij}=m(\delta_{ij}x_kx_k-x_ix_j) \tag{2.20}$$

式中:I_{ij} 为二阶数组,可用矩阵表示

$$[I_{ij}]=m\begin{bmatrix} x_2^2+x_3^2 & -x_1x_2 & -x_1x_3 \\ -x_2x_1 & x_3^2+x_1^2 & -x_2x_3 \\ -x_3x_1 & -x_3x_2 & x_1^2+x_2^2 \end{bmatrix} \tag{2.21}$$

可以看出,当 $i=j$ 时,表示绕坐标轴的惯量,称为**坐标轴惯量**,I_{11},I_{22},I_{33} 分别为 x_1,x_2,x_3 轴的惯量。当 $i\neq j$ 时,称为**惯量积**。利用 I_{ij},式(2.19)变为

$$I_N=I_{ij}n_in_j \tag{2.22}$$

式中:I_N 是与坐标系无关的标量,I_{ij} 与 n_i 无关,只与点 O、P 和坐标系有关。然而,对于同一空间点 O、P 和过点 O 的轴 n_i,我们可选用不同的坐标系 $\boldsymbol{e}'_i$(见图 2-4)来确定转动惯量。在新坐标系下,

$$\boldsymbol{n}=n'_i\boldsymbol{e}'_i$$

同样的分析可得

$$I_N = I'_{ij} n'_i n'_j \tag{2.23}$$

比较式(2.22)和式(2.23)得

$$I'_{kl} n'_k n'_l = I_{ij} n_i n_j = I_{ij} (\beta_{ki} n'_k)(\beta_{lj} n'_l) \Rightarrow$$

$$I'_{kl} = \beta_{ki} \beta_{lj} I_{ij}$$

满足不变量的充分必要条件,必有

$$\boldsymbol{I}_O = I_{ij} \boldsymbol{e}_i \boldsymbol{e}_j = I'_{kl} \boldsymbol{e}'_k \boldsymbol{e}'_l \tag{2.24}$$

说明 $\boldsymbol{I}_O \triangleright I_{ij}$ 是二阶张量,称为转动惯量张量。式(2.22)表明

转动惯量张量决定绕轴的转动惯量

以上介绍了一阶不变量和二阶不变量的充分必要条件,而标量也是坐标变换不变量,可看成零阶不变量;另外,实用上,由二阶和二阶以下的不变量还会导出更高阶的不变量,为此,我们给出笛卡儿张量的统一定义。

2.2 张　量

2.2.1 张量的定义

定义 1　对于某一物理量 φ,在任意笛卡儿直角坐标系下有 $3^0=1$ 个分量,若满足

$$\varphi' = \varphi$$

则称 φ 为**零阶张量**(即标量),其中 φ' 和 φ 代表新老坐标系下的分量。

定义 2　对于某物理量 $\boldsymbol{a}$,在任意笛卡儿直角坐标系下有 $3^1=3$ 个分量 a_i,如可表示为下面的不变形式

$$\boldsymbol{a} = a_i \boldsymbol{e}_i = a'_j \boldsymbol{e}'_j$$

或满足坐标变换式

$$a'_j = \beta_{ji} a_i, \quad a_i = \beta_{ji} a'_j$$

则称 $\boldsymbol{a}$ 为一阶张量(即向量)。

定义 3　对于某物理量 $\boldsymbol{A}$,在任意笛卡儿直角坐标系下有 $3^2=9$ 个分量 A_{ij},如可表示为下面的不变形式

$$\boldsymbol{A} = A_{ij} \boldsymbol{e}_i \boldsymbol{e}_j = A'_{kl} \boldsymbol{e}'_k \boldsymbol{e}'_l$$

或满足坐标变换式

$$A'_{kl}=\beta_{ki}\beta_{lj}A_{ij}\,,\quad A_{ij}=\beta_{ki}\beta_{lj}A'_{kl}$$

则称 **A** 为**二阶张量**。

类似地，三阶和更高阶张量有如下表达式：

$$\mathbf{A}=A_{ijk}\boldsymbol{e}_i\boldsymbol{e}_j\boldsymbol{e}_k=A'_{lmn}\boldsymbol{e}'_l\boldsymbol{e}'_m\boldsymbol{e}'_n \tag{2.25a}$$

$$A'_{lmn}=\beta_{li}\beta_{mj}\beta_{nk}A_{ijk}\,,\quad A_{ijk}=\beta_{li}\beta_{mj}\beta_{nk}A'_{lmn} \tag{2.25b}$$

……

（问题：请写出四阶张量的定义式。）

正变换的变换矩阵第一个下标为自由标，逆变换的变换矩阵第二个下标为自由标

2.2.2 相对张量

同义词：相对张量、张量密度、伪张量、赝张量

以上根据张量不变性定义的张量称为**绝对张量**（简称张量）。但有些物理量本身不满足张量的不变性定义，然而，它们相对基向量混合积的某次方仍满足张量的不变性定义，这类张量称为**相对张量**。例如：

➢ 基向量混合积是零阶数组：

$$V_{\mathrm{E}}=[\boldsymbol{e}_1,\boldsymbol{e}_2,\boldsymbol{e}_3]=\begin{cases}1, & \text{右手坐标系}\\ -1, & \text{左手坐标系}\end{cases}$$

若老坐标系为右手坐标系：$V_{\mathrm{E}}=1$，新坐标系为左手坐标系：$V'_{\mathrm{E}}=-1$，则 V_{E} 是变量。而

$$\frac{V_{\mathrm{E}}}{V_{\mathrm{E}}^{-1}}=V_{\mathrm{E}}^2=V'^2_{\mathrm{E}}=\frac{V'_{\mathrm{E}}}{V'^{-1}_{\mathrm{E}}}$$

故 V_{E}^2 是不变量，即零阶张量。

➢ 在直角坐标系下，置换符号为（见式(1.76)）

$$\varepsilon_{ijk}=\frac{[\boldsymbol{e}_i,\boldsymbol{e}_j,\boldsymbol{e}_k]}{V_{\mathrm{E}}} \tag{2.26}$$

则有

$$\varepsilon'_{lmn}=\frac{[\boldsymbol{e}'_l,\boldsymbol{e}'_m,\boldsymbol{e}'_n]}{V'_{\mathrm{E}}}=\frac{\beta_{li}\beta_{mj}\beta_{nk}\,[\boldsymbol{e}_i,\boldsymbol{e}_j,\boldsymbol{e}_k]}{(JV_{\mathrm{E}})}$$

$$=\frac{J^{-1}\beta_{li}\beta_{mj}\beta_{nk}\,[\boldsymbol{e}_i,\boldsymbol{e}_j,\boldsymbol{e}_k]}{V_{\mathrm{E}}}$$

$$=J^{-1}\beta_{li}\beta_{mj}\beta_{nk}\varepsilon_{ijk} \tag{2.27}$$

故 ε_{ijk} 不是张量，但

$$\left(\frac{\varepsilon'_{lmn}}{V'^{-1}_{\mathrm{E}}}\right)=[\boldsymbol{e}'_l,\boldsymbol{e}'_m,\boldsymbol{e}'_n]=\beta_{li}\beta_{mj}\beta_{nk}[\boldsymbol{e}_i,\boldsymbol{e}_j,\boldsymbol{e}_k]=\beta_{li}\beta_{mj}\beta_{nk}\left(\frac{\varepsilon_{ijk}}{V^{-1}_{\mathrm{E}}}\right)$$

故 $\left(\dfrac{\varepsilon_{ijk}}{V^{-1}_{\mathrm{E}}}\right)$ 是张量。

➢ 考虑右手坐标系叉积公式：

$$\boldsymbol{c}=\boldsymbol{a}\times\boldsymbol{b}\Leftrightarrow c_i=\varepsilon_{ijk}a_jb_k$$

$$\begin{aligned}c'_l&=\varepsilon'_{lmn}a'_mb'_n=(J^{-1}\beta_{li}\beta_{mj}\beta_{nk}\varepsilon_{ijk})(\beta_{mp}a_p)(\beta_{nq}b_q)\\&=J^{-1}\beta_{li}\delta_{jp}\delta_{kq}\varepsilon_{ijk}a_pb_q\\&=J^{-1}\beta_{li}\varepsilon_{ijk}a_jb_k\\&=J^{-1}\beta_{li}c_i\end{aligned}$$

所以 $\boldsymbol{c}$ 不是张量，但

$$\begin{aligned}\left(\frac{c'_l}{V'_{\mathrm{E}}}\right)&=\frac{\varepsilon'_{lmn}}{V'_{\mathrm{E}}}a'_mb'_n\\&=\left(\beta_{li}\beta_{mj}\beta_{nk}\frac{\varepsilon_{ijk}}{V_{\mathrm{E}}}\right)(\beta_{mp}a_p)(\beta_{nq}b_q)\\&=\beta_{li}\delta_{jp}\delta_{kq}\frac{\varepsilon_{ijk}}{V_{\mathrm{E}}}a_pb_q\\&=\beta_{li}\frac{\varepsilon_{ijk}a_jb_k}{V_{\mathrm{E}}}=\beta_{li}\left(\frac{c_i}{V_{\mathrm{E}}}\right)\end{aligned}$$

故 $\left(\dfrac{c_i}{V_{\mathrm{E}}}\right)$ 是张量。

归纳起来，我们以二阶张量为例，给出相对张量的定义。

定义 4　对于某一物理量 $\boldsymbol{A}$，在任意笛卡儿直角坐标系下有 $3^2=9$ 个分量 A_{ij}，如可表示为下面的不变形式：

$$\boldsymbol{A}=\frac{A_{ij}}{V^{\omega}_{\mathrm{E}}}\boldsymbol{e}_i\boldsymbol{e}_j=\frac{A_{kl}}{V'^{\omega}_{\mathrm{E}}}\boldsymbol{e}'_k\boldsymbol{e}'_l \tag{2.28a}$$

则称 $\boldsymbol{A}$ 为二阶**相对张量**，$\omega=\pm1,\pm2,\cdots$称为 $\boldsymbol{A}$ 的权。

相对张量也可用坐标变换来定义。

根据式(2.28a)有

$$\boldsymbol{A}=\frac{A_{ij}}{V^{\omega}_{\mathrm{E}}}\boldsymbol{e}_i\boldsymbol{e}_j=\frac{A_{ij}}{V^{\omega}_{\mathrm{E}}}\beta_{ki}\beta_{lj}\boldsymbol{e}'_k\boldsymbol{e}'_l=\frac{A'_{kl}}{V'^{\omega}_{\mathrm{E}}}\boldsymbol{e}'_k\boldsymbol{e}'_l$$

则有

$$A'_{kl}=\left(\frac{V'_{\mathrm{E}}}{V_{\mathrm{E}}}\right)^{\omega}\beta_{ki}\beta_{lj}A_{ij}=J^{\omega}\beta_{ki}\beta_{lj}A_{ij} \tag{2.28b}$$

式(2.28a)与式(2.28b)是等价的,也可作为相对张量的定义。

绝对张量可看作权为零的相对张量

2.2.3 直角坐标系下的 Eddington 张量(绝对置换张量)

由相对张量的定义可知,由任何相对张量都可定义一个相应的绝对张量,这正是研究相对张量的意义所在。由以上分析知,置换符号 ϵ_{ijk} 是权为 -1 的三阶相对张量,必存在绝对张量

$$\boldsymbol{\varepsilon}=\varepsilon_{ijk}\boldsymbol{e}_i\boldsymbol{e}_j\boldsymbol{e}_k \tag{2.29a}$$

$$\varepsilon_{ijk}=V_{\mathrm{E}}\epsilon_{ijk}=[\boldsymbol{e}_i,\boldsymbol{e}_j,\boldsymbol{e}_k] \tag{2.29b}$$

$\boldsymbol{\varepsilon}$ 称为**Eddington 张量**,它是绝对张量,适用于任意直角坐标系(左手坐标系或右手坐标系)。Eddington 张量与单位张量的关系为

$$\epsilon_{ijk}\epsilon_{lmk}=\frac{\varepsilon_{ijk}\varepsilon_{lmk}}{V_{\mathrm{E}}^2}=\varepsilon_{ijk}\varepsilon_{lmk}=\delta_{il}\delta_{jm}-\delta_{im}\delta_{jl} \tag{2.30}$$

可见其相同于置换符号与克罗内克符号的关系(见式(1.49))。

利用 Eddington 张量,第 1 章中若干与坐标系转向有关的公式可修正为与坐标系转向无关的通用公式,即

$$\boldsymbol{a}\times\boldsymbol{b}=V_{\mathrm{E}}\epsilon_{ijk}a_jb_k\boldsymbol{e}_i=\varepsilon_{ijk}a_jb_k\boldsymbol{e}_i \tag{2.31}$$

$$[\boldsymbol{a},\boldsymbol{b},\boldsymbol{c}]=V_{\mathrm{E}}\epsilon_{ijk}a_ib_jc_k=\varepsilon_{ijk}a_ib_jc_k \tag{2.32}$$

$$\boldsymbol{e}_j\times\boldsymbol{e}_k=V_{\mathrm{E}}\epsilon_{ijk}\boldsymbol{e}_i=\varepsilon_{ijk}\boldsymbol{e}_i \tag{2.33}$$

2.3 张量的代数运算

张量的代数运算是向量代数运算的继承与推广。细心观察式(2.14)、式(2.20)和式(2.22)的右端可发现,表达式中的每一个物理量都是张量,但张量的阶数可能不同,通过运算所得到的左端的结果仍为某阶张量。因此,张量代数运算比向量代数运算更为复杂,它包括同阶运算和不同阶运算。前者包括数乘与加法运算,又称线性运算,后者主要包括并积与缩并运算。我们研究张量代数运算有两个重要应用,第一个是间接判别物理量是否为张量,例如,如果某物理量是两张量之和,则该量为张量;第二个是用来把复杂的指标式写为实体式。

2.3.1 张量的线性运算

张量实质上是用多指标表示的大向量。它的线性运算包括数乘与加减运算，其规则与向量线性运算规则相同（见第 1 章）。基张量（并基）相同的两个张量称为**同型张量**。卡氏张量中，同型张量即为同阶张量（在第 4 章的一般张量中，同阶不一定同型）。线性运算的结果是与原张量同型（同阶）的张量。下面我们以二阶张量为例进行讲解。

1. 数　乘

数 λ 乘张量 $\boldsymbol{T}=T_{ij}\boldsymbol{e}_i\boldsymbol{e}_j \triangleright T_{ij}$ 等于基张量不变，用数乘张量的每一个分量，结果为

$$\boldsymbol{S}=S_{ij}\boldsymbol{e}_i\boldsymbol{e}_j=\lambda\boldsymbol{T}=(\lambda T_{ij})\boldsymbol{e}_i\boldsymbol{e}_j \tag{2.34a}$$

$$\Rightarrow S_{ij}=\lambda T_{ij} \tag{2.34b}$$

因

$$S_{ij}\boldsymbol{e}_i\boldsymbol{e}_j=(\lambda T_{ij})\boldsymbol{e}_i\boldsymbol{e}_j=\lambda(T_{ij}\boldsymbol{e}_i\boldsymbol{e}_j)=\lambda(T'_{kl}\boldsymbol{e}'_k\boldsymbol{e}'_l)=(\lambda T'_{kl})\boldsymbol{e}'_k\boldsymbol{e}'_l=S'_{ij}\boldsymbol{e}'_k\boldsymbol{e}'_l$$

或

$$S'_{kl}=\lambda T'_{kl}=\lambda\beta_{ki}\beta_{lj}T_{ij}=\beta_{ki}\beta_{lj}(\lambda T_{ij})=\beta_{ki}\beta_{lj}S_{ij}$$

所以数乘的结果为同阶的张量。

张量所有代数运算的结果都可用定义证明为张量，以下证明略

2. 加　减

张量 $\boldsymbol{A}=A_{ij}\boldsymbol{e}_i\boldsymbol{e}_j \triangleright A_{ij}$ 与张量 $\boldsymbol{B}=B_{ij}\boldsymbol{e}_i\boldsymbol{e}_j \triangleright B_{ij}$ 的加减等于基张量不变，各分量加减，结果为

$$\boldsymbol{C}=C_{ij}\boldsymbol{e}_i\boldsymbol{e}_j=\boldsymbol{A}\pm\boldsymbol{B}=(A_{ij}\pm B_{ij})\boldsymbol{e}_i\boldsymbol{e}_j \tag{2.35a}$$

$$\Rightarrow C_{ij}=A_{ij}\pm B_{ij} \tag{2.35b}$$

显然，线性运算满足向量运算的八条运算规律（见第 1 章式(1.7)）。

2.3.2 张量的并积与缩并运算

张量的并积与缩并运算的特点是运算结果的阶发生变化，前者升阶，后者降阶。运算中，两个张量的阶也不要求相同，所以称为不同阶运算。

1. 并　积

同义词：并积、张量积、外积

张量并积是向量并积的推广。张量 $\boldsymbol{a}=a_i\boldsymbol{e}_i \triangleright a_i$ 与张量 $\boldsymbol{B}=B_{jk}\boldsymbol{e}_j\boldsymbol{e}_k \triangleright B_{jk}$ 的并积等于第一个张量的基与第二个张量的基作向量的联并(多重并)，第一个张量每一个分量与第二个张量的每一个分量相乘后得并积的分量，结果为

$$\boldsymbol{C}=C_{ijk}\boldsymbol{e}_i\boldsymbol{e}_j\boldsymbol{e}_k=\boldsymbol{aB}=(a_iB_{jk})\boldsymbol{e}_i\boldsymbol{e}_j\boldsymbol{e}_k \tag{2.36a}$$

$$\Rightarrow C_{ijk}=a_iB_{jk} \tag{2.36b}$$

并积的另一表示法：$\boldsymbol{a}\otimes\boldsymbol{B}$

实际上可以直接用指标式(2.36b)定义并积，它可看成是并基式(2.36a)的省略方式，但在展开指标式时，必须注意各分量的排列顺序(与向量并积排列顺序相同，并积时，新张量分量的排列顺序与算法语言多重循环变量的循环顺序相同，其中张量的第一个指标是外循环变量，依次类推，最后一个指标是内循环变量)。

$$(C_{111},C_{112},\cdots,C_{332},C_{333})=(a_1B_1,a_1B_2,\cdots,a_3B_{32},a_3B_{33})$$

不难证明，并积的结果为张量，阶数等于各张量阶数之和。并积满足下面的运算法则：

$$\begin{aligned}&\boldsymbol{aB}\neq\boldsymbol{Ba}\\&\lambda(\boldsymbol{aB})=(\lambda\boldsymbol{a})\boldsymbol{B}=\boldsymbol{a}(\lambda\boldsymbol{B})\\&\boldsymbol{a}(\boldsymbol{B}+\boldsymbol{C})=\boldsymbol{aB}+\boldsymbol{aC}\\&(\boldsymbol{a}+\boldsymbol{b})\boldsymbol{C}=\boldsymbol{aC}+\boldsymbol{bC}\end{aligned} \tag{2.37}$$

这些运算法则保证了指标式的仿代数特征。

2. 自缩并

缩并包括自缩并与互缩并。自缩并常简称缩并，**互缩并**又称**点积**。

张量 $\boldsymbol{T}=T_{ijk}\boldsymbol{e}_i\boldsymbol{e}_j\boldsymbol{e}_k \triangleright T_{ijk}$ 的缩并是将基张量中的某两个向量作点积的运算，结果为

$$\boldsymbol{S}=S_i\boldsymbol{e}_i=\boldsymbol{T}^{(\cdot jk)}=T_{ijk}\boldsymbol{e}_i\boldsymbol{e}_j\cdot\boldsymbol{e}_k=T_{ijk}\boldsymbol{e}_i\delta_{jk}=T_{ijj}\boldsymbol{e}_i \tag{2.38a}$$

$$\Rightarrow S_i=T_{ijk}^{(\cdot jk)}=T_{ijj} \tag{2.38b}$$

可以直接用指标式(2.38b)定义缩并，它表明

缩并是把张量的某两个自由标置为哑标的运算

例如：

$$\delta_{ij}^{(\cdot)} = \delta_{ii} = \delta_{11} + \delta_{22} + \delta_{33} = 3 \tag{2.39}$$

由此可知，缩并实质上是求和运算。缩并后，原张量将降为二阶（上例由二阶张量降为零阶张量）。如把二阶张量视为满足指标变换的矩阵，则缩并相当于矩阵对角线求和。显然，缩并只能在二阶和二阶以上的张量中进行，它是张量分析引进的一种新运算。

3. 单点积

点积是一种互缩并运算，它是向量点积的推广。点积可看作是并积与缩并的复合运算，它先将两个张量作并积运算，然后将两个不同张量的自由标置为哑标。点积又分为单点、双点与多重点。下面我们直接用指标式来定义点积。单点是先将两个张量作并积（所有指标均为自由标），然后将相邻指标标置为哑标的运算，例如：

$$\boldsymbol{a} \cdot \boldsymbol{B} \triangleright (a_i B_{jk})^{(\cdot ij)} = a_i B_{ik} \triangleright a_i B_{ik} \boldsymbol{e}_k \tag{2.40}$$

类似的矩阵乘法为

$$[a_i]\ [B_{ik}] = [a_1 \quad a_2 \quad a_3] \begin{bmatrix} B_{11} & B_{12} & B_{13} \\ B_{21} & B_{22} & B_{23} \\ B_{31} & B_{32} & B_{33} \end{bmatrix}$$

$$\boldsymbol{B} \cdot \boldsymbol{a} \triangleright (B_{ij} a_k)^{(\cdot jk)} = B_{ij} a_j \triangleright B_{ij} a_j \boldsymbol{e}_i \tag{2.41}$$

类似的矩阵乘法为

$$[B_{ij}]\ [a_j] = \begin{bmatrix} B_{11} & B_{12} & B_{13} \\ B_{21} & B_{22} & B_{23} \\ B_{31} & B_{32} & B_{33} \end{bmatrix} \begin{bmatrix} a_1 \\ a_2 \\ a_3 \end{bmatrix}$$

比较式(2.40)和式(2.41)可知，点积一般不满足交换律（一阶张量互点除外）。

$$\boldsymbol{A} \cdot \boldsymbol{B} \triangleright (A_{ij} B_{kl})^{(\cdot jk)} = A_{ij} B_{jl} \triangleright A_{ij} B_{jl} \boldsymbol{e}_i \boldsymbol{e}_l \tag{2.42}$$

类似的矩阵乘法为

$$[A_{ij}][B_{jl}]=\begin{bmatrix}A_{11} & A_{12} & A_{13}\\A_{21} & A_{22} & A_{23}\\A_{31} & A_{32} & A_{33}\end{bmatrix}\begin{bmatrix}B_{11} & B_{12} & B_{13}\\B_{21} & B_{22} & B_{23}\\B_{31} & B_{32} & B_{33}\end{bmatrix}$$

由以上例子可知，单点后的张量阶数为各张量阶数的和减 2。

4. 双点积

双点是并积后两对指标作缩并。双点积的阶数为各阶数的和减 4。双点分为**横点**(**串联点**)与**竖点**(并联点)。

横点： $$\boldsymbol{A}\cdot\cdot\boldsymbol{B}=(A_{pij}B_{klq})^{(\cdot il)(\cdot jk)}=A_{pij}B_{jiq} \tag{2.43a}$$

竖点： $$\boldsymbol{A}:\boldsymbol{B}=(A_{pij}B_{klq})^{(\cdot ik)(\cdot jl)}=A_{pij}B_{ijq} \tag{2.43b}$$

可以看出，若在第一张量与第二张量间划一分界线，横点是离线近的与近的缩并，远的与远的缩并，即近—近，远—远。竖点是近—远，远—近。

双点没有对应的矩阵式，可见张量的运算比矩阵运算更丰富。如果需要，还可定义三重或多重点积，例如四重竖点为

$$\boldsymbol{A}\vdots\boldsymbol{B}=A_{ijkl}B_{ijkl} \tag{2.44}$$

利用张量代数运算法则与记法，式(2.14)、式(2.20)和式(2.22)可写成以下实体形式：

➢ 柯西应力公式：

$$f_j^{\mathrm{N}}=\sigma_{ij}n_i \Leftrightarrow \boldsymbol{f}^{\mathrm{N}}=\boldsymbol{n}\cdot\boldsymbol{\sigma}$$

➢ 转动惯量张量：

$$I_{ij}=m(\delta_{ij}x_kx_k-x_ix_j) \Leftrightarrow I_{\mathrm{O}}=m[(\boldsymbol{r}\cdot\boldsymbol{r})\boldsymbol{I}-\boldsymbol{rr}]$$

➢ 轴的转动惯量：

$$I_{\mathrm{N}}=I_{ij}n_in_j \Leftrightarrow \begin{cases}I_{\mathrm{N}}=\boldsymbol{n}\cdot\boldsymbol{I}_{\mathrm{O}}\cdot\boldsymbol{n}\\ I_{\mathrm{N}}=\boldsymbol{I}_{\mathrm{O}}:\boldsymbol{nn}\\ I_{\mathrm{N}}=\boldsymbol{nn}:\boldsymbol{I}\\ I_{\mathrm{N}}=\boldsymbol{I}_{\mathrm{O}}\cdot\cdot\,\boldsymbol{nn}\\ I_{\mathrm{N}}=\boldsymbol{nn}\cdot\cdot\,\boldsymbol{I}_{\mathrm{O}}\end{cases}$$

可见，实体形式不仅表达简洁，更能看清变量间的函数关系。

2.3.3 张量的叉积

两张量的叉积是先作并积，后将相邻基向量作叉积，即

$$\begin{aligned}\boldsymbol{a}\times\boldsymbol{B}&=(a_i\boldsymbol{e}_i)\times(B_{jk}\boldsymbol{e}_j\boldsymbol{e}_k)\\&=a_iB_{jk}(\boldsymbol{e}_i\boldsymbol{e}_j)\times\boldsymbol{e}_k=a_iB_{jk}(\boldsymbol{e}_i\times\boldsymbol{e}_j)\boldsymbol{e}_k\end{aligned}$$

$$=\varepsilon_{lij}a_iB_{jk}\boldsymbol{e}_l\boldsymbol{e}_k \tag{2.45a}$$

$$\begin{aligned}\boldsymbol{B}\times\boldsymbol{a}&=(B_{ij}\boldsymbol{e}_i\boldsymbol{e}_j)\times(a_k\boldsymbol{e}_k)\\&=B_{ij}a_k\boldsymbol{e}_i(\boldsymbol{e}_j\boldsymbol{e}_k)^{\times}=B_{ij}a_k\boldsymbol{e}_i(\boldsymbol{e}_j\times\boldsymbol{e}_k)\\&=\varepsilon_{ljk}B_{ij}a_k\boldsymbol{e}_i\boldsymbol{e}_l\end{aligned} \tag{2.45b}$$

叉积的阶等于两张量阶的和减 1。作叉积时，一般不要省略基向量，以免出错。

2.3.4　张量的转置

根据指标一致原理，张量式中各指标项的自由标应相同，但项中自由标的前后顺序可不同，如

$$S_{ij}=\frac{1}{2}(A_{ij}+A_{ji}) \tag{2.46}$$

$$T_{ijkl}=\lambda\delta_{ij}\delta_{kl}+\mu\delta_{ik}\delta_{jl}+\gamma\delta_{il}\delta_{jk} \tag{2.47}$$

这是由于张量转置运算的结果。张量的**转置**是保持基张量不变，把张量的某两个指标交换的运算，运算结果为同型张量。例如二阶张量 $\boldsymbol{A}=A_{ij}\boldsymbol{e}_i\boldsymbol{e}_j\triangleright A_{ij}$ 的转置张量为

$$\boldsymbol{A}^{\mathrm{T}}=(A_{ij}\boldsymbol{e}_i\boldsymbol{e}_j)^{\mathrm{T}}=A_{ij}^{\mathrm{T}}\boldsymbol{e}_i\boldsymbol{e}_j=A_{ji}\boldsymbol{e}_i\boldsymbol{e}_j \tag{2.48a}$$

$$\Rightarrow A_{ij}^{\mathrm{T}}=A_{ji} \tag{2.48b}$$

转置不改变指标循环排列的顺序

$$A_{ij}=(A_{11},A_{12},\cdots,A_{32},A_{33})$$

$$A_{ij}^{\mathrm{T}}=A_{ji}=(A_{11},A_{21},\cdots,A_{23},A_{33})$$

可见，转置后 i 仍是第一循环标。因为转置不改变张量的型(阶)，转置后的张量可和原张量加减，有时还可能与原张量相等(见 2.5.2 小节)。转置是交换指标的运算，二阶以上的张量转置需指明交换的指标，例如 Eddington 张量 $\boldsymbol{\varepsilon}\triangleright\varepsilon_{ijk}$ 的转置张量有

$$\varepsilon_{ijk}^{\mathrm{T}(ij)}=\varepsilon_{jik},\quad \varepsilon_{ijk}^{\mathrm{T}(jk)}=\varepsilon_{ikj},\quad \varepsilon_{ijk}^{\mathrm{T}(ik)}=\varepsilon_{kji}$$

利用转置记法，式(2.46)和式(2.47)可写为实体型，即

$$S_{ij}=\frac{1}{2}(A_{ij}+A_{ji})=\frac{1}{2}(A_{ij}+A_{ij}^{\mathrm{T}})\Leftrightarrow\boldsymbol{S}=\frac{1}{2}(\boldsymbol{A}+\boldsymbol{A}^{\mathrm{T}})$$

$$\begin{aligned}T_{ijkl}&=\lambda\delta_{ij}\delta_{kl}+\mu\delta_{ik}\delta_{jl}+\gamma\delta_{il}\delta_{jk}\\&=\lambda\delta_{ij}\delta_{kl}+\mu(\delta_{ij}\delta_{kl})^{\mathrm{T}(jk)}+\gamma(\delta_{ij}^{\mathrm{T}}\delta_{kl})^{\mathrm{T}(ik)}\Leftrightarrow\boldsymbol{T}=\lambda\boldsymbol{II}+\mu(\boldsymbol{II})^{\mathrm{T}(jk)}+\gamma(\boldsymbol{I}^{\mathrm{T}}\boldsymbol{I})^{\mathrm{T}(ik)}\end{aligned}$$

式中：A_{ij}，δ_{ij} 为张量，根据张量运算法则可判断，S_{ij}，T_{ijkl} 必为张量。这种间接判断张量的方法也是我们研究张量运算的目的之一。

最后强调：

所有的张量代数运算均未破坏指标式的仿代数特性

例题 2.1 证明：$(\boldsymbol{ab})^{\mathrm{T}}=\boldsymbol{ba}$。

证：$(\boldsymbol{ab})^{\mathrm{T}}=(a_ib_j)^{\mathrm{T}}\boldsymbol{e}_i\boldsymbol{e}_j=a_jb_i\boldsymbol{e}_i\boldsymbol{e}_j=b_ia_j\boldsymbol{e}_i\boldsymbol{e}_j=\boldsymbol{ba}$。

证毕。

2.4 张量识别定理

同义词：张量识别定理、商法则、商律

用张量定义判别一个量是否为张量往往比较麻烦。在某些情况下，用张量识别定理判别张量非常简便。**识别定理**表明：如果在任意卡氏坐标系下某一量与张量的乘积(并积或点积)仍为张量，则该量必为张量。举例说明如下：

$$x_{ij}a_k=B_{ijk} \tag{2.49}$$

式中：a_k 与 B_{ijk} 分别为一阶张量和三阶张量，由识别定理，x_{ij} 是二阶张量。

证：在新坐标系下有

$$x'_{lm}a'_n=B'_{lmn}$$

因 a_k 与 B_{ijk} 为张量，则有

$$x'_{lm}\beta_{nk}a_k=\beta_{li}\beta_{mj}\beta_{nk}B_{ijk}=\beta_{li}\beta_{mj}\beta_{nk}x_{ij}a_k$$

两边同乘 β_{nq}

$$\beta_{nq}\beta_{nk}a_k=\delta_{qk}a_k=a_q$$

所以

$$x'_{lm}a_q=\beta_{li}\beta_{mj}x_{ij}a_q$$

上式对 a_q 的任意取值成立，故有

$$x'_{lm}=\beta_{li}\beta_{mj}x_{ij}$$

即 x_{ij} 是 二阶张量，证毕。

在前面讨论的柯西应力公式和转动惯量公式中应用了识别定理：

➤ $\boxed{f_j^{\mathrm{N}}=\sigma_{ij}n_i}$，$f_j^{\mathrm{N}}$，$n_i$ 是一阶张量，故 σ_{ij} 是二阶张量。

➢ $\boxed{I_N = I_{ij} n_i n_j}$，$I_N$ 是零阶张量，$n_i n_j$ 是二阶张量，故 I_{ij} 是二阶张量。

显然，用识别定理判别张量十分简便。

应变张量

在弹性力学与流体力学中，变形体的应力与应变是最基本的概念之一。在外力作用下，变形体除了刚体位移外，还将产生变形。变形的最基本特征是变形后两点间距离发生改变。为了研究变形，我们在变形体内(见图 2－5)任取一点 $\boldsymbol{r} = x_i \boldsymbol{e}_i$ 和无限接近的另一点 $\boldsymbol{r}^\circ = x_i^\circ \boldsymbol{e}_i$。两点位置差 $\Delta \boldsymbol{r} = \boldsymbol{r}^\circ - \boldsymbol{r} = (x_i^\circ - x_i)\boldsymbol{e}_i = \Delta x_i \boldsymbol{e}_i$。由于两点无限接近，可用微分 $\mathrm{d}\boldsymbol{r} = \mathrm{d}x_i \boldsymbol{e}_i$ 代表增量。微元 $\mathrm{d}\boldsymbol{r}$ 变形后变为 $\mathrm{d}\tilde{\boldsymbol{r}} = \mathrm{d}y_i \boldsymbol{e}_i$(见图 2－5)，$\tilde{\boldsymbol{r}} \triangleright y_i$ 为 $\boldsymbol{r}$ 点在变形后的坐标。我们假定变形前后，变形体没有裂缝或褶皱，为连续体，故对于变形体在变形后的任一质点 y_i，一定能在变形前体内找到一质点 x_i 与之对应。从数学上看，两者间存在一一对应的函数关系，即

$$y_i = y_i(x_1, x_2, x_3) = y_i(x_j) \tag{2.50}$$

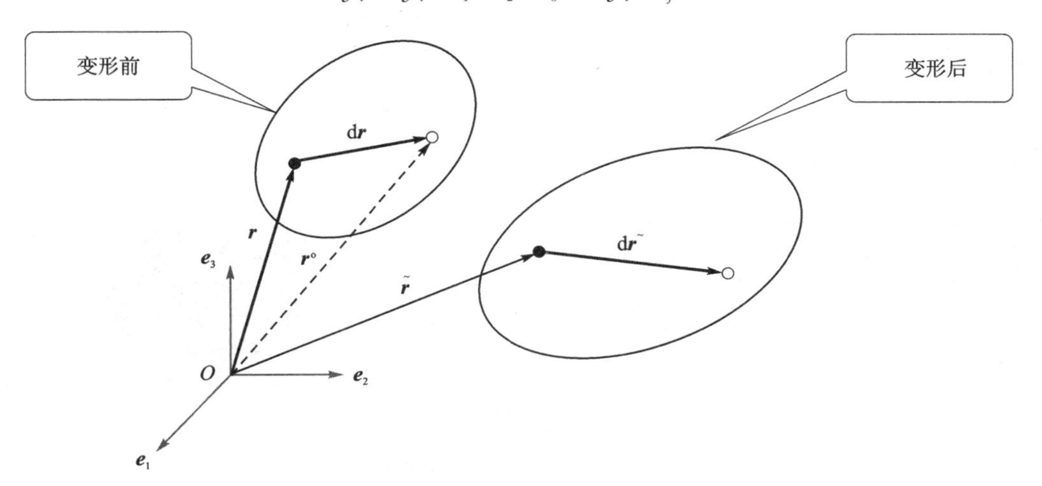

图 2－5　变形的基本特征是两点距离的改变

自由标代表有 3 个方程，对每个方程应用全微分公式，即

$$\mathrm{d}y_i = \frac{\partial y_i}{\partial x_1}\mathrm{d}x_1 + \frac{\partial y_i}{\partial x_2}\mathrm{d}x_2 + \frac{\partial y_i}{\partial x_3}\mathrm{d}x_3 = \frac{\partial y_i}{\partial x_j}\mathrm{d}x_j \tag{2.51}$$

全微分也满足指标式的仿代数特性

微元 $\mathrm{d}\boldsymbol{r}$ 的变形可用长度平方差来描述，即

$$\Delta \mathrm{d}\boldsymbol{r}^2 = |\mathrm{d}\tilde{\boldsymbol{r}}|^2 - |\mathrm{d}\boldsymbol{r}|^2$$

$$
\begin{aligned}
&= \mathrm{d}y_i \mathrm{d}y_i - \mathrm{d}x_i \mathrm{d}x_i = \frac{\partial y_i}{\partial x_k}\mathrm{d}x_k \frac{\partial y_i}{\partial x_j}\mathrm{d}x_j - \delta_{kj}\mathrm{d}x_k \mathrm{d}x_j \\
&= \left(\frac{\partial y_i}{\partial x_k}\frac{\partial y_i}{\partial x_j} - \delta_{kj}\right)\mathrm{d}x_k \mathrm{d}x_j \\
&= 2\varepsilon_{kj}\mathrm{d}x_k \mathrm{d}x_j
\end{aligned} \tag{2.52}
$$

$$
\varepsilon_{kj} = \frac{1}{2}\left(\frac{\partial y_i}{\partial x_k}\frac{\partial y_i}{\partial x_j} - \delta_{kj}\right) \tag{2.53}
$$

式中：ε_{kj} 为二阶数组，它与坐标 x_i 有关，与微元 $\mathrm{d}x_i$ 即 $\mathrm{d}\boldsymbol{r}$ 的大小和方向无关。因为 $\Delta \mathrm{d}\boldsymbol{r}^2$ 是零阶张量，所以 $\mathrm{d}x_i \mathrm{d}x_j$ 为二阶张量，由张量识别定理，ε_{kj} 为二阶张量，称为**应变张量**。式(2.52)的实体型为

$$
\Delta \mathrm{d}\boldsymbol{r}^2 = 2\mathrm{d}\boldsymbol{r}\cdot\boldsymbol{\varepsilon}\cdot\mathrm{d}\boldsymbol{r} \tag{2.54}
$$

如图 2-6 所示，对于点 $\boldsymbol{r}$ 可作无穷多微元 $\mathrm{d}\boldsymbol{r}$，因而有无穷多变形 $\Delta \mathrm{d}\boldsymbol{r}^2$。这无穷多变形 $\Delta \mathrm{d}\boldsymbol{r}^2$ 的集合称为点 $\boldsymbol{r}$ 的**应变状态**，由式(2.54)可知，

点的应变张量决定点的应变状态

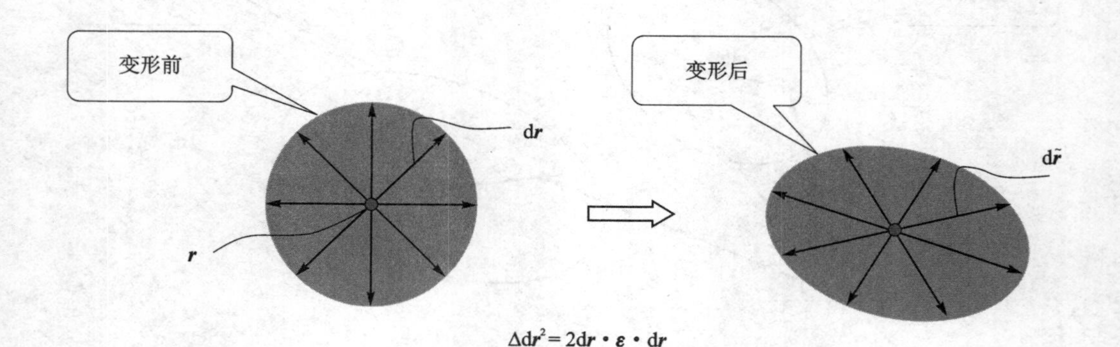

图 2-6　应变张量决定应变状态

进一步，我们来分析应变张量分量的物理意义。如图 2-7(a)所示，取一水平微元，由变形公式(2.52)可得

$$
\begin{aligned}
\Delta \mathrm{d}\boldsymbol{r}^2 &= |\mathrm{d}\tilde{\boldsymbol{r}}|_1^2 - |\mathrm{d}\boldsymbol{r}|_1^2 = 2\varepsilon_{ij}\mathrm{d}x_i \mathrm{d}x_j = 2\varepsilon_{11}\mathrm{d}x_1^2 \\
&= |\mathrm{d}\tilde{\boldsymbol{r}}|_1^2 - \mathrm{d}x_1^2 = (|\mathrm{d}\tilde{\boldsymbol{r}}|_1 + \mathrm{d}x_1)(|\mathrm{d}\tilde{\boldsymbol{r}}|_1 - \mathrm{d}x_1) \\
&= (|\mathrm{d}\tilde{\boldsymbol{r}}|_1 - \mathrm{d}x_1 + 2\mathrm{d}x_1)(|\mathrm{d}\tilde{\boldsymbol{r}}|_1 - \mathrm{d}x_1)
\end{aligned} \tag{2.55}
$$

设

$$
\zeta_1 = \frac{|\mathrm{d}\tilde{\boldsymbol{r}}|_1 - \mathrm{d}x_1}{\mathrm{d}x_1} \tag{2.56}
$$

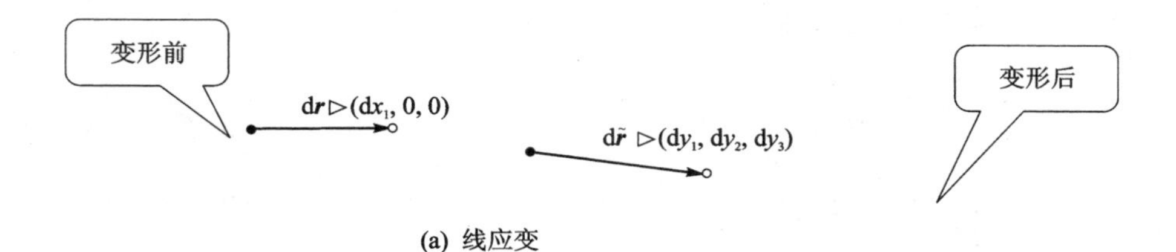

(a) 线应变

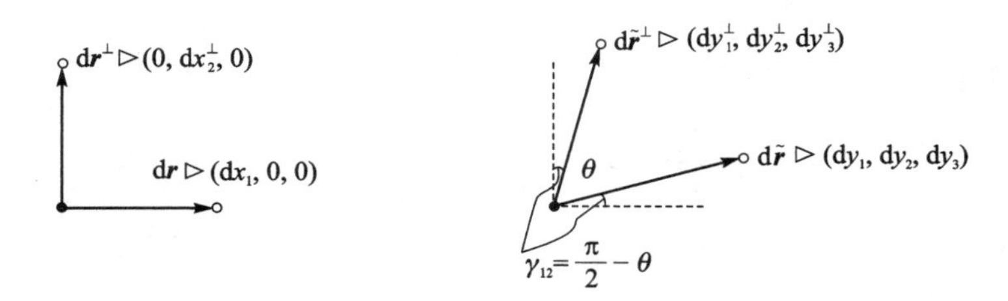

(b) 角应变

图 2－7　应变分量的物理意义

表示微元单位长度的伸长(或缩短)，代入式(2.55)，整理得

$$\varepsilon_{11} = \zeta_1 + \frac{1}{2}(\zeta_1)^2 \tag{2.57}$$

对于一般工程受力构件，我们可作**小变形假设**，即

$$\zeta_1 \ll 1.0$$

略去高阶小量，式(2.57)变为

$$\varepsilon_{11} = \zeta_1 \tag{2.58}$$

同理，

$$\varepsilon_{\underline{ii}} = \zeta_i, \quad \zeta_i \ll 1.0, \quad i = 1,2,3 \tag{2.59}$$

说明当 $i=j$ 时，应变张量分量表示线元各方向的相对伸长(或缩短)，称为**线应变**。

又取相互垂直线元(见图 2－7(b))，由式(2.53)可得

$$\varepsilon_{12} = \frac{1}{2}\left(\frac{\partial y_i}{\partial x_1}\frac{\partial y_i}{\partial x_2} - \delta_{12}\right) = \frac{1}{2}\frac{\partial y_i}{\partial x_1}\frac{\partial y_i}{\partial x_2} \tag{2.60}$$

而

$$\begin{aligned} \mathrm{d}\boldsymbol{r} \cdot \mathrm{d}\boldsymbol{r}^{\perp} &= |\mathrm{d}\boldsymbol{r}|\,|\mathrm{d}\boldsymbol{r}^{\perp}|\cos\theta \\ &= |\mathrm{d}\boldsymbol{r}|\,|\mathrm{d}\boldsymbol{r}^{\perp}|\cos\left(\frac{\pi}{2} - \theta\right) \\ &= |\mathrm{d}\boldsymbol{r}|\,|\mathrm{d}\boldsymbol{r}^{\perp}|\sin\gamma_{12} \end{aligned} \tag{2.61}$$

其中，γ_{12} 是变形后直角的改变(见图 2－7(b))，称为**角变形**。另外，

$$\mathrm{d}\boldsymbol{r} \cdot \mathrm{d}\boldsymbol{r}^{\perp} = \mathrm{d}y_i\,\mathrm{d}y_i^{\perp} = \frac{\partial y_i}{\partial x_j}\frac{\partial y_i}{\partial x_k}\mathrm{d}x_j\,\mathrm{d}x_k^{\perp} = 2\varepsilon_{12}\,\mathrm{d}x_1\,\mathrm{d}x_2^{\perp} \tag{2.62}$$

比较式(2.61)和式(2.62),得

$$\begin{aligned}\varepsilon_{12} &= \frac{1}{2}\frac{|\mathrm{d}\tilde{\boldsymbol{r}}|_1}{\mathrm{d}x_1}\frac{|\mathrm{d}\tilde{\boldsymbol{r}}^{\perp}|_2}{\mathrm{d}x_2^{\perp}}\sin\gamma_{12}\\ &= \frac{1}{2}\left(1+\frac{|\mathrm{d}\tilde{\boldsymbol{r}}|_1-\mathrm{d}x_1}{\mathrm{d}x_1}\right)\left(1+\frac{|\mathrm{d}\tilde{\boldsymbol{r}}^{\perp}|_2-\mathrm{d}x_2^{\perp}}{\mathrm{d}x_2^{\perp}}\right)\sin\gamma_{12}\\ &= \frac{1}{2}(1+\zeta_1)(1+\zeta_2^{\perp})\sin\gamma_{12}\end{aligned}$$

由小变形假设

$$\gamma_{12}\ll\frac{\pi}{2},\quad \zeta_1\ll 1.0,\quad \zeta_2^{\perp}\ll 1.0$$

得

$$\sin\gamma_{12}\approx\gamma_{12}$$

$$\varepsilon_{12}=\frac{\gamma_{12}}{2}$$

同理,

$$\varepsilon_{ij}\big|_{i\neq j}=\frac{\gamma_{ij}}{2},\quad \gamma_{ij}\big|_{i\neq j}\ll\frac{\pi}{2},\quad \zeta_i\ll 1.0,\quad \zeta_j^{\perp}\ll 1.0 \tag{2.63}$$

说明当 $i\neq j$ 时,应变张量分量表示互垂线元直角改变的一半,称为**角应变**。

2.5 张量的对称性与反对称性

张量的对称性与反对称性类似于矩阵的对称性与反对称性。对称或反对称意味着独立的张量分量减少,这给分析和计算带来了方便。

2.5.1 对称张量

切应力互等定理

由前面介绍可知,点的应力状态由应力张量的 9 个分量确定,通过如图 2-8 所示的微元六面体的转动平衡分析发现,应力张量的 9 个分量并非独立。这是因为六面体正负面上的应力大小相等方向相反,故坐标面内的切向力构成三对力偶。由六面体的转动平衡条件,这三对力偶应各自保持平衡,即

$$\left.\begin{aligned}(\sigma_{12}\,\mathrm{d}X_2\,\mathrm{d}X_3)\,\mathrm{d}X_1=(\sigma_{21}\,\mathrm{d}X_3\,\mathrm{d}X_1)\,\mathrm{d}X_2\Rightarrow\sigma_{12}=\sigma_{21}\\(\sigma_{23}\,\mathrm{d}X_3\,\mathrm{d}X_1)\,\mathrm{d}X_2=(\sigma_{32}\,\mathrm{d}X_1\,\mathrm{d}X_2)\,\mathrm{d}X_3\Rightarrow\sigma_{23}=\sigma_{32}\\(\sigma_{31}\,\mathrm{d}X_1\,\mathrm{d}X_2)\,\mathrm{d}X_3=(\sigma_{13}\,\mathrm{d}X_2\,\mathrm{d}X_3)\,\mathrm{d}X_1\Rightarrow\sigma_{31}=\sigma_{13}\end{aligned}\right\}\tag{2.64}$$

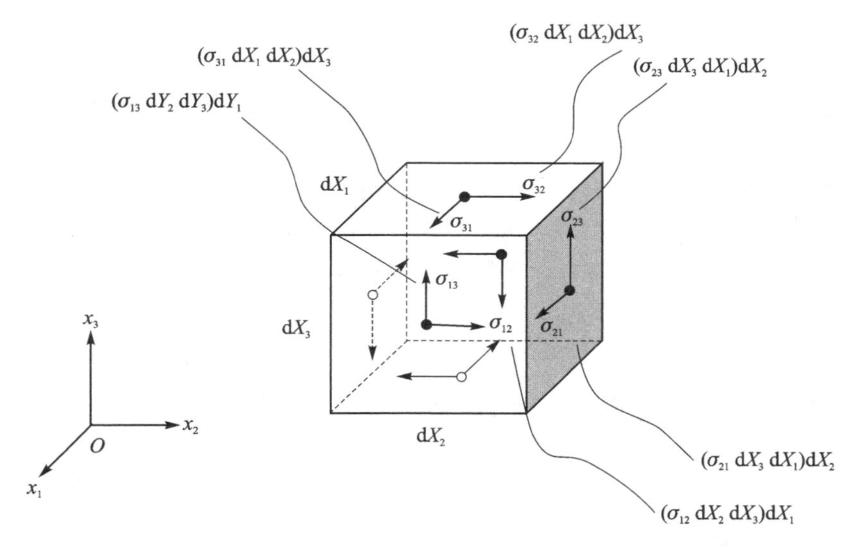

图 2-8　切向力的三对力偶

这就是**切应力互等定理**。由此可得

$$\sigma_{ij}=\sigma_{ji}=\sigma_{ij}^{\mathrm{T}}\tag{2.65a}$$

即张量的指标可交换或转置张量等于原张量，写成矩阵为

$$[\sigma_{ij}]=[\sigma_{ji}]=[\sigma_{ij}]^{\mathrm{T}}\tag{2.65b}$$

表明 $[\sigma_{ij}]$ 为对称矩阵，即

$$[\sigma_{ij}]=\begin{bmatrix}\sigma_{11}&\sigma_{12}&\sigma_{13}\\&\sigma_{22}&\sigma_{23}\\\text{对称}&&\sigma_{33}\end{bmatrix}\tag{2.66}$$

独立分量减少为 6 个。

一般地，若张量与其转置张量相等或指标可交换，则称该张量为**对称张量**。显然，单位张量 $\boldsymbol{I}$ 是对称张量，由切应力互等定理，应力 $\boldsymbol{\sigma}$ 为对称张量，容易验证，应变张量 $\boldsymbol{\varepsilon}$ 和转动惯量张量 $\boldsymbol{I}_O$ 也是对称张量。

如果张量的某两个指标可交换，我们就说张量关于这两个指标对称。对于二阶以上的张量需指明对称的指标。例如，若

$$C_{ijkl}^{\mathrm{T}\langle kl\rangle}=C_{ijlk}=C_{ijkl}$$

则 C_{ijkl} 关于 k,l 对称。

容易证明(请读者自证)：

坐标变换不改变张量的对称性

例题 2.2 实验表明在线弹性范围内应力与应变呈线性关系，即

$$\sigma_{ij} = C_{ijkl}\varepsilon_{kl} \Leftrightarrow \boldsymbol{\sigma} = \boldsymbol{C} : \boldsymbol{\varepsilon} \tag{2.67}$$

试证明弹性系数 $\boldsymbol{C}$ 是关于前两个指标和后两个指标对称的四阶张量。

证：因为应力与应变是二阶张量，所以由张量识别定理，弹性系数是四阶张量，称为**弹性张量**。此外，应力是对称张量，i,j 可交换，即

$$\sigma_{ij} = C_{ijkl}\varepsilon_{kl} = \sigma_{ji} = C_{jikl}\varepsilon_{kl}$$

$$\Rightarrow C_{ijkl} = C_{jikl} = C_{ijkl}^{\mathrm{T}(ij)}$$

故弹性张量 $\boldsymbol{C}$ 必关于 i,j 对称。再因应变是对称张量，k,l 可交换，即

$$C_{ijkl}\varepsilon_{kl} = C_{ijkl}\varepsilon_{lk} = C_{ijlk}\varepsilon_{lk}$$

$$\Rightarrow C_{ijkl} = C_{ijkl}^{\mathrm{T}(kl)} = C_{jilk}$$

故 $\boldsymbol{C}$ 关于 k,l 对称，证毕。

2.5.2 反对称张量

刚体的定轴转动

如图 2-9 所示，为描述刚体绕定轴 n 的转动，在轴上任取一点 $P(\boldsymbol{r}=x_i \boldsymbol{e}_i)$，则刚体内任一点 Q 相对 P 的位置矢量为 $\Delta\boldsymbol{r}=\Delta x_i\boldsymbol{e}_i$，刚体的转动角速度 $\boldsymbol{\omega}=\omega_i\boldsymbol{e}_i$，则 Q 相对 P 的速度为

$$\boldsymbol{v} = \boldsymbol{\omega} \times \Delta\boldsymbol{r} \tag{2.68}$$

$$\Rightarrow v_i = \varepsilon_{ijk}\omega_j\Delta x_k = -\varepsilon_{ikj}\omega_j\Delta x_k \tag{2.69}$$

令

$$\Omega_{ik} = -\varepsilon_{ikj}\omega_j \Leftrightarrow \boldsymbol{\Omega} = -\boldsymbol{\varepsilon}\cdot\boldsymbol{\omega} \tag{2.70}$$

式中：$\boldsymbol{\varepsilon}$，$\boldsymbol{\omega}$ 为张量；$\boldsymbol{\Omega}$ 为二阶张量，则式(2.69)变为

$$v_i = \varepsilon_{ijk}\omega_j\Delta x_k = -\Omega_{ik}\Delta x_k$$

$$\Rightarrow \boldsymbol{v} = \boldsymbol{\omega}\times\Delta\boldsymbol{r} = \boldsymbol{\Omega}\cdot\Delta\boldsymbol{r} \tag{2.71}$$

这表明刚体绕定轴的转动既可用角速度向量 $\boldsymbol{\omega}$ 描述，也可用二阶张量 $\boldsymbol{\Omega}$ 描述。

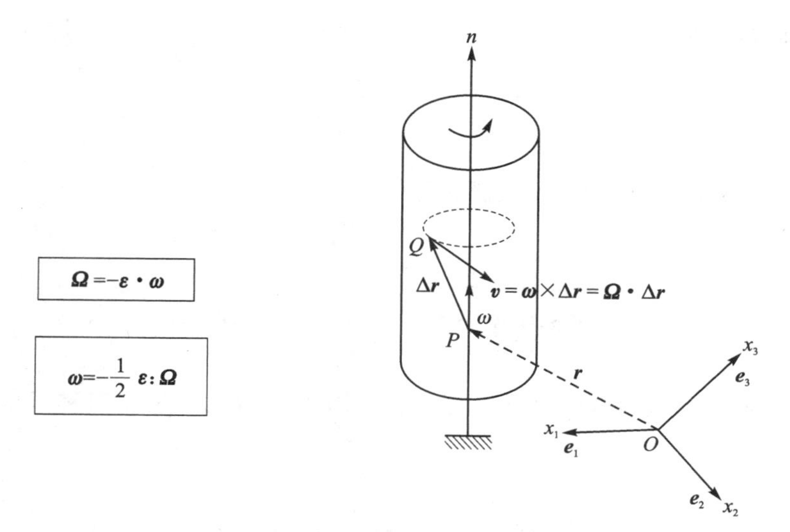

图 2-9　角速度与旋转张量是对偶关系

我们称 $\boldsymbol{\Omega}$ 为**旋转张量**。$\boldsymbol{\Omega}$ 与 $\boldsymbol{\omega}$ 有一一对应的对偶关系，用 ε_{lik} 乘以式(2.70)得

$$\varepsilon_{lik}\Omega_{ik}=-\varepsilon_{lik}\varepsilon_{ikj}\omega_j=\varepsilon_{lik}\varepsilon_{ijk}\omega_j=(\delta_{li}\delta_{ij}-\delta_{lj}\delta_{ii})\omega_j=-2\omega_l$$

$$\Rightarrow\omega_l=-\frac{1}{2}\varepsilon_{lik}\Omega_{ik}\Leftrightarrow\boldsymbol{\omega}=-\frac{1}{2}\boldsymbol{\varepsilon}:\boldsymbol{\Omega}\tag{2.72}$$

式(2.70)和式(2.72)说明了 $\boldsymbol{\Omega}$ 与 $\boldsymbol{\omega}$ 的对偶关系。而 $\boldsymbol{\omega}$ 有三个分量，可推断 $\boldsymbol{\Omega}$ 只有三个独立分量，因为

$$\Omega_{ik}^{\mathrm{T}}=\Omega_{ki}=-\varepsilon_{kij}\omega_j=\varepsilon_{ikj}\omega_j=-\Omega_{ik}\tag{2.73}$$

即转置张量等于负的原张量，所以对应的矩阵为反对称矩阵，对角元素必为零，只有三个独立分量。式(2.70)和式(2.72)的展开式分别为

$$\begin{bmatrix}\Omega_{11}&\Omega_{12}&\Omega_{13}\\\Omega_{21}&\Omega_{22}&\Omega_{23}\\\Omega_{31}&\Omega_{32}&\Omega_{33}\end{bmatrix}=\begin{bmatrix}0&-\omega_3&\omega_2\\\omega_3&0&-\omega_1\\-\omega_2&\omega_1&0\end{bmatrix}\tag{2.74}$$

$$\begin{aligned}(\omega_1,\omega_2,\omega_3)&=-\frac{1}{2}(-\Omega_{23}+\Omega_{32},-\Omega\varepsilon_{31}+\Omega_{13},-\Omega_{12}+\Omega_{21})\\&=(-\Omega_{23},\Omega_{13},-\Omega_{12})\end{aligned}\tag{2.75}$$

一般地，若张量与其转置负张量相等，则称该张量为**反对称张量**。对于二阶以上的张量需指明关于反对称的指标，例如 Eddington 张量 $\boldsymbol{\varepsilon}\triangleright\varepsilon_{ijk}$ 关于任两个指标反对称

$$\varepsilon_{ijk}=-\varepsilon_{ijk}^{\mathrm{T}(ij)}=-\varepsilon_{jik},\quad\varepsilon_{ijk}=\varepsilon_{ijk}^{\mathrm{T}(jk)}=-\varepsilon_{ikj},\quad\varepsilon_{ijk}=\varepsilon_{ijk}^{\mathrm{T}(ik)}=-\varepsilon_{kji},\quad\cdots$$

这样的张量称为**完全反对称张量**。

由刚体转动的例子可知，任何一个二阶反对称张量 $\boldsymbol{T}$ 都和一个向量 $\boldsymbol{\omega}$ 存在对偶关系，即

$$\boldsymbol{T}=-\boldsymbol{\varepsilon}\cdot\boldsymbol{\omega}\Leftrightarrow\boldsymbol{\omega}=-\frac{1}{2}\boldsymbol{\varepsilon}:\boldsymbol{T} \tag{2.76}$$

式中：$\boldsymbol{\omega}$ 称为 T 的**对偶向量**（或**反偶向量**）。

容易证明（请读者自证）：

坐标变换不改变张量的反对称性

还可证明（请读者自证）：若 $\boldsymbol{A}$ 为二阶对称张量，$\boldsymbol{B}$ 为二阶反对称张量，则必有

$$\boldsymbol{A}:\boldsymbol{B}=0 \tag{2.77}$$

2.6 二阶张量的若干特性

二阶张量尤其是二阶对称张量的应用非常广泛，本节将进一步讨论它的若干特性。

2.6.1 二阶张量的对称性分解

对于任意二阶张量，有下面的**分解定理**：二阶张量可分解为对称张量与反对称张量之和，即

$$\left.\begin{aligned}&\boldsymbol{A}=\boldsymbol{S}+\boldsymbol{Q}\\&\boldsymbol{S}=\frac{1}{2}(\boldsymbol{A}+\boldsymbol{A}^{\mathrm{T}}),\quad\boldsymbol{Q}=\frac{1}{2}(\boldsymbol{A}-\boldsymbol{A}^{\mathrm{T}})\\&S_{ij}=\frac{1}{2}(A_{ij}+A_{ij}^{\mathrm{T}}),\quad Q_{ij}=\frac{1}{2}(A_{ij}-A_{ij}^{\mathrm{T}})\end{aligned}\right\} \tag{2.78}$$

根据张量运算法则可判别，$\boldsymbol{S}$ 和 $\boldsymbol{Q}$ 均为二阶张量。容易验证，$\boldsymbol{S}$ 为对称张量，$\boldsymbol{Q}$ 为反对称向量。

对称性分解定理的一个最典型的应用是变形体微元相对运动的分解。

微元相对运动的分解

为了分析变形体（固体或流体）在点 P 附近的运动和变形，以点 P 为中心取一无限小微元（见图 2-10），考察微元上任意点 Q 相对 P 点的位移。对于固体，我们用

$$\boldsymbol{u}=\tilde{\boldsymbol{r}}-\boldsymbol{r} \Leftrightarrow u_i=y_i(x_j)-x_i \tag{2.79}$$

表示点在变形前后的位移(见图 2-10)。对于一般工程受力结构,$\boldsymbol{u}$ 是一个小量。对于流体,我们考察 t 与 $t+\mathrm{d}t$ 时刻间质点的位移,即

$$\tilde{\boldsymbol{u}}=\boldsymbol{u}\,\mathrm{d}t \tag{2.80}$$

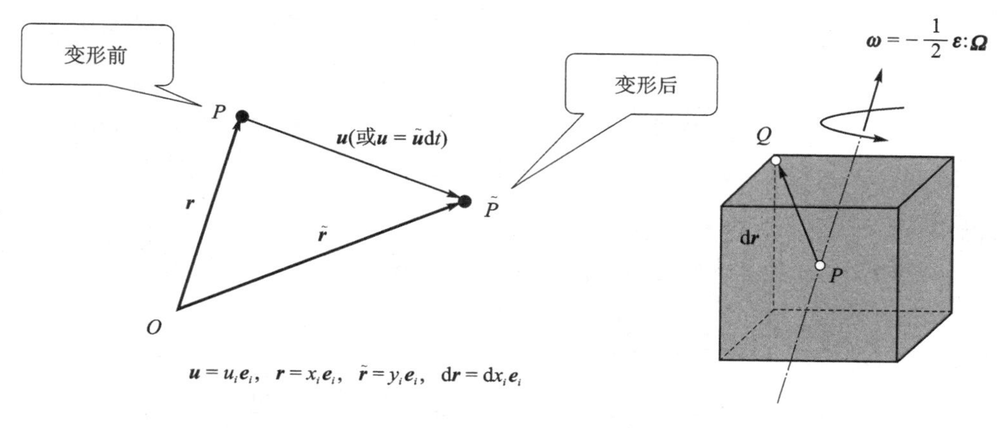

图 2-10　微元的相对运动

式中:$\boldsymbol{u}$ 为 t 时刻质点的速度,$\mathrm{d}t$ 是微量,$\tilde{\boldsymbol{u}}$ 仍是一个小量。由体积无限小,Q 点相对 P 点的位移(或速度)差可用微分表示,即

$$\mathrm{d}u_i=\frac{\partial u_i}{\partial x_j}\mathrm{d}x_j=D_{ij}\mathrm{d}x_j,\quad D_{ij}=\frac{\partial u_i}{\partial x_j} \tag{2.81}$$

式中:$\mathrm{d}u_i$,$\mathrm{d}x_j$ 为一阶张量,由识别定理,D_{ij} 为二阶张量。根据二阶张量的分解定理得

$$D_{ij}=S_{ij}+Q_{ij} \tag{2.82}$$

$$S_{ij}=\frac{1}{2}\left(\frac{\partial u_i}{\partial x_j}+\frac{\partial u_j}{\partial x_i}\right) \tag{2.83}$$

$$Q_{ij}=\frac{1}{2}\left(\frac{\partial u_i}{\partial x_j}-\frac{\partial u_j}{\partial x_i}\right) \tag{2.84}$$

式中:S_{ij} 为对称张量,Q_{ij} 为反对称张量。式(2.81)变为

$$\mathrm{d}u_i=\mathrm{d}u_i^S+\mathrm{d}u_i^Q \Leftrightarrow \mathrm{d}\boldsymbol{u}=\mathrm{d}\boldsymbol{u}^S+\mathrm{d}\boldsymbol{u}^Q \tag{2.85}$$

$$\mathrm{d}u_i^S=S_{ij}\mathrm{d}y_j \Leftrightarrow \mathrm{d}\boldsymbol{u}^S=\boldsymbol{S}\cdot\mathrm{d}\boldsymbol{r} \tag{2.86}$$

$$\mathrm{d}u_i^Q=Q_{ij}\mathrm{d}y_j \Leftrightarrow \mathrm{d}\boldsymbol{u}^Q=\boldsymbol{Q}\cdot\mathrm{d}\boldsymbol{r} \tag{2.87}$$

由此可见,相对运动分为两部分,进一步分析表明前者表示微元的变形,后者表示微元的刚性转动。

先分析变形部分,由式(2.79)得

$$y_k(x_i)=u_k(x_i)+x_k=u_k(x_i)+\delta_{ki}x_i \tag{2.88}$$

对于固体,由应变张量公式(2.53)有

$$\begin{aligned}\varepsilon_{ij}&=\frac{1}{2}\left(\frac{\partial y_k}{\partial x_i}\frac{\partial y_k}{\partial x_j}-\delta_{ij}\right)\\&=\frac{1}{2}\left[\left(\frac{\partial u_k}{\partial x_i}+\delta_{ki}\right)\left(\frac{\partial u_k}{\partial x_j}+\delta_{kj}\right)-\delta_{ij}\right]\\&=\frac{1}{2}\left(\frac{\partial u_i}{\partial x_j}+\frac{\partial u_j}{\partial x_i}+\frac{\partial u_k}{\partial x_i}\frac{\partial y_k}{\partial x_j}\right)\end{aligned}\tag{2.89}$$

式中：u_k 是小量,第三项是高阶小量可略去,则有

$$\varepsilon_{ij}=\frac{1}{2}\left(\frac{\partial u_i}{\partial x_j}+\frac{\partial u_j}{\partial x_i}\right)\tag{2.90}$$

对照式(2.83)知,$\varepsilon_{ij}=S_{ij}$。

对于流体,位移由式(2.80)定义,类似的推导得

$$\tilde{\varepsilon}_{ij}=\frac{1}{2}\left(\frac{\partial\tilde{u}_i}{\partial x_j}+\frac{\partial\tilde{u}_j}{\partial x_i}\right)=\frac{1}{2}\left(\frac{\partial u_i}{\partial x_j}+\frac{\partial u_j}{\partial x_i}\right)\mathrm{d}t$$

$$\Rightarrow\varepsilon_{ij}=\frac{\tilde{\varepsilon}_{ij}}{\mathrm{d}t}=\frac{1}{2}\left(\frac{\partial\tilde{u}_i}{\partial x_j}+\frac{\partial\tilde{u}_j}{\partial x_i}\right)=\frac{1}{2}\left(\frac{\partial u_i}{\partial x_j}+\frac{\partial u_j}{\partial x_i}\right)=S_{ij}\tag{2.91}$$

式中：ε_{ij} 表示单位时间的应变,称为**应变率**。

再分析转动部分,对于流体,将式(2.87)与式(2.71)对照知 Q_{ij} 是微元绕通过 P 点的某轴作刚性转动的旋转张量,转轴的方向由角转速 $\boldsymbol{\omega}=-\frac{1}{2}\boldsymbol{\varepsilon}:\boldsymbol{Q}$ 确定(见图 2-10)。

对于固体,将式(2.87)改写为

$$\mathrm{d}\boldsymbol{u}^Q=\mathrm{d}t\boldsymbol{\Omega}\cdot\mathrm{d}\boldsymbol{r},\quad\boldsymbol{\Omega}=\frac{\boldsymbol{Q}}{\mathrm{d}t}\tag{2.92}$$

式中：$\mathrm{d}\boldsymbol{u}^Q$ 表示微元在 $\mathrm{d}t$ 时间内刚性微小转动的距离。

2.6.2 二阶张量的迹、模、幂与矩阵

1. 二阶张量的迹

二阶张量的自缩并是与坐标系无关的标量,定义为二阶张量的**迹**,即

$$\mathrm{tr}(\boldsymbol{A})=A_{kk}\tag{2.93}$$

二阶张量的迹有很多应用,我们后面将看到,二阶张量的主值和等于二阶的迹,应变张量的迹等于体积应变,二阶张量可按迹分解为球张量与偏张量。

2. 二阶张量的模

二阶张量自身的双点积

$$\boldsymbol{A}:\boldsymbol{A}=A_{ij}B_{ij}=(A_{11})^2+(A_{12})^2+\cdots+(A_{32})^2+(A_{33})^2\geqslant 0 \tag{2.94}$$

等于各分量的平方和,这与向量自身的点积等于各分量的平方和相同。而向量自身的点积等于向量模的平方,所以我们可定义二阶张量的模为

$$|\boldsymbol{A}|=\sqrt{\boldsymbol{A}:\boldsymbol{A}}=\sqrt{A_{ij}A_{ij}} \tag{2.95}$$

则有

$$\boldsymbol{A}:\boldsymbol{A}=A_{ij}A_{ij}=|\boldsymbol{A}|^2 \tag{2.96}$$

3. 二阶张量的幂

二阶张量自身的单点积有一特点:连续作任意多次自身单点积的结果仍为二阶张量

$$\boldsymbol{A}\cdot\boldsymbol{A}=A_{ik}A_{kj}\boldsymbol{e}_i\boldsymbol{e}_j$$

$$\boldsymbol{A}\cdot\boldsymbol{A}\cdot\boldsymbol{A}=A\varepsilon_{ik}A_{kl}A\varepsilon_{lj}\boldsymbol{e}_i\boldsymbol{e}_j$$

$$\vdots$$

也就是二阶张量的 n 次连点积的张量仍为二阶张量,这与标量的 n 次方仍为标量的特点相一致,所以我们可定义二阶张量的 n **次幂**为

$$\left.\begin{aligned}&\boldsymbol{A}^2=\boldsymbol{A}\cdot\boldsymbol{A}\\&\boldsymbol{A}^3=\boldsymbol{A}\cdot\boldsymbol{A}\cdot\boldsymbol{A}\\&\vdots\\&\boldsymbol{A}^n=\boldsymbol{A}\cdot\boldsymbol{A}\cdot\cdots\cdot\boldsymbol{A}\cdot\boldsymbol{A}\Leftarrow(n\text{ 个 }\boldsymbol{A})\end{aligned}\right\} \tag{2.97}$$

4. 二阶张量的矩阵

二阶张量 $A=A_{ij}e_ie_j$ 的分量 A_{ij} 有两个指标,故可用矩阵来表示,即

$$[A_{ij}]=\begin{bmatrix}A_{11}&A_{12}&A_{13}\\A_{21}&A_{22}&A_{23}\\A_{31}&A_{32}&A_{33}\end{bmatrix}$$

更重要的是,二阶张量的许多运算规律同矩阵的运算规律,所以,在一定条件下,我们可以直接引用矩阵论的结果来分析或计算二阶张量。在新老坐标系下,二阶张量的分量满足

$$A'_{kl}=\beta_{ki}\beta_{lj}A_{ij},\quad A_{ij}=\beta_{ki}\beta_{lj}A'_{kl}$$

用矩阵表示为

$$\left.\begin{aligned}&[A']=[\beta]\,[A]\,[\beta]^{\mathrm{T}}=[\beta]\,[A]\,[\beta]^{-1}\\&[A]=[\beta]^{\mathrm{T}}\,[A']\,[\beta]=[\beta]^{-1}\,[A']\,[\beta]\end{aligned}\right\} \tag{2.98}$$

所以,新老坐标系张量的矩阵是合同关系或相似关系,而张量本身是等价关系,因此不要把张量和张量的矩阵混淆,后者仅仅是研究张量的一个辅助工具。

由矩阵论，在一定条件下，存在变换阵 $[\beta]$ 使矩阵 $[A]$ 与对角矩阵相似，此问题即二阶张量的主值与主轴问题。

2.6.3 二阶对称张量的主轴与主值

主应力

应力张量分量是坐标面的应力分量，非对角分量表示平行坐标面的切应力，对角分量表示垂直于坐标面的正应力。应力分量随坐标系的变化而变化，可以证明，一定存在一个坐标系，对应的应力分量只有正应力而无切应力。此坐标系称为**主坐标系**，作用的正应力称为**主应力**，主应力方向的单位向量称为主轴向量，简称**主轴**（见图 2-11）。

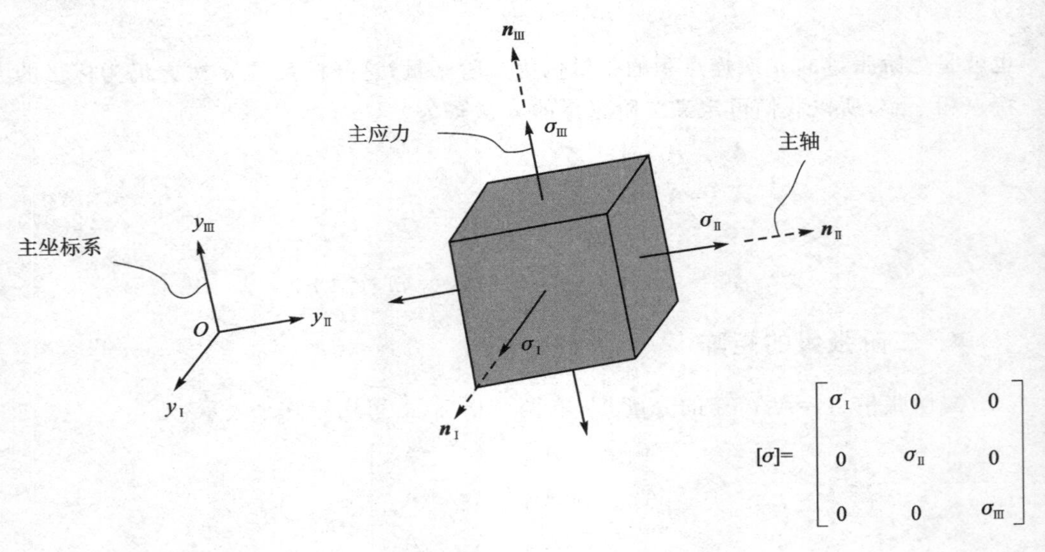

图 2-11 主应力与主轴

对于一般的二阶张量，主轴即主坐标系的基向量，主坐标系的对角分量称为**主值**。因为主轴分量的矩阵与原分量的矩阵是相似关系，如果用矩阵语言描述，就是存在一组基向量（坐标系），使

$$[A'] = [\beta]\ [A]\ [\beta]^{-1} = \begin{bmatrix}\lambda_1 & 0 & 0\\ 0 & \lambda_2 & 0\\ 0 & 0 & \lambda_3\end{bmatrix} \tag{2.99}$$

所以，张量的主值即为矩阵的特征值，沿主轴的基向量为特征向量。求张量主轴与主值的问题等价于求张量矩阵的特征向量和特征值问题。

由线性代数，特征值和特征向量由下式定义

$$[\boldsymbol{A}]\ [\boldsymbol{x}]=\lambda\ [\boldsymbol{x}] \Leftrightarrow A_{ij}x_j=\lambda x_i \tag{2.100}$$

移项得齐次特征方程组，即

$$(\lambda\ [\boldsymbol{I}]-[\boldsymbol{A}])\ [\boldsymbol{x}]=0 \Leftrightarrow (\lambda\delta_{ij}-A_{ij})x_j=\boldsymbol{0} \tag{2.101}$$

由齐次特征方程组的非零解条件得特征方程，即

$$|\lambda\ [\boldsymbol{I}]-[\boldsymbol{A}]\ |=0 \Leftrightarrow |\lambda\delta_{ij}-A_{ij}|=\boldsymbol{0} \tag{2.102}$$

展开上式得

$$\lambda^3-I_1\lambda^2-I_2\lambda-I_3=0 \tag{2.103}$$

$$\left.\begin{aligned} I_1&=A_{11}+A_{22}+A_{33}\\ I_2&=A_{11}A_{22}+A_{22}A_{33}+A_{33}A_{11}-A_{12}A_{12}-A_{23}A_{23}-A_{31}A_{31}\\ I_3&=\begin{vmatrix} A_{11} & A_{12} & A_{13}\\ A_{21} & A_{22} & A_{23}\\ A_{31} & A_{32} & A_{33}\end{vmatrix}\end{aligned}\right\} \tag{2.104}$$

由于上式不易看出 I_1,I_2,I_3 是否与坐标系有关，因此可将其写成张量代数运算的形式

$$\left.\begin{aligned} I_1&=A_{ii}\\ I_2&=\frac{1}{2}(A_{ii}A_{jj}-A_{ij}A_{ji})\\ I_3&=\frac{1}{6}(A_{ii}A_{jj}A_{kk}-3A_{ii}A_{jk}A_{kj}+2A_{ij}A_{jk}A_{ki})\end{aligned}\right\} \tag{2.105}$$

或

$$\left.\begin{aligned} I_1&=\mathrm{tr}(\boldsymbol{A})\\ I_2&=\frac{1}{2}[\mathrm{tr}^2(\boldsymbol{A})-\mathrm{tr}(\boldsymbol{A}^2)]\\ I_3&=\frac{1}{6}[\mathrm{tr}^3(\boldsymbol{A})-3\mathrm{tr}(\boldsymbol{A})\mathrm{tr}(\boldsymbol{A}^2)+2\mathrm{tr}(\boldsymbol{A}^3)]\end{aligned}\right\} \tag{2.106}$$

可见，二阶张量 n 次幂的迹的函数，一定是与坐标系无关的标量，称为**二阶张量的标量不变量**。I_1,I_2,I_3 分别称为二阶张量的**第一、第二、第三不变量**。由式(2.103)可知，特征值也与坐标系无关。既然 I_1,I_2,I_3 是不变量，式(2.104)也可用主轴坐标系的主值来表示

$$\left.\begin{aligned} I_1&=\lambda_1+\lambda_2+\lambda_3\\ I_2&=\lambda_1\lambda_2+\lambda_2\lambda_3+\lambda_3\lambda_1\\ I_3&=\lambda_1\lambda_2\lambda_3\end{aligned}\right\} \tag{2.107}$$

由式(2.103)解得特征值,再由式(2.101)求特征向量,便可求得张量的主值和主轴。二阶对称张量的矩阵为对称矩阵,矩阵的特征值理论,即关于对称矩阵的特征值问题有以下的结论:

- 实对称矩阵的特征值(n 阶阵有 n 个)都是实数,特征向量为实向量。
- 实对称矩阵属于不同特征值的特征向量正交。
- 实对称矩阵属于重特征值的特征向量有无穷多,但可由 r(重数)个线性无关的特征向量线性表出,且可通过正交化与单位化找到 r 个正交的单位特征向量。

以上结论表明了二阶对称张量主值与主轴的存在性及其求解方法。

例题 2.3 已知应力张量在基 $\boldsymbol{e}_i$ 下的分量为 $[\sigma_{ij}]=\begin{bmatrix} 2 & 2 & -2 \\ 2 & 5 & -4 \\ -2 & -4 & 5 \end{bmatrix}$。

求:① 应力的第一、第二和第三不变量;② 主应力和主轴向量。

解: ①应力的第一、第二和第三不变量分别为

$$I_1=\sigma_{11}+\sigma_{22}+\sigma_{33}=2+5+5=12$$

$$\begin{aligned} I_2&=\sigma_{11}\sigma_{22}+\sigma_{22}\sigma_{33}+\sigma_{33}\sigma_{11}-\sigma_{12}\sigma_{12}-\sigma_{23}\sigma_{23}-\sigma_{31}\sigma_{31} \\ &=10+25+10-4-16-4-21 \end{aligned}$$

$$\begin{aligned} I_3&=\begin{vmatrix} \sigma_{11} & \sigma_{12} & \sigma_{13} \\ \sigma_{21} & \sigma_{22} & \sigma_{23} \\ \sigma_{31} & \sigma_{32} & \sigma_{33} \end{vmatrix} \\ &=\begin{vmatrix} 2 & 2 & -2 \\ 2 & 5 & -4 \\ -2 & -4 & 5 \end{vmatrix} \\ &=\begin{vmatrix} 0 & 0 & -2 \\ -2 & 1 & -4 \\ 3 & 1 & 5 \end{vmatrix} \\ &=10 \end{aligned}$$

② 特征方程为

$$\begin{aligned} |\lambda\delta_{ij}-\sigma_{ij}|&=\begin{vmatrix} \lambda-2 & 2 & 2 \\ -2 & \lambda-5 & 4 \\ 2 & -4 & \lambda-5 \end{vmatrix} \\ &=(\lambda-1)^2(\lambda-10)=0 \end{aligned}$$

解得特征值 $\lambda_1=\lambda_2=1$,$\lambda_3=10$。

对于 $\lambda_1=\lambda_2=1$ 的特征方程组为

$$(-[\delta_{ij}]-[\sigma_{ij}])[x_j]=\begin{bmatrix}-1 & -2 & 2\\ -2 & -4 & 4\\ 2 & 4 & -4\end{bmatrix}\begin{bmatrix}x_1\\ x_2\\ x_3\end{bmatrix}=0$$

一般解为 $x_1=-2x_2+2x_3$。取两个线性无关的特征向量：

$$\boldsymbol{x}_1=(-2,1,0),\quad \boldsymbol{x}_2=(2,0,1)$$

将其正交化：

$$\boldsymbol{y}_1=\boldsymbol{x}_1=(-2,1,0)$$

$$\begin{aligned}\boldsymbol{y}_2&=\boldsymbol{x}_2-\frac{\boldsymbol{y}_1\cdot\boldsymbol{x}_2}{\boldsymbol{y}_1\cdot\boldsymbol{y}_1}\boldsymbol{y}_1\\ &=(-2,1,0)+\frac{(-2,1,0)\cdot(2,0,1)}{(-2,1,0)\cdot(-2,1,0)}(-2,1,0)\\ &=\left(\frac{2}{5},\frac{4}{5},1\right)\end{aligned}$$

再单位化得

$$\frac{\boldsymbol{y}_1}{|\boldsymbol{y}_1|}=\left(\frac{-2}{\sqrt{5}},\frac{1}{\sqrt{5}},0\right),\qquad \frac{\boldsymbol{y}_2}{|\boldsymbol{y}_2|}=\left(\frac{2}{3\sqrt{5}},\frac{4}{3\sqrt{5}},\frac{5}{3\sqrt{5}}\right)$$

对于 $\lambda_3=10$ 的特征方程组为

$$(10[\delta_{ij}]-[\sigma_{ij}])[x_j]=\begin{bmatrix}8 & -2 & 2\\ -2 & 5 & 4\\ 2 & 4 & 5\end{bmatrix}\begin{bmatrix}x_1\\ x_2\\ x_3\end{bmatrix}=0$$

一般解为 $x_1=-\frac{1}{2}x_3, x_2=-x_3$。取特征向量：

$$\boldsymbol{x}_3=(1,2,-2)$$

再单位化得

$$\frac{\boldsymbol{x}_3}{|\boldsymbol{x}_3|}=\frac{1}{3}(1,2,-2)$$

综合以上结果得出主应力和主轴向量：

主应力为

$$\sigma_{\mathrm{I}}=\lambda_1=1,\quad \sigma_{\mathrm{II}}=\lambda_2=1,\quad \sigma_{\mathrm{III}}=\lambda_3=10$$

主轴向量为

$$\boldsymbol{n}_{\mathrm{I}}=\frac{-2}{\sqrt{5}}\boldsymbol{e}_1+\frac{1}{\sqrt{5}}\boldsymbol{e}_2$$

$$\boldsymbol{n}_{\mathrm{II}}=\frac{2}{3\sqrt{5}}\boldsymbol{e}_1+\frac{4}{3\sqrt{5}}\boldsymbol{e}_2+\frac{5}{3\sqrt{5}}\boldsymbol{e}_3$$

$$\boldsymbol{n}_{\mathrm{III}}=\frac{1}{3}\boldsymbol{e}_1+\frac{2}{3}\boldsymbol{e}_2-\frac{2}{3}\boldsymbol{e}_3$$

最后作为校核，再用主值求 3 个不变量，即

$$I_1=\sigma_{\mathrm{I}}+\sigma_{\mathrm{II}}+\sigma_{\mathrm{III}}=1+1+10=12$$

$$I_2=\sigma_{\mathrm{I}}\sigma_{\mathrm{II}}+\sigma_{\mathrm{II}}\sigma_{\mathrm{III}}+\sigma_{\mathrm{III}}\sigma_{\mathrm{I}}=1+10+10=21$$

$$I_3=\sigma_{\mathrm{I}}\sigma_{\mathrm{II}}\sigma_{\mathrm{III}}=1\times1\times10=10$$

2.7 各向同性张量

2.7.1 各向同性张量的构成

流体静压力

实验表明，静止的流体不能承受切力，也不能承受拉力，故应力向量只能是指向作用面的压应力，所以过点 P 的作用面 $\boldsymbol{n}_0$ 上的应力向量可表示为(见图 2-12)

$$\boldsymbol{f}_0^{\mathrm{N}}=-p_0\boldsymbol{n}_0=-p_0n_{0i}\boldsymbol{e}_i=-p_0\delta_{ij}n_{0i}\boldsymbol{e}_j$$

式中：p_0 为压应力的模，又由柯西应力公式得

$$\boldsymbol{f}_0^{\mathrm{N}}=\boldsymbol{n}_0\cdot\boldsymbol{\sigma}=\sigma_{ij}n_{0i}\boldsymbol{e}_j$$

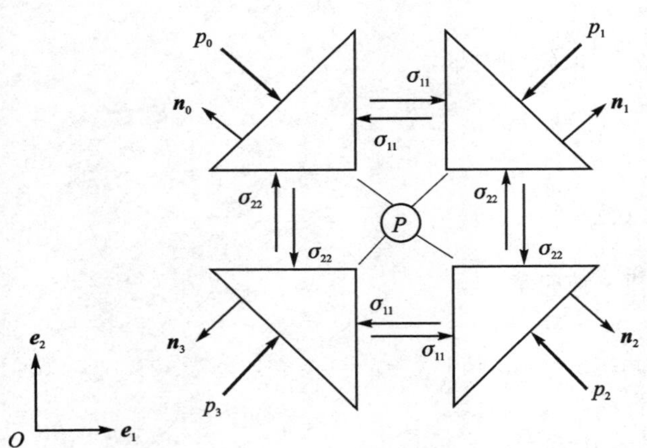

图 2-12 静止的流体受力示意图

比较上两式得

$$\sigma_{ij}=-p_0\delta_{ij}$$

因为应力张量与作用面方向无关，所以对于 P 点其他任意面(见图 2-12)

$\boldsymbol{n}_i(i=1,2,\cdots)$有

$$\sigma_{ij}=-p_1\delta_{ij},\quad \sigma_{ij}=-p_2\delta_{ij},\quad \sigma_{ij}=-p_3\delta_{ij},\quad \cdots$$

所以有

$$p=p_0=p_1=p_2=p_3=\cdots=p_n$$

表明流体静压力(应力向量)的大小与受压面的方向无关。另外,应力张量分量与坐标系有关,老坐标系下为

$$\sigma_{ij}=-p\delta_{ij} \tag{2.108}$$

新坐标系下为

$$\sigma'_{ij}=-p\delta'_{ij}=-p\delta_{ij}$$

表明应力张量分量的大小与坐标系无关,

$$\sigma'_{ij}=\sigma_{ij}$$

定义:在任意笛卡儿直角坐标系(左、右手坐标系)下,分量大小不随坐标系改变的非零张量称为**各向同性张量**。对于二阶张量,有

$$A'_{ij}=A_{ij} \tag{2.109}$$

例如前面的流体静压力张量为二阶各向同性张量。

需强调,定义中坐标系的变换包括正常变换和反常变换(反射变换)。此外,各向同性张量应为绝对张量。另外,零张量在任意坐标系下分量都保持为零,但因无实际工程意义,故排除在定义之外。

显然,各向同性张量既要满足张量的坐标变换式,又要保持分量不变,在一般情形下是不可能的。那么各向同性张量是否存在?如存在,如何构造?第一问是肯定的,如流体静压力张量。我们讨论第二问。首先注意到,各向同性张量有下面特性:

- 数乘各向同性张量仍为各向同性张量,即

$$\lambda A'_{ij}=\lambda A_{ij} \tag{2.110}$$

- 各向同性张量的线性组合仍为各向同性张量,即

$$A'_{ij}=A_{ij},\quad B'_{ij}=B_{ij}\Rightarrow \lambda A'_{ij}+\mu B'_{ij}=\lambda A_{ij}+\mu B_{ij} \tag{2.111}$$

其次,由张量分量的坐标变换(以二阶为例)

$$A'_{kl}=\beta_{ki}\beta_{lj}A_{ij} \tag{2.112}$$

可看出,分量的变化是由变换系数矩阵引起的。为了保持分量值不变

各向同性张量的分量的表达式应由逆变换系数组成

从而可以抵消变换系数引起的分量变化,使分量的大小保持不变,这就是我们构造的各向同性张量的基本思路。

我们先讨论二阶各向同性张量的构造。在二阶张量的变换式中，A_{ij} 有两个自由标 i,j，故 A_{ij} 表达式中必包含这两个自由指标，其余为哑标。对于每一个正变换系数，A_{ij} 中应有对应的逆变换系数，根据以上分析，考虑到正交变换的逆等于转置，所以有

$$A_{ij}=\lambda\beta_{in}^{\mathrm{T}}\beta_{jn}^{\mathrm{T}}=\lambda\beta_{ni}\beta_{nj}=\lambda\delta_{ij} \tag{2.113}$$

代入式(2.112)得

$$A'_{kl}=\beta_{ki}\beta_{lj}\lambda\delta_{ij}=\lambda\beta_{ki}\beta_{li}=\lambda\delta_{kl}\Rightarrow A'_{ij}=\lambda\delta_{ij} \tag{2.114}$$

所以 $A'_{ij}=A_{ij}$，即 A_{ij} 是各向同性张量。

因为构造式中的哑标只能成对出现，所以**各向同性张量只能为偶数阶张量**，例如一阶张量时有

$$a'_j=\beta_{ji}a_i\Rightarrow a_i\neq\lambda\beta_{il}^{\mathrm{T}}$$

这一结果在几何上很明显，因为向量的分量总是随坐标系变化的。

四阶张量的变换式为

$$A'_{mnpq}=\beta_{mi}\beta_{nj}\beta_{pk}\beta_{ql}A_{ijkl} \tag{2.115}$$

有 4 个变换系数，从而构造式中可以有 2 对哑标。哑标不同的分布可得到不同的构造式，共有 3 种形式，即

$$A_{ijkl}=\begin{cases}\lambda\beta_{is}^{\mathrm{T}}\beta_{js}^{\mathrm{T}}\beta_{kt}^{\mathrm{T}}\beta_{lt}^{\mathrm{T}}=\lambda\delta_{ij}\delta_{kl}\\ \mu\beta_{is}^{\mathrm{T}}\beta_{jt}^{\mathrm{T}}\beta_{ks}^{\mathrm{T}}\beta_{lt}^{\mathrm{T}}=\mu\delta_{ik}\delta_{jl}\\ \gamma\beta_{is}^{\mathrm{T}}\beta_{jt}^{\mathrm{T}}\beta_{kt}^{\mathrm{T}}\beta_{ls}^{\mathrm{T}}=\gamma\delta_{il}\delta_{jk}\end{cases} \tag{2.116}$$

一般式应由上式的线性组合构成

$$A_{ijkl}=\lambda\delta_{ij}\delta_{kl}+\mu\delta_{ik}\delta_{jl}+\gamma\delta_{il}\delta_{jk} \tag{2.117a}$$

$$\mathbf{A}=\lambda\boldsymbol{II}+\mu(\boldsymbol{II})^{\mathrm{T}(jk)}+\gamma(\boldsymbol{I}^{\mathrm{T}}\boldsymbol{I})^{\mathrm{T}(ik)} \tag{2.117b}$$

代入式(2.115)，经简化得

$$A'_{mnpq}=\lambda\delta_{mn}\delta_{pq}+\mu\delta_{mp}\delta_{nq}+\gamma\delta_{mq}\delta\Rightarrow$$
$$A'_{ijkl}=\lambda\delta_{ij}\delta_{kl}+\mu\delta_{ik}\delta_{jl}+\gamma\delta_{il}\delta_{jk\,np}$$

则有

$$A'_{ijkl}=A_{ijkl}$$

所以式(2.117)为四阶各向同性张量的一般形式。

附录 A 给出了另外两种构造方法：一是利用某些特殊的坐标变换，根据各向同性张量定义直接求出分量表达式；二是利用线性张量函数和各向同性张量函数的 Cauchy 表示定理求分量表达式。前者较为直观，阶数升高时比较麻烦；后者较为抽象，但适用于任意阶张量。无论使用哪种方法，其结果都是相同的。

各向同性张量的应用背景之一是材料的力学特性。在流体力学和材料力学中，各向同性是一个基本假定。材料的各向同性体现在材料固有的物性常数上，如材料的弹性张量（见例题 2.2）C_{ijkl}。在材料中，不同的方向可用不同的坐标系来对应，因此，各向同性的数学要求弹性张量为各向同性张量。

本构方程

本构方程是指应力与应变的关系式。由例题 2.2，对于固体材料在线弹性范围内，两者为线性关系，即

$$\sigma_{ij} = C_{ijkl}\varepsilon_{kl} \tag{2.118}$$

当材料满足各向同性假定时，弹性张量 C_{ijkl} 为各向同性张量

$$C_{ijkl} = \lambda\delta_{ij}\delta_{kl} + \mu\delta_{ik}\delta_{jl} + \gamma\delta_{il}\delta_{jk} \tag{2.119}$$

由例题 2.2 知，C_{ijkl} 关于 k，l 对称，则有

$$C_{1212} = \mu\delta_{11}\delta_{22} = \mu = C_{1221} = \gamma\delta_{11}\delta_{22} = \gamma$$

所以有

$$C_{ijkl} = \lambda\delta_{ij}\delta_{kl} + \mu(\delta_{ik}\delta_{jl} + \delta_{il}\delta_{jk}) \tag{2.120}$$

代入式(2.118)得

$$\sigma_{ij} = \lambda\delta_{ij}\delta_{kl}\varepsilon_{kl} + \mu(\delta_{ik}\delta_{jl}\varepsilon_{kl} + \delta_{il}\delta_{jk}\varepsilon_{kl}) = \lambda\varepsilon_{kk}\delta_{ij} + \mu(\varepsilon_{ij} + \varepsilon_{ji}) \Rightarrow$$

$$\sigma_{ij} = \lambda\varepsilon_{kk}\delta_{ij} + 2\mu\varepsilon_{ij} \tag{2.121}$$

式中：λ，μ 称为拉梅常数(Lame constants)，常用有实验数据的弹模 E 与泊松比 ν 取代，即

$$\lambda = \frac{\nu E}{(1+\nu)(1-2\nu)}, \quad \mu = \frac{E/2}{(1+\nu)} \tag{2.122}$$

对于流体，应力由静压和动应力（粘性应力）两部分构成，即

$$\sigma_{ij} = -p\delta_{ij} + \tau_{ij} \tag{2.123a}$$

动应力部分与固体类似，对于水、空气等常见流体，满足线性、各向同性假定，有

$$\tau_{ij} = C_{ijkl}\varepsilon_{kl} \tag{2.123b}$$

ε_{ij} 为单位时间的应变，即应变率；C_{ijkl} 为四阶各向同性粘性系数，则

$$C_{ijkl} = \lambda\delta_{ij}\delta_{kl} + \mu(\delta_{ik}\delta_{jl} + \delta_{il}\delta_{jk}) \Rightarrow$$

$$\tau_{ij} = \lambda\varepsilon_{kk}\delta_{ij} + 2\mu\varepsilon_{ij} \tag{2.124}$$

$$\sigma_{ij} = -p\delta_{ij} + \lambda\varepsilon_{kk}\delta_{ij} + 2\mu\varepsilon_{ij} \tag{2.125}$$

式中：λ，μ 称为粘性系数，一般由实验确定。

2.7.2 二阶张量的迹分解

体积应变

变形体在变形时，常伴随体积的改变，称为体积变形。材料的力学特性不仅与变形的大小有关，还常与变形的种类有关。例如绝大部分金属材料的塑性变形特性与体积变形无关，只与形状的改变有关。所以，有必要将体积变形从应变张量中分离出来。为此我们令

$$\left.\begin{aligned}&\varepsilon_{ij}=\varepsilon_{ij}^{\mathrm{O}}+\varepsilon_{ij}^{\mathrm{D}} \Leftrightarrow \boldsymbol{\varepsilon}=\boldsymbol{\varepsilon}^{\mathrm{O}}+\boldsymbol{\varepsilon}^{\mathrm{D}}\\&\varepsilon_{ij}^{\mathrm{O}}=\frac{1}{3}\varepsilon_{kk}\delta_{ij}\\&\varepsilon_{ij}^{\mathrm{D}}=\varepsilon_{ij}-\frac{1}{3}\varepsilon_{kk}\delta_{ij}\end{aligned}\right\} \tag{2.126}$$

第一部分的迹等于原张量的迹，即

$$\varepsilon_{kk}^{\mathrm{O}}=\varepsilon_{kk} \tag{2.127}$$

因为迹与坐标系无关，所以 $\varepsilon_{ij}^{\mathrm{O}}$ 为各向同性张量。

第二部分的迹为零，即

$$\varepsilon_{ii}^{\mathrm{D}}=\varepsilon_{ii}-\left(\frac{1}{3}\varepsilon_{kk}\right)\delta_{ii}=0 \tag{2.128}$$

$\varepsilon_{ij}^{\mathrm{D}}$ 为各向异性张量。下面说明 $\varepsilon_{ij}^{\mathrm{O}}$ 只与体积变形有关。如图 2－13 所示，考察点 $\boldsymbol{r}$

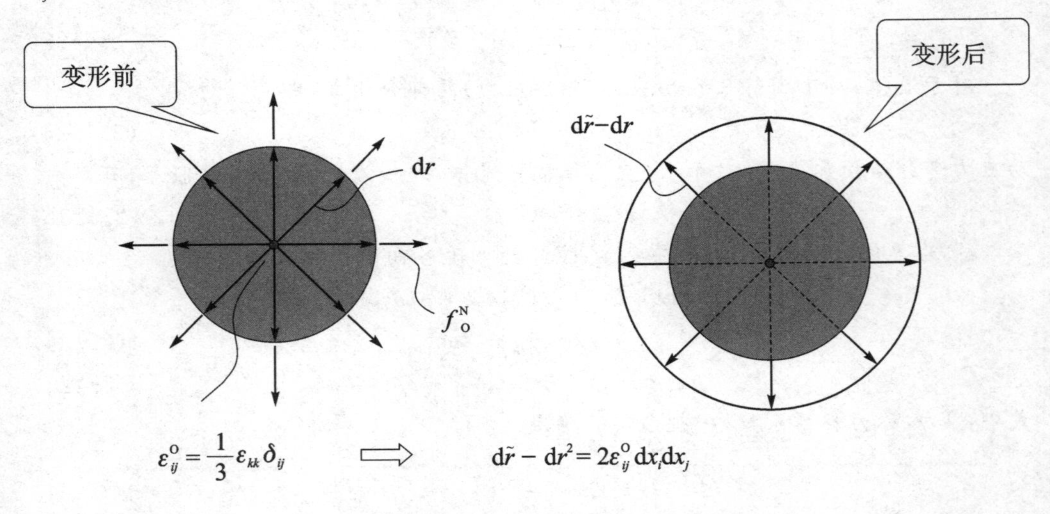

图 2－13 体积应变张量

的应变状态，取变形前各方向线元长度为常量，则线元末端点构成球面。设

$$|\mathrm{d}\tilde{\boldsymbol{r}}|=\mathrm{d}\tilde{r},\quad |\mathrm{d}\boldsymbol{r}|=\mathrm{d}r$$

根据应变张量公式(2.52)得

$$\mathrm{d}\tilde{r}^2-\mathrm{d}r^2=2\varepsilon_{ij}^{\mathrm{O}}\mathrm{d}x_i\mathrm{d}x_j=\frac{2}{3}\varepsilon_{kk}\delta_{ij}\mathrm{d}x_i\mathrm{d}x_j=\frac{2}{3}\varepsilon_{kk}\mathrm{d}x_i\mathrm{d}x_i=\frac{2}{3}\varepsilon_{kk}\mathrm{d}r^2$$

这说明各方向的变形量相同，变形后仍为球面如图 2-13 所示，即只有体积的改变，没有形状的变化，有

$$\frac{\mathrm{d}\tilde{r}}{\mathrm{d}r}=\left(1+\frac{2}{3}\varepsilon_{kk}\right)^{\frac{1}{2}}\tag{2.129}$$

体积的相对变化(即**体积应变**)为

$$\begin{aligned}\varepsilon_V=\frac{\tilde{V}-V}{V}&=\frac{\frac{4\pi}{3}\mathrm{d}\tilde{r}^3-\frac{4\pi}{3}\mathrm{d}r^3}{\frac{4\pi}{3}\mathrm{d}r^3}\\&=\left(\frac{\mathrm{d}\tilde{r}}{\mathrm{d}r}\right)^3-1\\&=\left(1+\frac{2}{3}\varepsilon_{kk}\right)^{\frac{3}{2}}-1\end{aligned}\tag{2.130}$$

由泰勒级数得

$$\left(1+\frac{2}{3}\varepsilon_{kk}\right)^{\frac{3}{2}}=1+\frac{3}{2}\left(\frac{2}{3}\varepsilon_{kk}\right)+\frac{1}{2}\cdot\frac{3}{2}\left(\frac{3}{2}-1\right)\left(\frac{2}{3}\varepsilon_{kk}\right)^2+\cdots$$

在小变形假设下，略去二阶以上的微量得

$$\varepsilon_{kk}=\varepsilon_V\tag{2.131}$$

这表明

应变张量的迹等于体积应变

而 $\varepsilon_{ij}^{\mathrm{O}}$ 称为**体积应变张量**，$\varepsilon_{ij}^{\mathrm{D}}$ 称为**偏应变张量**，表示形状的改变。

一般地，任意二阶张量都可按迹分解为

$$\left.\begin{aligned}&\boldsymbol{A}=\boldsymbol{A}^{\mathrm{O}}+\boldsymbol{A}^{\mathrm{D}}\Leftrightarrow A\varepsilon_{ij}=A_{ij}^{\mathrm{O}}+A_{ij}^{\mathrm{D}}\\&\boldsymbol{A}^{\mathrm{O}}=\frac{1}{3}\mathrm{tr}(\boldsymbol{A})\boldsymbol{I}\Leftrightarrow A_{ij}^{\mathrm{O}}=\frac{1}{3}A_{kk}\delta_{ij}\\&\boldsymbol{A}^{\mathrm{D}}=\boldsymbol{A}-\frac{1}{3}\mathrm{tr}(\boldsymbol{A})\boldsymbol{I}\Leftrightarrow A_{ij}^{\mathrm{D}}=A_{ij}-\frac{1}{3}A_{kk}\delta_{ij}\end{aligned}\right\}\tag{2.132}$$

必有

$$\mathrm{tr}(\boldsymbol{A}^{\mathrm{O}})=\mathrm{tr}(\boldsymbol{A}) \Leftrightarrow A_{kk}^{\mathrm{O}}=A_{kk} \tag{2.133}$$

$$\mathrm{tr}(\boldsymbol{A}^{\mathrm{D}})=0 \Leftrightarrow A_{kk}^{\mathrm{D}}=0 \tag{2.134}$$

而方程

$$\boldsymbol{r}\cdot\boldsymbol{A}^{\mathrm{O}}\cdot\boldsymbol{r}=1 \Leftrightarrow A_{ij}^{\mathrm{O}}x_i x_j=1 \tag{2.135a}$$

$$\Rightarrow x_1^2+x_2^2+x_3^2=\frac{3}{A_{kk}} \tag{2.135b}$$

表示一个球面，则称 $\boldsymbol{A}^{\mathrm{O}}$ 为**球张量**，$\boldsymbol{A}^{\mathrm{D}}$ 为**偏张量**。

前面提到的体积应变张量为应变张量的球张量，类似地，应力张量也可分解为球应力张量和偏应力张量：

$$\boldsymbol{\sigma}=\boldsymbol{\sigma}^{\mathrm{O}}+\boldsymbol{\sigma}^{\mathrm{D}}$$

其中球应力将产生体积应变 $\boldsymbol{\sigma}^{\mathrm{O}}=\boldsymbol{C}:\boldsymbol{\varepsilon}^{\mathrm{O}}$，偏应力产生形状的改变。

与二阶张量的对称性分解一样，二阶张量的迹分解也有许多应用。

流体的体积粘性系数

在流体的本构方程中（式(2.125)），λ 与体积应变有关，称为**体积粘性系数**。将应变张量分解为球张量与偏张量代入式(2.125)，得

$$\sigma_{ij}=-p\delta_{ij}+\lambda^{\mathrm{O}}\varepsilon_{kk}\delta_{ij}+2\mu\varepsilon_{ij}^{\mathrm{D}} \tag{2.136}$$

$$\lambda^{\mathrm{O}}=\lambda+\frac{2\mu}{3} \tag{2.137}$$

式中：λ^{O} 称为**第二体积粘性系数**。应力也分为三部分，即

$$\sigma_{ij}=\sigma_{ij}^{\mathrm{P}}+\sigma_{ij}^{\mathrm{O}}+\sigma_{ij}^{\mathrm{D}} \Leftrightarrow \boldsymbol{\sigma}=\boldsymbol{\sigma}^{\mathrm{P}}+\boldsymbol{\sigma}^{\mathrm{O}}+\boldsymbol{\sigma}^{\mathrm{D}} \tag{2.138}$$

式(2.138)中右边第一项为静应力，后两项为动应力。球动应力产生体积应变，即

$$\sigma_{ij}^{\mathrm{O}}=\lambda^{\mathrm{O}}\varepsilon_{kk}\delta_{ij} \tag{2.139}$$

任意斜面 $\boldsymbol{n}$ 上应力向量也作相应分解，即

$$\boldsymbol{f}^{\mathrm{N}}=\boldsymbol{f}_{\mathrm{P}}^{\mathrm{N}}+\boldsymbol{f}_{\mathrm{O}}^{\mathrm{N}}+\boldsymbol{f}_{\mathrm{D}}^{\mathrm{N}} \tag{2.140}$$

由柯西应力公式(2.14)，斜面球动应力向量可表示为

$$\boldsymbol{f}_{\mathrm{O}}^{\mathrm{N}}=\boldsymbol{n}\cdot\boldsymbol{\sigma}^{\mathrm{O}}=\sigma_{ij}^{\mathrm{O}}n_i\boldsymbol{e}_j=\lambda^{\mathrm{O}}\varepsilon_{kk}\delta_{ij}n_i\boldsymbol{e}_j=\lambda^{\mathrm{O}}\varepsilon_{kk}n_j\boldsymbol{e}_j=\lambda^{\mathrm{O}}\varepsilon_{kk}\boldsymbol{n} \tag{2.141}$$

向 $\boldsymbol{n}$ 投影（见图 2-13）得

$$f_{\mathrm{O}}^{\mathrm{N}}=\boldsymbol{f}_{\mathrm{O}}^{\mathrm{N}}\cdot\boldsymbol{n}=\lambda^{\mathrm{O}}\varepsilon_{kk}\boldsymbol{n}\cdot\boldsymbol{n}=\lambda^{\mathrm{O}}\varepsilon_{kk} \tag{2.142}$$

显然，合理的要求是拉应力（$f_{\mathrm{O}}^{\mathrm{N}}\geqslant 0$）对应于体积膨胀（$\varepsilon_{kk}\geqslant 0$），压应力（$f_{\mathrm{O}}^{\mathrm{N}}\leqslant 0$）对应于体积收缩（$\varepsilon_{kk}\leqslant 0$），即要求

$$f_{\mathrm{O}}^{\mathrm{N}}\varepsilon_{kk}\geqslant 0$$

则有

$$\lambda^{\mathrm{O}}=\lambda+\frac{2}{3}\mu\geqslant 0 \tag{2.143}$$

$$\boxed{\lambda \geqslant -\frac{2}{3}\mu} \tag{2.144}$$

此条件已得到实验的验证。进一步缩并式(2.136)得

$$\sigma_{ii} = -3p + 3\lambda^{O}\varepsilon_{kk} \Rightarrow \lambda^{O}\varepsilon_{kk} = p - \bar{p} \tag{2.145}$$

$$\bar{p} = -\frac{\sigma_{ii}}{3} \tag{2.146}$$

此为流体的平均压力，Stokes 假定

$$p = \bar{p} \tag{2.147}$$

$$\Rightarrow \lambda^{O} = \lambda + \frac{2}{3}\mu = 0 \tag{2.148a}$$

$$\boxed{\lambda = -\frac{2}{3}\mu} \tag{2.148b}$$

此结果在实际应用中广泛采用。

粘性流动的耗散性

航天器在返回大气层时与接触气体产生剧烈摩擦升温可达上千度。这一现象是流体粘性和耗散性造成的结果。流体运动时会产生动应力 $\boldsymbol{\tau}$ 抵抗变形 $\boldsymbol{\varepsilon}$，这种特性称为粘性。应力对变形做功 $\boldsymbol{\tau}:\boldsymbol{\varepsilon}$ 可使流体的动能不可逆地转换为内能，使得流体的温度升高，这就是**耗散性**。为分析耗散性可考察流体的动能方程和内能方程：

$$\left.\begin{aligned} \rho\frac{\mathrm{d}\frac{1}{2}\vec{\boldsymbol{u}}\cdot\vec{\boldsymbol{u}}}{\mathrm{d}t} &= \cdots - \boldsymbol{\tau}:\boldsymbol{\varepsilon} \\ \rho\frac{\mathrm{d}e}{\mathrm{d}t} &= \cdots + \boldsymbol{\tau}:\boldsymbol{\varepsilon} \end{aligned}\right\} \tag{2.149}$$

式中：ρ 为流体密度；$\frac{1}{2}\vec{\boldsymbol{u}}\cdot\vec{\boldsymbol{u}}$ 为单位质量流体动能；e 为单位质量流体内能；$\boldsymbol{\tau}$ 为动应力；$\boldsymbol{\varepsilon}$ 为应变率。两方程左端表示动能或内能对时间的变化率，方程右端末项大小相等符号相反表明能量的相互传递。若能证明 $\boldsymbol{\tau}:\boldsymbol{\varepsilon}$ 大于零，则说明不断有动能转换为内能。

将应变张量分解为球张量与偏张量

$$\boldsymbol{\varepsilon} \triangleright \varepsilon_{ij} = \frac{1}{3}\varepsilon_{kk}\delta_{ij} + \varepsilon_{ij}^{\mathrm{D}}$$

代入式(2.124)得

$$\boldsymbol{\tau} \triangleright \tau_{ij} = \lambda \varepsilon_{kk} \delta_{ij} + 2\mu \varepsilon_{ij} = \left(\lambda + \frac{2\mu}{3}\right) \varepsilon_{kk} \delta_{ij} + 2\mu \varepsilon_{ij}^{\mathrm{D}} \tag{2.150}$$

$$\begin{aligned} \boldsymbol{\tau} : \boldsymbol{\varepsilon} = \tau_{ij}\varepsilon_{ij} &= \left[\left(\lambda + \frac{2\mu}{3}\right) \varepsilon_{kk}\delta_{ij} + 2\mu\varepsilon_{ij}^{\mathrm{D}}\right] \left(\frac{1}{3}\varepsilon_{kk}\delta_{ij} + \varepsilon_{ij}^{\mathrm{D}}\right) \\ &= \left(\lambda + \frac{2\mu}{3}\right) (\varepsilon_{kk})^2 + 2\mu\varepsilon_{ij}^{\mathrm{D}}\varepsilon_{ij}^{\mathrm{D}} + \left(\lambda + \frac{2\mu}{3}\right) \varepsilon_{kk}\varepsilon_{jj}^{\mathrm{D}} + \frac{2\mu}{3}\varepsilon_{jj}^{\mathrm{D}}\varepsilon_{kk} \\ &= \left(\lambda + \frac{2\mu}{3}\right) (\varepsilon_{kk})^2 + 2\mu\varepsilon_{ij}^{\mathrm{D}}\varepsilon_{ij}^{\mathrm{D}} > 0 \end{aligned} \tag{2.151}$$

由于航天器与接触气体的相对速度很高,应力和变形都很大,使大量动能耗散为内能。

在固体力学里,$\frac{1}{2}\boldsymbol{\tau} : \boldsymbol{\varepsilon}$ 称为**单位体积的应变能**。

第3章　笛卡儿张量分析

张量分析是研究张量函数的微积分。在张量函数中，最基本、应用最广泛的是自变量为空间位置向量和时间的张量函数（即张量场）。本章的重点是讨论笛卡儿张量场的微分与积分。

3.1　张量函数与张量场

函数是自变量与因变量的对应关系，更一般地称为**映射**。张量函数的形式比较丰富，自变量可以为0到n阶张量，因变量也可以为0到n阶张量。例如：

- 质点绕轴的转动惯量：$I_N = f(\boldsymbol{n}) = \boldsymbol{n} \cdot \boldsymbol{I}_O \cdot \boldsymbol{n}$。
- 二阶张量的迹：$I = f(\mathbf{A}) = \mathrm{tr}\,\mathbf{A}$。
- 质点的运动轨迹：$\boldsymbol{r} = \boldsymbol{r}(t)$。
- 柯西应力公式：$\boldsymbol{f}^N = \boldsymbol{f}(\boldsymbol{n}) = \boldsymbol{n} \cdot \boldsymbol{\sigma}$。
- 弹性体应力应变公式：$\sigma = \boldsymbol{F}(\boldsymbol{\varepsilon}) = \boldsymbol{C} : \boldsymbol{\varepsilon}$。

如果自变量为空间位置向量$\boldsymbol{r}$和时间t，则张量函数称为**张量场**，例如：

- 密度场：$\rho = \rho(\boldsymbol{r}, t)$。
- 温度场：$T = T(\boldsymbol{r}, t)$。
- 位移与流速场：$\boldsymbol{u} = \boldsymbol{u}(\boldsymbol{r}, t)$。
- 电场：$\boldsymbol{E} = \boldsymbol{E}(\boldsymbol{r}, t)$。
- 磁场：$\boldsymbol{B} = \boldsymbol{B}(\boldsymbol{r}, t)$。
- 应力场：$\boldsymbol{\sigma} = \boldsymbol{\sigma}(\boldsymbol{r}, t)$。
- 应变场：$\boldsymbol{\varepsilon} = \boldsymbol{\varepsilon}(\boldsymbol{r}, \boldsymbol{t})$。

在一定条件下，张量场只随部分自变量的变化而变化，从而形成一些特殊的张量场：

- **稳态场**：$\mathbf{A} = \mathbf{A}(\boldsymbol{r})$，与时间无关，否则为**非稳态场**。
- **均匀场**：$\mathbf{A} = \mathbf{A}(t)$，与空间位置无关，否则为**非均匀场**。
- **一维场**：$\boldsymbol{T} = \boldsymbol{T}(x_1, t)$，与一个空间坐标有关，若再与时间无关则是一维稳

态场。

➢ **二维场**：$\boldsymbol{T}=\boldsymbol{T}(x_1,x_2,t)$，与两个空间坐标有关，若再与时间无关则是二维稳态场。

➢ **三维场**：$\boldsymbol{T}=\boldsymbol{T}(x_1,x_2,x_3,t)$，与三个空间坐标有关，若再与时间无关则是三维稳态场。

为了便于分析与观察，在某些张量场中可以用图形把张量场形象地描绘出来。

(1) 向量的**矢端线**(见图 3-1)

若向量场只与一个变量有关，则

$$\boldsymbol{a}=\boldsymbol{a}(\tau)\triangleright a_i(\tau)$$

$$\tau=x_1,x_2,x_3,t,\cdots$$

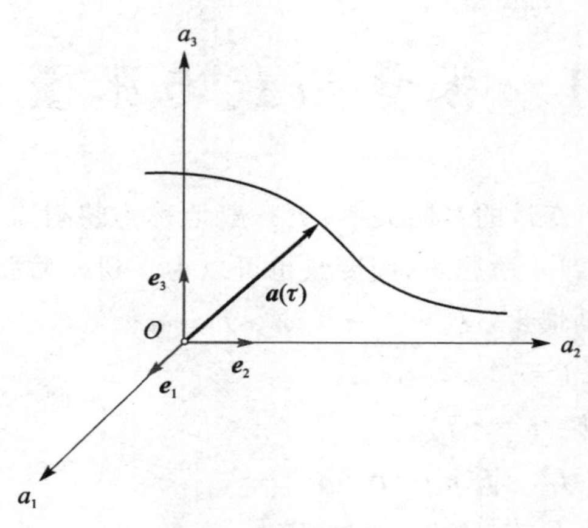

图 3-1 向量的矢端线

相当于 3 个标量函数

$$a_1=a_1(\tau),\quad a_2=a_2(\tau),\quad a_3=a_3(\tau) \tag{3.1}$$

式(3.1)表示物理空间 $Oa_1a_2a_3$ 中曲线的参数方程，所描绘的曲线称为向量的**矢端线**。

(2) 标量场的**等值线**(**等值面**)(见图 3-2)

考虑二维稳态标量场，如温度场 $T=T(x_1,x_2)$，令

$$T(x_1,x_2)=C$$

式中：C 为任意常数。式(3.2)表示平面上一条曲线，称为**等值线**。C 取不同值表示一组等值线。通常，取各曲线 C 的差值相等，这样，等值线密的地方，函数变化快，稀的地方变化慢，从而可直观地看出物理量的分布与变化情况。若为三维标量场，如点电荷 q 的电势场 $V=\dfrac{q}{4\pi\varepsilon_0 r}(r=\sqrt{x_ix_i})$，则**等值面**方程为

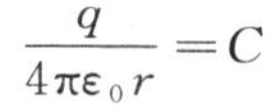

$$\frac{q}{4\pi\varepsilon_0 r}=C$$

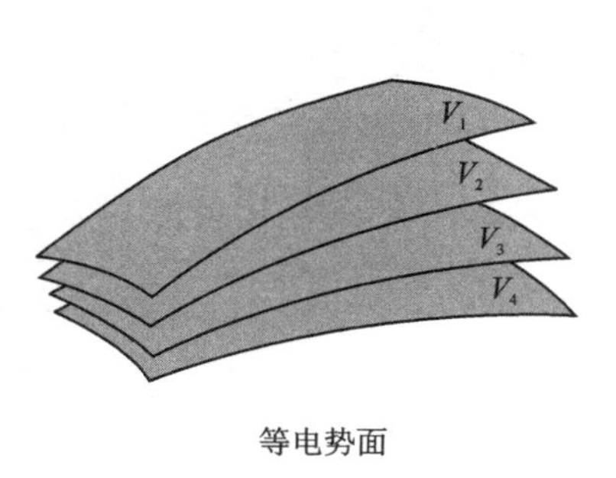

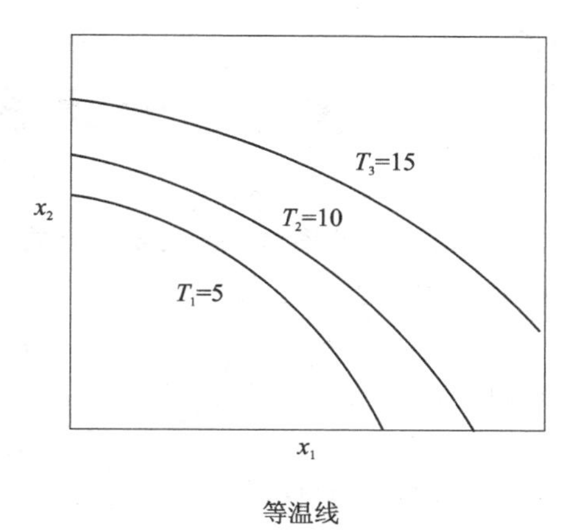

图 3-2　等值面(线)

(3) 向量场的**向量线**

向量场的向量线是空间上的一簇曲线，线上各点的切向向量与该点的向量平行(见图 3-3)。向量线可直观地看出向量场的方向分布，有时也能在一定程度上反映向量的大小。例如，对于不可压流速场，向量线表示流线，为了满足质量守恒定理，流线稀的地方流速小，流线密的地方流速大(见 3.4.3 小节的“高斯积分定理”)。

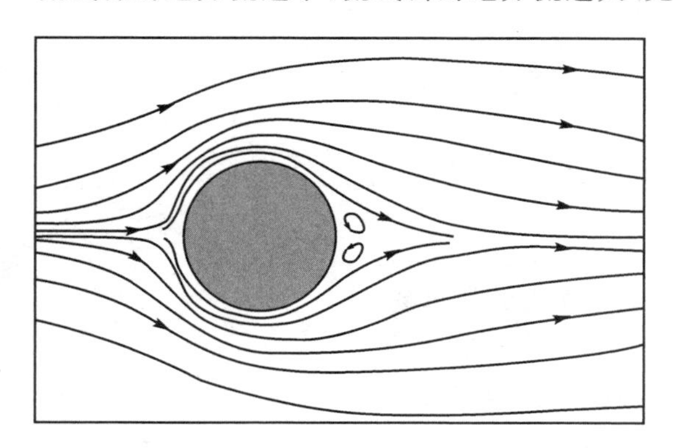

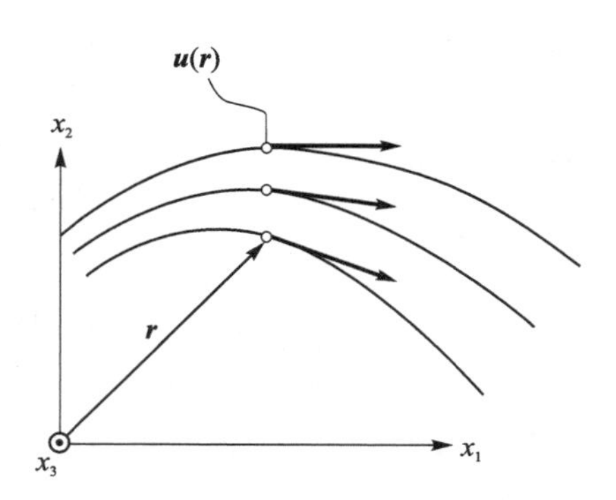

图 3-3　流　线

向量线上任一点 $\boldsymbol{r}=x_i\boldsymbol{e}_i$ 的微分 $\mathrm{d}\boldsymbol{r}=\mathrm{d}x_i\boldsymbol{e}_i$ 必与向量线相切(见 3.2.3 小节的图 3-5)，即与该点的向量平行，则向量线微分方程可表示为

$$\mathrm{d}\boldsymbol{r}\times\boldsymbol{a}=\boldsymbol{0}$$

展开得

$$\frac{\mathrm{d}x}{a_x}=\frac{\mathrm{d}y}{a_y}=\frac{\mathrm{d}z}{a_z}$$

3.2 一元张量函数的微分

一元张量函数微分是张量微分的基础，它的自变量只有一个 τ，可代表任一个坐标、时间或其他变量，即

$$\tau=x_1,x_2,x_3,t,\cdots$$

函数值可以是任意阶张量，即

$$\boldsymbol{A}=\boldsymbol{A}(\tau) \tag{3.2}$$

下面我们先讨论张量的导数，然后定义张量的微分。

3.2.1 张量的导数定义

1. 导数的定义

我们以二阶张量 $\boldsymbol{A}(\tau)=A_{ij}(\tau)\boldsymbol{e}_i\boldsymbol{e}_j$ 为例，定义张量的导数：

$$\begin{aligned}\boldsymbol{A}'(\tau)=\frac{\mathrm{d}\boldsymbol{A}}{\mathrm{d}\tau}&=\lim_{\Delta\tau\to 0}\frac{\boldsymbol{A}(\tau+\Delta\tau)-\boldsymbol{A}(\tau)}{\Delta\tau}\\&=\lim_{\Delta\tau\to 0}\frac{A_{ij}(\tau+\Delta\tau)\boldsymbol{e}_i\boldsymbol{e}_j-A_{ij}(\tau)\boldsymbol{e}_i\boldsymbol{e}_j}{\Delta\tau}\\&=\left[\lim_{\Delta\tau\to 0}\frac{A_{ij}(\tau+\Delta\tau)-A_{ij}(\tau)}{\Delta\tau}\right]\boldsymbol{e}_i\boldsymbol{e}_j\end{aligned} \tag{3.3}$$

基向量是与自变量无关的常向量

括号中每个分量表示常规的一元标量函数的导数，所以有

$$\lim_{\Delta\tau\to 0}\frac{A_{ij}(\tau+\Delta\tau)-A_{ij}(\tau)}{\Delta\tau}=A'_{ij}(\tau)=\frac{\mathrm{d}A_{ij}}{\mathrm{d}\tau} \tag{3.4}$$

且

$$\frac{\mathrm{d}A'_{kl}}{\mathrm{d}\tau}=\frac{\mathrm{d}\beta_{ki}\beta_{lj}A_{ij}}{\mathrm{d}\tau}=\beta_{ki}\beta_{lj}\,\frac{\mathrm{d}A_{ij}}{\mathrm{d}\tau}$$

这说明

张量导数是与原张量同阶的张量，其分量为原张量分量的导数

$$\boldsymbol{A}'(\tau)=\frac{\mathrm{d}\boldsymbol{A}}{\mathrm{d}\tau}=A'_{ij}(\tau)\boldsymbol{e}_i\boldsymbol{e}_j \tag{3.5}$$

2. 向量导数的几何意义

我们知道标量导数的几何意义是切线斜率，这里讨论向量导数的几何意义。

如图 3-4 所示，在向量坐标 v_{li} 构成的物理空间中，可画出向量矢端线。由导数定义，$\boldsymbol{a}'(\tau)$ 是 $\dfrac{\Delta\boldsymbol{a}}{\Delta\tau}$ 的极限位置，$\dfrac{\Delta\boldsymbol{a}}{\Delta\tau}$ 与割线 $\Delta\boldsymbol{a}$ 平行，割线的极限即为切线。$\boldsymbol{a}'(\tau)$ 指向由 $\dfrac{\Delta\boldsymbol{a}}{\Delta\tau}$ 的指向决定，当 $\Delta\tau>0$ 时，$\Delta\boldsymbol{a}$ 指向 τ 增大方向，而 $\dfrac{\Delta\boldsymbol{a}}{\Delta\tau}$ 与 $\Delta\boldsymbol{a}$ 同方向，故 $\dfrac{\Delta\boldsymbol{a}}{\Delta\tau}$ 也指向 τ 增大方向。当 $\Delta\tau<0$ 时，$\Delta\boldsymbol{a}$ 指向 τ 减小方向，$\dfrac{\Delta\boldsymbol{a}}{\Delta\tau}$ 与 $\Delta\boldsymbol{a}$ 反方向，因此 $\dfrac{\Delta\boldsymbol{a}}{\Delta\tau}$ 仍指向 τ 增大的方向。可见

向量导数为矢端线切线矢量，方向指向自变量增大的方向

一阶以上的张量一般无几何意义。

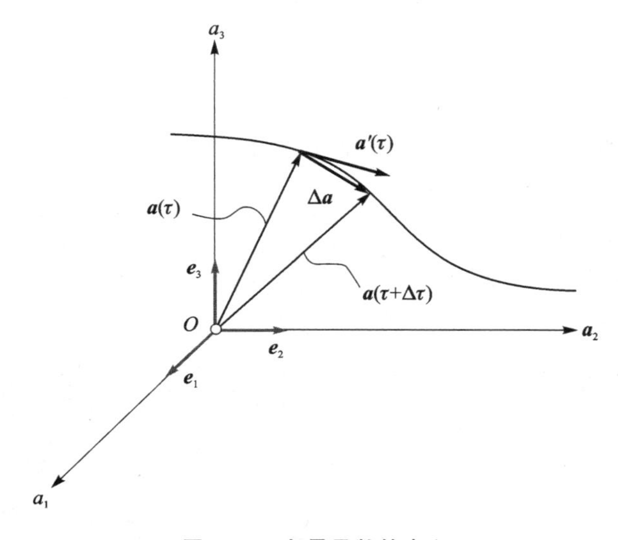

图 3-4　向量导数的意义

3.2.2 张量函数的求导法则

由定义可证明下面求导法则，其中 $\boldsymbol{A}$，$\boldsymbol{B}$ 为 1 到 n 阶张量。

$$
\begin{aligned}
&① \ \frac{\mathrm{d}\boldsymbol{C}}{\mathrm{d}\tau}=0\\
&② \ \frac{\mathrm{d}}{\mathrm{d}\tau}(\lambda\boldsymbol{A})=\lambda\frac{\mathrm{d}\boldsymbol{A}}{\mathrm{d}\tau}\\
&③ \ \frac{\mathrm{d}}{\mathrm{d}\tau}(\boldsymbol{A}\pm\boldsymbol{B})=\frac{\mathrm{d}\boldsymbol{A}}{\mathrm{d}\tau}\pm\frac{\mathrm{d}\boldsymbol{B}}{\mathrm{d}\tau}\\
&④ \ \frac{\mathrm{d}}{\mathrm{d}\tau}(\varphi\boldsymbol{A})=\frac{\mathrm{d}\varphi}{\mathrm{d}\tau}\boldsymbol{A}+\varphi\frac{\mathrm{d}\boldsymbol{A}}{\mathrm{d}\tau}\\
&⑤ \ \frac{\mathrm{d}}{\mathrm{d}\tau}(\boldsymbol{A}\cdot\boldsymbol{B})=\frac{\mathrm{d}\boldsymbol{A}}{\mathrm{d}\tau}\cdot\boldsymbol{B}+\boldsymbol{A}\cdot\frac{\mathrm{d}\boldsymbol{B}}{\mathrm{d}\tau}\\
&⑥ \ \frac{\mathrm{d}}{\mathrm{d}\tau}(\boldsymbol{A}\times\boldsymbol{B})=\frac{\mathrm{d}\boldsymbol{A}}{\mathrm{d}\tau}\times\boldsymbol{B}+\boldsymbol{A}\times\frac{\mathrm{d}\boldsymbol{B}}{\mathrm{d}\tau}\\
&⑦ \ \frac{\mathrm{d}}{\mathrm{d}\tau}(\boldsymbol{A}\boldsymbol{B})=\frac{\mathrm{d}\boldsymbol{A}}{\mathrm{d}\tau}\boldsymbol{B}+\boldsymbol{A}\frac{\mathrm{d}\boldsymbol{B}}{\mathrm{d}\tau}\\
&⑧ \ \frac{\mathrm{d}\boldsymbol{A}[\varphi(\tau)]}{\mathrm{d}\tau}=\boldsymbol{A}'(\varphi)\frac{\mathrm{d}\varphi}{\mathrm{d}\tau}\\
&⑨ \ \frac{\mathrm{d}}{\mathrm{d}\tau}\left(\frac{\boldsymbol{A}}{\varphi}\right)=\frac{1}{\varphi^2}\left(\frac{\mathrm{d}\boldsymbol{A}}{\mathrm{d}\tau}\varphi-\boldsymbol{A}\frac{\mathrm{d}\varphi}{\mathrm{d}\tau}\right)\\
&⑩ \ \frac{\mathrm{d}}{\mathrm{d}\tau}(\boldsymbol{C}\,\boldsymbol{A})=\boldsymbol{C}\frac{\mathrm{d}\boldsymbol{A}}{\mathrm{d}\tau}
\end{aligned}
\tag{3.6}
$$

$\boldsymbol{C}$ 为常张量，$\varphi(\tau)$ 为数性函数，λ 为常数

例题 3.1 证明：$\frac{\mathrm{d}}{\mathrm{d}\tau}(\boldsymbol{a}\boldsymbol{b})=\boldsymbol{a}\frac{\mathrm{d}\boldsymbol{b}}{\mathrm{d}\tau}+\frac{\mathrm{d}\boldsymbol{a}}{\mathrm{d}\tau}\boldsymbol{b}$，$\boldsymbol{a}$，$\boldsymbol{b}$ 为向量。

证：

$$
\begin{aligned}
\frac{\mathrm{d}(\boldsymbol{a}\boldsymbol{b})}{\mathrm{d}\tau}&=\frac{\mathrm{d}}{\mathrm{d}\tau}[(a_i\boldsymbol{e}_i)(b_j\boldsymbol{e}_j)]=\frac{\mathrm{d}}{\mathrm{d}\tau}(a_ib_j\boldsymbol{e}_i\boldsymbol{e}_j)=\frac{\mathrm{d}}{\mathrm{d}\tau}(a_ib_j)\boldsymbol{e}_i\boldsymbol{e}_j\\
&=\left(\frac{\mathrm{d}a_i}{\mathrm{d}\tau}b_j+a_i\frac{\mathrm{d}b_j}{\mathrm{d}\tau}\right)\boldsymbol{e}_i\boldsymbol{e}_j=\frac{\mathrm{d}a_i}{\mathrm{d}\tau}b_j\boldsymbol{e}_i\boldsymbol{e}_j+a_i\frac{\mathrm{d}b_j}{\mathrm{d}\tau}\boldsymbol{e}_i\boldsymbol{e}_j\\
&=\frac{\mathrm{d}a_i\boldsymbol{e}_i}{\mathrm{d}\tau}b_j\boldsymbol{e}_j+a_i\boldsymbol{e}_i\frac{\mathrm{d}b_j\boldsymbol{e}_j}{\mathrm{d}\tau}=\frac{\mathrm{d}\boldsymbol{a}}{\mathrm{d}\tau}\boldsymbol{b}+\boldsymbol{a}\frac{\mathrm{d}\boldsymbol{b}}{\mathrm{d}\tau}
\end{aligned}
$$

证毕。

在实际应用中，我们一般先将实体式写成并基式，然后对指标分量按标量函数的微分运算法则进行微分运算，从而不需要记忆大量的运算法则

3.2.3 张量函数的微分

1. 微分的定义

微分是增量的近似，我们考虑张量(以二阶为例)$\boldsymbol{A}(\tau)=A_{ij}(\tau)\boldsymbol{e}_i\boldsymbol{e}_j$ 的增量，即

$$\begin{aligned}\Delta\boldsymbol{A}&=\boldsymbol{A}(\tau+\Delta\tau)-\boldsymbol{A}(\tau)\\&=(A_{ij}(\tau)-A_{ij}(\tau))\boldsymbol{e}_i\boldsymbol{e}_j\\&=\Delta A_{ij}\boldsymbol{e}_i\boldsymbol{e}_j\end{aligned}$$

当 $\Delta\tau$ 足够小时，每个分量 ΔA_{ij} 可由常规的微分

$$\mathrm{d}A_{ij}=A'_{ij}(\tau)\,\mathrm{d}\tau \tag{3.7}$$

取代，则定义张量的微分为

$$\begin{aligned}\mathrm{d}\boldsymbol{A}&=\mathrm{d}A_{ij}\boldsymbol{e}_i\boldsymbol{e}_j\\&=[A'_{ij}(\tau)\,\mathrm{d}\tau]\boldsymbol{e}_i\boldsymbol{e}_j\\&=[A'_{ij}(\tau)\boldsymbol{e}_i\boldsymbol{e}_j]\,\mathrm{d}\tau\\&=\boldsymbol{A}'(\tau)\,\mathrm{d}\tau=\frac{\mathrm{d}\boldsymbol{A}}{\mathrm{d}\tau}\mathrm{d}\tau\end{aligned} \tag{3.8}$$

张量的微分是张量的导数与自变量微分的乘积，是与原张量同阶的张量

2. 向量微分的几何意义

微分是增量的近似，所以 $\mathrm{d}\boldsymbol{a}$ 和 $\Delta\boldsymbol{a}$ 永远在 $\boldsymbol{a}(\tau)$的同侧。由微分定义式(3.8)可知，$\mathrm{d}\boldsymbol{a}$ 平行于 $\boldsymbol{a}'(\tau)$，当 $\mathrm{d}\tau>0$ 时，$\mathrm{d}\boldsymbol{a}$ 与 $\boldsymbol{a}'(\tau)$同向；当 $\mathrm{d}\tau<0$ 时，$\mathrm{d}\boldsymbol{a}$ 与 $\boldsymbol{a}'(\tau)$反向。$\mathrm{d}\boldsymbol{a}$ 的大小可作下面近似分析(见图 3-5)：

$$|\mathrm{d}\boldsymbol{a}|\approx|\Delta\boldsymbol{a}|\approx|\Delta\boldsymbol{a}|\cos(\mathrm{d}\theta)$$

3. 张量微分的运算法则

易知，微分的运算法同导数的运算法：

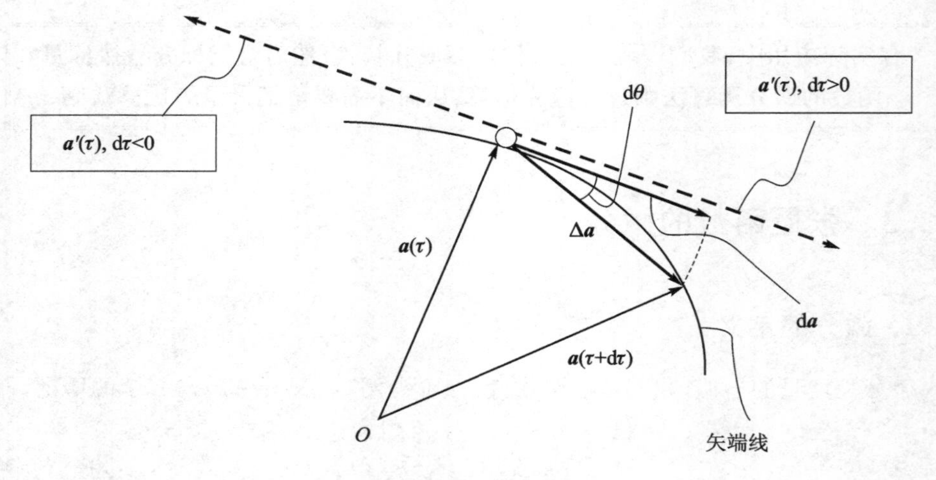

图 3－5　向量微分的意义

$$
\begin{aligned}
&① \ \mathrm{d}\boldsymbol{C}=0\\
&② \ \mathrm{d}(\lambda \boldsymbol{A})=\lambda \mathrm{d}\boldsymbol{A}\\
&③ \ \mathrm{d}(\boldsymbol{A}\pm \boldsymbol{B})=\mathrm{d}\boldsymbol{A}\pm \mathrm{d}\boldsymbol{B}\\
&④ \ \mathrm{d}(\varphi \boldsymbol{A})=\mathrm{d}\varphi \boldsymbol{A}+\varphi \mathrm{d}\boldsymbol{A}\\
&⑤ \ \mathrm{d}(\boldsymbol{A}\cdot \boldsymbol{B})=\boldsymbol{A}\cdot \mathrm{d}\boldsymbol{B}+\mathrm{d}\boldsymbol{A}\cdot \boldsymbol{B}\\
&⑥ \ \mathrm{d}(\boldsymbol{A}\times \boldsymbol{B})=\boldsymbol{A}\times \mathrm{d}\boldsymbol{B}+\mathrm{d}\boldsymbol{A}\times \boldsymbol{B}\\
&⑦ \ \mathrm{d}(\boldsymbol{A}\boldsymbol{B})=\boldsymbol{A}\mathrm{d}\boldsymbol{B}+\mathrm{d}\boldsymbol{A}\boldsymbol{B}\\
&⑧ \ \mathrm{d}\boldsymbol{A}(\varphi)=\boldsymbol{A}'(\varphi)\mathrm{d}\varphi\\
&⑨ \ \mathrm{d}\left(\frac{\boldsymbol{A}}{\varphi}\right)=\frac{1}{\varphi^{2}}(\mathrm{d}\boldsymbol{A}\varphi-\boldsymbol{A}\mathrm{d}\varphi)\\
&⑩ \ \mathrm{d}(\boldsymbol{C}\ \boldsymbol{A})=\boldsymbol{C}\mathrm{d}\boldsymbol{A}
\end{aligned}
\tag{3.9}
$$

$\boldsymbol{C}$ 为常张量，φ 为数性函数，λ 为常数

3.3　张量场的微分

3.3.1　张量场的偏导数

下面我们讨论张量场

$$\boldsymbol{A}=\boldsymbol{A}(\boldsymbol{r})=\boldsymbol{A}(x_i)=\boldsymbol{A}(x_1,x_3,x_3)$$

的微分特性。

张量场的偏导数是只有一个坐标变化时的导数，导数的定义与运算法则同一元张量函数

张量场共有3个偏导数，组成一个导数组，记为

$$\frac{\partial \boldsymbol{A}}{\partial x_i}=\left(\frac{\partial \boldsymbol{A}}{\partial x_1},\frac{\partial \boldsymbol{A}}{\partial x_2},\frac{\partial \boldsymbol{A}}{\partial x_3}\right) \Leftrightarrow \boldsymbol{A}_{,i}=(A_{,1},A_{,2},A_{,3})$$

由导数定义有

$$\frac{\partial \boldsymbol{A}}{\partial x_i}=\frac{\partial A_{jk}}{\partial x_i}\boldsymbol{e}_j\boldsymbol{e}_k \Leftrightarrow \boldsymbol{A}_{,i}=A_{jk,i}\boldsymbol{e}_j\boldsymbol{e}_k \tag{3.10}$$

式中：i 为导数组分量的**组指标**；j,k 为张量分量指标。

例题3.2　设 $\boldsymbol{A}=\dfrac{\boldsymbol{R}}{R^2}$，$\boldsymbol{R}=\boldsymbol{r}-(\boldsymbol{r}\cdot\boldsymbol{m})\boldsymbol{m}$，$\boldsymbol{r}=x_j\boldsymbol{e}_j$，$\boldsymbol{m}=m_j\boldsymbol{e}_j$ 为常向量，$R=|\boldsymbol{R}|$，$\boldsymbol{R}\perp\boldsymbol{m}$，求$\dfrac{\partial \boldsymbol{A}}{\partial x_i}$。

解：

$$A_j=\frac{R_j}{R^2}=\frac{x_j-x_k m_k m_j}{R^2},\quad \boldsymbol{R}\cdot\boldsymbol{m}=R_i m_i=0$$

$$\frac{\partial \boldsymbol{A}}{\partial x_i}=\frac{\partial A_j}{\partial x_i}\boldsymbol{e}_j=\frac{\partial}{\partial x_i}\left(\frac{R_j}{R^2}\right)\boldsymbol{e}_j$$

$$\frac{\partial}{\partial x_i}\left(\frac{R_j}{R^2}\right)=\frac{1}{R^4}\left(\frac{\partial R_j}{\partial x_i}R^2-R_j\frac{\partial R^2}{\partial x_i}\right)$$

$$\begin{aligned}\frac{\partial R_j}{\partial x_i}&=\frac{\partial}{\partial x_i}(x_j-x_k m_k m_j)\\&=\frac{\partial x_j}{\partial x_i}-\frac{\partial x_k}{\partial x_i}m_k m_j\end{aligned}$$

$$\frac{\partial x_j}{\partial x_i}=\begin{Bmatrix}1, & i=j\\0, & i\neq j\end{Bmatrix}=\delta_{ij}$$

$$\frac{\partial R_j}{\partial x_i}=\delta_{ji}-\delta_{ki}m_k m_j=\delta_{ji}-m_j m_i$$

$$\begin{aligned}\frac{\partial R^2}{\partial x_i}&=\frac{\partial R_k R_k}{\partial x_i}=2R_k\frac{\partial R_k}{\partial x_i}\\&=2R_k\frac{\partial}{\partial x_i}(x_k-x_l m_l m_k)\\&=2R_k(\delta_{ki}-m_k m_i)\\&=2(R_i-R_k m_k m_i)=2R_i\end{aligned}$$

$$\frac{\partial \boldsymbol{A}}{\partial x_i}=\frac{\boldsymbol{e}_j}{R^4}\left[(\delta_{ji}-m_j m_i)R^2-2R_j R_i\right] \tag{3.11}$$

3.3.2 全微分与张量的梯度

1. 梯度的定义

如图 3-6 所示,我们考虑张量场中 $\boldsymbol{r}=x_i\boldsymbol{e}_i$ 点和邻近点 $\boldsymbol{r}+\mathrm{d}\boldsymbol{r}=(x_i+\mathrm{d}x_i)\boldsymbol{e}_i$ 之间张量(以二阶为例)$\boldsymbol{A}(x_k)=A_{ij}(x_k)\boldsymbol{e}_i\boldsymbol{e}_j$ 的变化,即

$$\begin{aligned}\Delta\boldsymbol{A}&=\boldsymbol{A}(x_k+\mathrm{d}x_k)-\boldsymbol{A}(x_k)\\&=\left[A_{ij}(x_k+\mathrm{d}x_k)-A_{ij}(x_k)\right]\boldsymbol{e}_i\boldsymbol{e}_j\\&=\Delta A_{ij}\boldsymbol{e}_i\boldsymbol{e}_j\end{aligned}$$

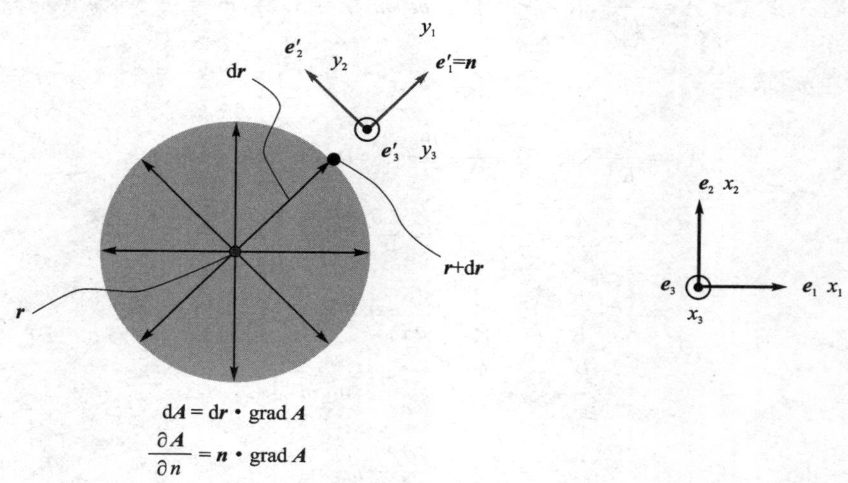

图 3-6 梯度决定张量场的局部变化状态

由于 $\mathrm{d}\boldsymbol{r}$ 足够小,所以分量增量 ΔA_{ij} 可由全微分

$$\mathrm{d}A_{ij}=\frac{\partial A_{ij}}{\partial x_k}\mathrm{d}x_k \tag{3.12}$$

取代,则可定义张量的全微分为

$$\begin{aligned}\mathrm{d}\boldsymbol{A}&=\mathrm{d}A_{ij}\boldsymbol{e}_i\boldsymbol{e}_j\\&=\frac{\partial A_{ij}}{\partial x_k}\mathrm{d}x_k\boldsymbol{e}_i\boldsymbol{e}_j\\&=\frac{\partial A_{ij}\boldsymbol{e}_i\boldsymbol{e}_j}{\partial x_k}\mathrm{d}x_k\end{aligned}$$

$$=\frac{\partial \boldsymbol{A}}{\partial x_k}\mathrm{d}x_k \tag{3.13}$$

$$\frac{\partial \boldsymbol{A}}{\partial x_k}\mathrm{d}x_k=\begin{cases}(\mathrm{d}x_j\boldsymbol{e}_j)\cdot\left(\boldsymbol{e}_k\dfrac{\partial \boldsymbol{A}}{\partial x_k}\right)\\\left(\dfrac{\partial \boldsymbol{A}}{\partial x_k}\boldsymbol{e}_k\right)\cdot(\mathrm{d}x_j\boldsymbol{e}_j)\end{cases} \tag{3.14}$$

式中：

$$\boldsymbol{e}_k\frac{\partial \boldsymbol{A}}{\partial x_k}=\boldsymbol{e}_1\frac{\partial \boldsymbol{A}}{\partial x_1}+\boldsymbol{e}_2\frac{\partial \boldsymbol{A}}{\partial x_2}+\boldsymbol{e}_3\frac{\partial \boldsymbol{A}}{\partial x_3}$$

$$\frac{\partial \boldsymbol{A}}{\partial x_k}\boldsymbol{e}_k=\frac{\partial \boldsymbol{A}}{\partial x_1}\boldsymbol{e}_1+\frac{\partial \boldsymbol{A}}{\partial x_2}\boldsymbol{e}_2+\frac{\partial \boldsymbol{A}}{\partial x_3}\boldsymbol{e}_3$$

为张量组 $\boldsymbol{e}_k$ 与 $\dfrac{\partial \boldsymbol{A}}{\partial x_k}$ 的左右并积和，是比张量 $\boldsymbol{A}$ 高一阶的张量，称为张量的**左梯度**和**右梯度**，记为

$$\mathrm{grad}\ \boldsymbol{A}=\boldsymbol{e}_k\frac{\partial \boldsymbol{A}}{\partial x_k} \tag{3.15a}$$

$$\mathrm{grad}_{\mathrm{R}}\boldsymbol{A}=\frac{\partial \boldsymbol{A}}{\partial x_k}\boldsymbol{e}_k \tag{3.15b}$$

符号

$$\boldsymbol{e}_i\frac{\partial()}{\partial x_i}=\boldsymbol{e}_i\frac{\partial()}{\partial y_j}\frac{\partial y_j}{\partial x_i}=\beta_{ji}\boldsymbol{e}_i\frac{\partial()}{\partial y_j}=\boldsymbol{e}'_j\frac{\partial()}{\partial y_j}$$

是不变量，具有一阶张量和微分双重特性，记为

$$\nabla=\boldsymbol{e}_i\frac{\partial}{\partial x_i}=\frac{\partial}{\partial x_i}\boldsymbol{e}_i \tag{3.16}$$

称为**哈密顿算子**（读作 nabla），而左梯度和右梯度可以看成哈密顿算子与张量的左并积和右并积，即

$$\mathrm{grad}\ \boldsymbol{A}=\boldsymbol{e}_k\frac{\partial \boldsymbol{A}}{\partial x_k}=\nabla\boldsymbol{A} \tag{3.17a}$$

$$\mathrm{grad}_{\mathrm{R}}\boldsymbol{A}=\frac{\partial \boldsymbol{A}}{\partial x_k}\boldsymbol{e}_k=\boldsymbol{A}\nabla \tag{3.17b}$$

利用∇的张量特性，易得零到二阶张量（$\varphi,\boldsymbol{a},\boldsymbol{A}$）左右梯度的并基式，即

$$\left.\begin{aligned}\nabla\varphi&=\boldsymbol{e}_k\frac{\partial\varphi}{\partial x_k}\\\varphi\nabla&=\frac{\partial\varphi}{\partial x_k}\boldsymbol{e}_k\end{aligned}\right\} \tag{3.18a}$$

$$\left.\begin{aligned}\nabla \boldsymbol{a}&=\left(\boldsymbol{e}_i\frac{\partial}{\partial x_i}\right)(a_j\boldsymbol{e}_j)=\frac{\partial a_j}{\partial x_i}\boldsymbol{e}_i\boldsymbol{e}_j\\ \boldsymbol{a}\nabla&=(a_i\boldsymbol{e}_i)\left(\boldsymbol{e}_j\frac{\partial}{\partial x_j}\right)=\frac{\partial a_i}{\partial x_j}\boldsymbol{e}_i\boldsymbol{e}_j\end{aligned}\right\}\tag{3.18b}$$

$$\left.\begin{aligned}\nabla \boldsymbol{A}&=\left(\boldsymbol{e}_i\frac{\partial}{\partial x_i}\right)(A_{jk}\boldsymbol{e}_j\boldsymbol{e}_k)=\frac{\partial A_{jk}}{\partial x_i}\boldsymbol{e}_i\boldsymbol{e}_j\boldsymbol{e}_k\\ \boldsymbol{A}\nabla&=(A_{ij}\boldsymbol{e}_i\boldsymbol{e}_j)\left(\boldsymbol{e}_k\frac{\partial}{\partial x_k}\right)=\frac{\partial A_{ij}}{\partial x_k}\boldsymbol{e}_i\boldsymbol{e}_j\boldsymbol{e}_k\end{aligned}\right\}\tag{3.18c}$$

由式(3.13)、式(3.14)、式(3.17)，张量的全微分可表示为

$$\begin{aligned}\mathrm{d}\boldsymbol{A}&=\mathrm{d}\boldsymbol{r}\cdot\operatorname{grad}\boldsymbol{A}\\&=\mathrm{d}\boldsymbol{r}\cdot\nabla\boldsymbol{A}\\&=\operatorname{grad}_{\mathrm{R}}\boldsymbol{A}\cdot\mathrm{d}\boldsymbol{r}\\&=\boldsymbol{A}\nabla\cdot\mathrm{d}\boldsymbol{r}\end{aligned}\tag{3.19}$$

这里梯度只与点 $\boldsymbol{r}$ 有关，而微分 $\mathrm{d}\boldsymbol{A}$ 是 $\mathrm{d}\boldsymbol{r}$ 的函数。点 $\boldsymbol{r}$ 的微分 $\mathrm{d}\boldsymbol{A}$ 的集合称为该点的局部变化状态。式(3.19)，表明：

梯度决定张量场的局部变化状态

用全微分公式，点 $\boldsymbol{r}$ 邻点的张量可表示为

$$\begin{aligned}\boldsymbol{A}+\mathrm{d}\boldsymbol{A}&=\boldsymbol{A}+\frac{\partial\boldsymbol{A}}{\partial x_k}\mathrm{d}x_k\\&=\boldsymbol{A}+\mathrm{d}\boldsymbol{r}\cdot\nabla\boldsymbol{A}\\&=\boldsymbol{A}+\boldsymbol{A}\nabla\cdot\mathrm{d}\boldsymbol{r}\end{aligned}\tag{3.20}$$

上式的零到二阶张量($\varphi,\boldsymbol{a},\boldsymbol{A}$)的指标形式为

$$\left.\begin{aligned}\varphi+\mathrm{d}\varphi&=\varphi+\frac{\partial\varphi}{\partial x_i}\mathrm{d}x_i=\varphi+\varphi_{,i}\mathrm{d}x_i\\ a_i+\mathrm{d}a_i&=a_i+\frac{\partial a_i}{\partial x_j}\mathrm{d}x_j=a_i+a_{i,j}\mathrm{d}x_j\\ A_{ij}+\mathrm{d}A_{ij}&=A_{ij}+\frac{\partial A_{ij}}{\partial x_k}\mathrm{d}x_k=A_{ij}+A_{ij,k}\mathrm{d}x_k\end{aligned}\right\}\tag{3.21}$$

2. 梯度的性质

- 零阶左梯度等于右梯度（由式(3.18a)得出）。
- 一阶左右梯度互为转置（由式(3.18b)得出）。

例题 3.3 图 2－10 微元上任意点的位移(速度)可用质心位移(速度)与相对质

心的位移(速度)(即位移(速度)向量的微分)之和(u_i+du_i)来表示,其中

$$du_i=\frac{\partial u_i}{\partial x_j}dx_j \tag{3.22}$$

$\frac{\partial u_i}{\partial x_j}$又可分解为

$$\frac{\partial u_i}{\partial x_j}=\frac{1}{2}\left(\frac{\partial u_i}{\partial x_j}+\frac{\partial u_j}{\partial x_i}\right)+\frac{1}{2}\left(\frac{\partial u_i}{\partial x_j}-\frac{\partial u_j}{\partial x_i}\right) \tag{3.23}$$

试利用梯度的特性将上两式表示为实体式。

解: 式(3.22)是位移(速度)的全微分,由式(3.19)

$$d\boldsymbol{u}=d\boldsymbol{r}\cdot\nabla\boldsymbol{u}=\boldsymbol{u}\nabla\cdot d\boldsymbol{r} \tag{3.24}$$

又

$$\frac{\partial u_i}{\partial x_j}\triangleright\begin{cases}\frac{\partial u_i}{\partial x_j}\boldsymbol{e}_j\boldsymbol{e}_i=\nabla\boldsymbol{u}\\ \frac{\partial u_i}{\partial x_j}\boldsymbol{e}_i\boldsymbol{e}_j=\boldsymbol{u}\nabla\end{cases} \tag{3.25}$$

所以式(3.23)的实体式可表示为

$$\begin{aligned}\nabla\boldsymbol{u}&=\frac{1}{2}(\nabla\boldsymbol{u}+\boldsymbol{u}\nabla)+\frac{1}{2}(\nabla\boldsymbol{u}-\boldsymbol{u}\nabla)\\&=\frac{1}{2}[\nabla\boldsymbol{u}+(\nabla\boldsymbol{u})^{\mathrm{T}}+\frac{1}{2}(\nabla\boldsymbol{u}-(\nabla\boldsymbol{u})^{\mathrm{T}}]\end{aligned} \tag{3.26a}$$

$$\begin{aligned}\boldsymbol{u}\nabla&=\frac{1}{2}(\boldsymbol{u}\nabla+\nabla\boldsymbol{u})+\frac{1}{2}(\boldsymbol{u}\nabla-\nabla\boldsymbol{u})\\&=\frac{1}{2}[\boldsymbol{u}\nabla+(\boldsymbol{u}\nabla)^{\mathrm{T}}+\frac{1}{2}(\boldsymbol{u}\nabla-(\boldsymbol{u}\nabla)^{\mathrm{T}}]\end{aligned} \tag{3.26b}$$

此例说明,同一指标式可能有不同的实体式,应用时可根据需要选择左梯度或右梯度表达式。

---

(1) 梯度确定方向导数

点 $\boldsymbol{r}$ 张量的局部变化状态还可用**方向导数**来刻画。方向导数为张量沿任意方向 $\boldsymbol{n}$ 的变化率。如图 3-6 所示,$\boldsymbol{n}=n_i\boldsymbol{e}$ 为单位方向向量,取一新坐标系的 $\boldsymbol{e}'_1$ 方向与 $\boldsymbol{n}$ 重合,有

$$\boldsymbol{n}=\boldsymbol{e}'_1=\beta_{1i}\boldsymbol{e}_i\Rightarrow\beta_{1i}=n_i$$

于是,沿 $\boldsymbol{n}$ 方向的方向导数为

$$\frac{\partial\mathbf{A}}{\partial n}=\frac{\partial\mathbf{A}}{\partial y_1}=\frac{\partial\mathbf{A}}{\partial x_i}\frac{\partial x_i}{\partial y_1}=\beta_{1i}\frac{\partial\mathbf{A}}{\partial x_i}=n_i\frac{\partial\mathbf{A}}{\partial x_i}=\boldsymbol{n}\cdot\nabla\mathbf{A}=\mathbf{A}\nabla\cdot\boldsymbol{n} \tag{3.27}$$

梯度在方向 $\boldsymbol{n}$ 的投影等于该方向的方向导数

点 $\boldsymbol{r}$ 有无穷多方向 $\boldsymbol{n}$ 和方向导数 $\frac{\partial \boldsymbol{A}}{\partial n}$。$\frac{\partial A}{\partial n}$ 的集合刻画了张量场在该点的局部变化快慢，而式(3.27)表明梯度确定了该点的方向导数。

热流密度矢量

在导热现象中，根据傅里叶定律，温度场 $T(x_i)$ 中，单位时间内通过给定截面 $\mathrm{d}S$ 所传递的热量，正比例于垂直于该截面的方向 $\boldsymbol{n}$ 上的温度变化率与截面面积 $\mathrm{d}S$，即

$$\mathrm{d}Q_n = -k\,\mathrm{d}S\,\frac{\partial T}{\partial n}$$

式中：k 为导热系数，负号表示热量传递的方向与温度升高的方向相反。通过单位面积的热流量

$$\begin{aligned} q_n &= \frac{\mathrm{d}Q_n}{\mathrm{d}S} \\ &= -k\,\frac{\partial T}{\partial n} \end{aligned}$$

称为**热流密度**。上式表明，一定存在一个矢量(见图 3-7(a))

$$\boldsymbol{q} = -k\,\nabla T \tag{3.28a}$$

使得

$$\begin{aligned} q_n &= \boldsymbol{q}\cdot\boldsymbol{n} \\ &= -k\,\nabla T\cdot\boldsymbol{n} \\ &= -k\,\frac{\partial T}{\partial n} \end{aligned} \tag{3.28b}$$

可见，温度梯度及相应的 $\boldsymbol{q}$ 决定了热流密度，$\boldsymbol{q}$ 称为**热流密度矢量**。

(2) 梯度垂直于等值面，梯度方向的方向导数最大

如图 3-7(b)所示，在标量场等值面 $\varphi(x,y,z)=C$ 上，$\mathrm{d}\varphi=\nabla\varphi\cdot\mathrm{d}\boldsymbol{r}=0$，表明梯度向量垂直于等值面。在等值面上，方向导数为零，在梯度方向 $\boldsymbol{n}_\nabla$，方向导数达到最大值，即

$$\frac{\partial\varphi}{\partial n_{\nabla}}=\nabla\varphi\cdot\boldsymbol{n}_{\nabla}$$
$$=|\nabla\varphi|\cos(\nabla\varphi,\boldsymbol{n}_{\nabla})$$
$$=|\nabla\varphi| \tag{3.29}$$

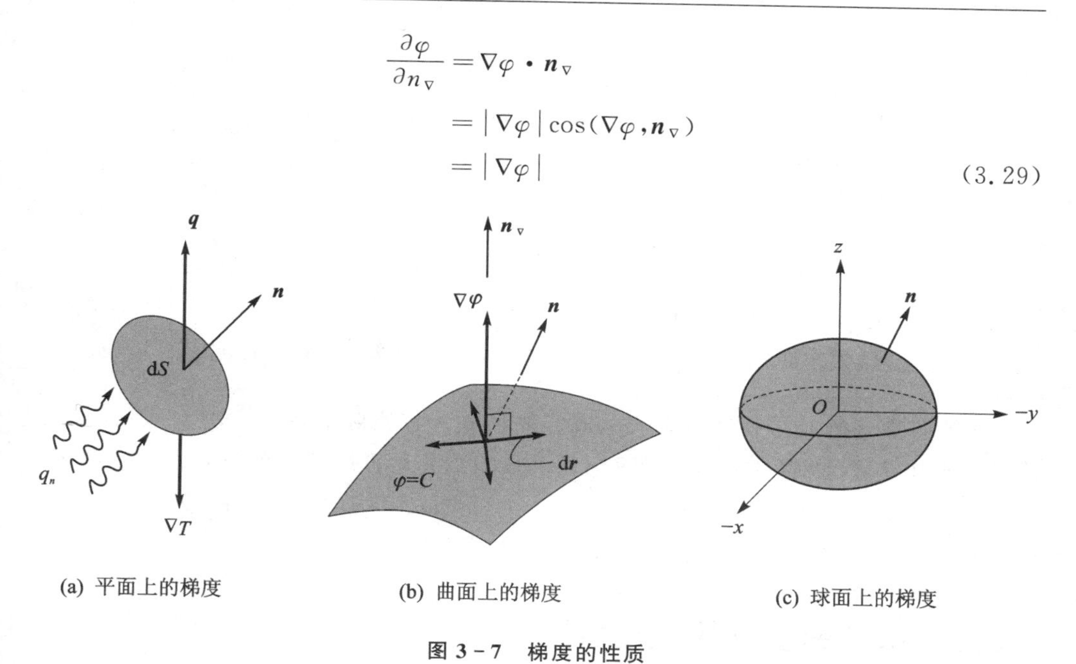

(a) 平面上的梯度　　(b) 曲面上的梯度　　(c) 球面上的梯度

图 3－7　梯度的性质

例题 3.4　求标量场 $\varphi=xye^{x}+y\ln x$ 在曲面 $2x^2+2x^2+3z^2=7$ 上点 $(-1,-1,1)$ 处的外法向方向导数。

解： 设 $f=2x^2+2x^2+3z^2$，等势面 $f(x,y,z)=7$ 的法向单位矢量为

$$\boldsymbol{n}=\frac{\nabla f}{|f|}=\frac{2x\boldsymbol{e}_1+2y\boldsymbol{e}_2+3z\boldsymbol{e}_3}{\sqrt{4(x^2+y^2)+(3z)^2}}\Rightarrow\boldsymbol{n}|_{(-1,-1,1)}=\frac{-2\boldsymbol{e}_1-2\boldsymbol{e}_2+3\boldsymbol{e}_3}{\sqrt{17}}$$

注意到 $n_3=\cos(\boldsymbol{n},\boldsymbol{e}_3)=\dfrac{3}{\sqrt{17}}>0$，$\boldsymbol{n}$ 为外法向单位矢量（见图 3－7(c)）。

又

$$\nabla\varphi=y(e^{x}(1+x))\boldsymbol{e}_1+(xe^{x}+\ln z)\boldsymbol{e}_2+y/z\boldsymbol{e}_3$$

$$\Rightarrow\nabla\varphi|_{(-1,-1,1)}=-\frac{1}{e}\boldsymbol{e}_2-\boldsymbol{e}_3$$

$$\Rightarrow\frac{\partial\varphi}{\partial n}=\nabla\varphi\cdot\boldsymbol{n}=\frac{\frac{2}{e}-3}{\sqrt{17}}$$

3. 梯度的运算法则

下面给出常用左梯度运算法则，$\boldsymbol{A}$，$\boldsymbol{B}$ 为 0 到 n 阶张量：

$$
\begin{aligned}
&① \ \nabla \boldsymbol{C} = 0 \\
&② \ \nabla \lambda \boldsymbol{A} = \lambda (\nabla \boldsymbol{A}) \\
&③ \ \nabla (\boldsymbol{A} \pm \boldsymbol{B}) = \nabla \boldsymbol{A} \pm \nabla \boldsymbol{B} \\
&④ \ \nabla (\varphi \psi) = (\nabla \varphi) \psi + \varphi (\nabla \psi) \\
&⑤ \ \nabla \left(\frac{\boldsymbol{A}}{\varphi} \right) = \frac{1}{\varphi^2} [(\nabla \boldsymbol{A}) \varphi - \boldsymbol{A} \nabla \varphi] \\
&⑥ \ \boldsymbol{u} \cdot (\nabla \boldsymbol{A}) = (\boldsymbol{A} \nabla) \cdot \boldsymbol{u}
\end{aligned}
\tag{3.30}
$$

$\boldsymbol{C}$ 为常张量，$\varphi(\boldsymbol{r})$、$\psi(\boldsymbol{r})$ 为数性函数，λ 为常数，$\boldsymbol{u}$ 为向量

还有许多运算结果往往难以表示成实体形式。在实际应用中，我们一般先将实体式写成并基式，然后对指标分量按标量函数的微分运算法则进行微分运算。例如：

$$\nabla (\boldsymbol{A} \cdot \boldsymbol{B}) = (A_{jl} B_{lk})_{,i} \boldsymbol{e}_i \boldsymbol{e}_j \boldsymbol{e}_k = (A_{jl,i} B_{lk} + A_{jl} B_{lk,i}) \boldsymbol{e}_i \boldsymbol{e}_j \boldsymbol{e}_k$$

$(A_{jl} B_{lk})_{,i} \boldsymbol{e}_i \boldsymbol{e}_j \boldsymbol{e}_k$ 不好表示为关于 $\boldsymbol{A}$，$\boldsymbol{B}$ 的实体型。

3.3.3 张量的全导数(物质导数)

同义词：物质导数、随体导数

在张量场 $\boldsymbol{A}(x_i, t)$ 中，x_i 是**空间点**坐标，是与时间 t 无关的独立变量。现在我们考虑由流体质点组成的张量场，流场中每一时刻 t，在空间点 x_i 上有一个质点通过，$\dfrac{\partial \boldsymbol{A}}{\partial t}$ 表示在不同时刻同一空间点上经过不同的质点所看到的张量变化率。另一方面，同一时刻 t 在不同空间点 x_i 上有不同的质点占据。$\dfrac{\partial \boldsymbol{A}}{\partial x_i}$ 表示在同一时刻不同空间点上所看到的张量变化率。现在我们追踪某一质点，观察在它空间的运动以及所具有的物理量的变化。质点的位置用矢径

$$\boldsymbol{r}(t) = x_i(t) \boldsymbol{e}_i \tag{3.31}$$

表示，这里 $x_i(t)$ 是跟随质点一起运动的坐标，称为**质点坐标**，它不再是与时间 t 无关的独立变量。质点的速度可表示为

$$\boldsymbol{u} = \frac{\mathrm{d}\boldsymbol{r}}{\mathrm{d}t} = \frac{\mathrm{d}x_i}{\mathrm{d}t} \boldsymbol{e}_i = u_i \boldsymbol{e}_i \tag{3.32}$$

进一步，我们将质点具有的物理量(如密度、温度、速度等)用张量表示(把张量场的空间点坐标变为质点坐标)，即

$$\boldsymbol{A} = \boldsymbol{A}(x_i(t), t) \tag{3.33}$$

而质点的物理量随时间的变化率定义为质点的**物质导数**，即张量 $\boldsymbol{A}(x_i(t),t)$ 的**全导数**，由求导法则有

$$\begin{aligned}\frac{\mathrm{d}\boldsymbol{A}}{\mathrm{d}t}&=\frac{\partial \boldsymbol{A}}{\partial t}+\frac{\partial \boldsymbol{A}}{\partial x_i}\frac{\mathrm{d}x_i}{\mathrm{d}t}\\&=\frac{\partial \boldsymbol{A}}{\partial t}+u_i\frac{\partial \boldsymbol{A}}{\partial x_i}\\&=\frac{\partial \boldsymbol{A}}{\partial t}+\boldsymbol{u}\cdot\nabla\boldsymbol{A}\end{aligned}\tag{3.34}$$

于是质点的加速度为

$$\boldsymbol{a}=\frac{\mathrm{d}\boldsymbol{u}}{\mathrm{d}t}=\frac{\partial \boldsymbol{u}}{\partial t}+\boldsymbol{u}\cdot\nabla\boldsymbol{u}\Leftrightarrow a_k=\frac{\mathrm{d}u_k}{\mathrm{d}t}=\frac{\partial u_k}{\partial t}+u_i\frac{\partial u_k}{\partial x_i}\tag{3.35}$$

密度的变化率为

$$\frac{\mathrm{d}\rho}{\mathrm{d}t}=\frac{\partial \rho}{\partial t}+\boldsymbol{u}\cdot\nabla\rho\Leftrightarrow\frac{\mathrm{d}\rho}{\mathrm{d}t}=\frac{\partial \rho}{\partial t}+u_i\frac{\partial \rho}{\partial x_i}\tag{3.36}$$

3.3.4　微元通量与张量的散度

1. 散度的定义

为了建立物理方程，在张量场中任取一点 P，以点 P 为中心，作一**微元控制体**（空间点构成的几何体，见图 3-8）。为简便通常取坐标面为微元体表面（也可取任意多面体为微元体，见附录 B）。微元体最基本的特征是其中两点张量的差可用微分取代，任一表面中心的值可代表该面平均值。定义各表面外法向单位矢量 $\boldsymbol{n}$ 与面积 $\mathrm{d}S$ 的乘积为面积向量 $\mathrm{d}\boldsymbol{S}=\mathrm{d}S\boldsymbol{n}$。$\mathrm{d}\boldsymbol{S}$ 点乘张量 $\boldsymbol{A}$，称为该面的**左通量** $\mathrm{d}\boldsymbol{S}\cdot\boldsymbol{A}$，各表面通量和称为**微元通量**，即

$$\mathrm{d}\Phi=\sum_{\partial\Omega}\mathrm{d}\boldsymbol{S}\cdot\boldsymbol{A}\tag{3.37}$$

在通量式中，$\boldsymbol{A}$ 可为 1 到 n 阶张量。对于不同的物理量，通量有不同的物理意义。力学中常见的通量如表 3-1 所列。

表 3-1　通量的物理意义

$\boldsymbol{A}$ 的意义	$\mathrm{d}\boldsymbol{S}\cdot\boldsymbol{A}$ 的意义	$\sum_{\partial\Omega}\mathrm{d}\boldsymbol{S}\cdot\boldsymbol{A}$ 的意义流量
单位体积动量 $\rho\boldsymbol{u}$	流出表面的质量流量	净流出微元控制体表面的质量流量
热流密度矢量 $\boldsymbol{q}$	单位时间流出表面的热量	单位时间净流出微元控制体表面的热量
应力张量 $\boldsymbol{\sigma}$	表面力 $\mathrm{d}S\boldsymbol{n}\cdot\boldsymbol{\sigma}=\boldsymbol{f}^{\mathrm{N}}\mathrm{d}S$	微元表面力合力

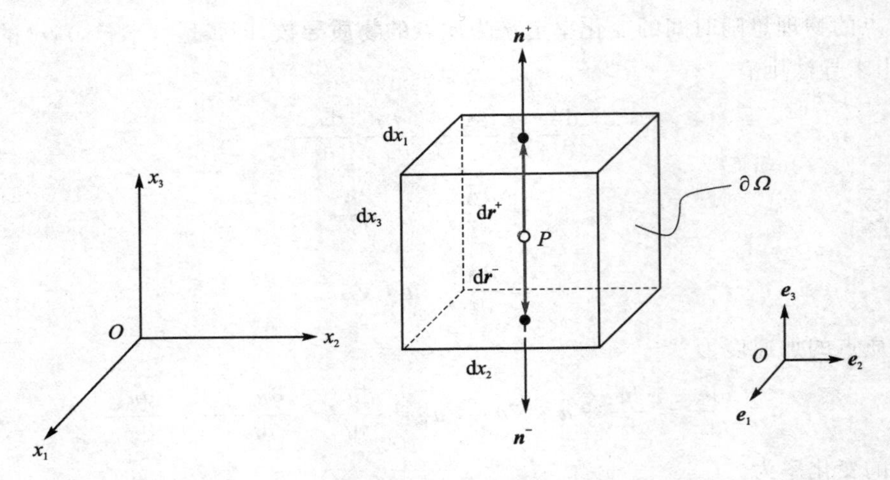

图 3-8 微元的通量

净流出指流出与流入之差

此外,根据需要还可定义**右通量**$\boldsymbol{A}\cdot \mathrm{d}\boldsymbol{S}$。因张量点积一般不满足交换律,二阶和二阶以上的张量须区分左通量和右通量。通量有下面的特性:

➢ 利用二阶张量转置,同一通量即可用左通量表示也可用右通量表示,如

$$\mathrm{d}S\boldsymbol{n}\cdot\boldsymbol{\sigma} \triangleright \mathrm{d}Sn_j\sigma_{ji} = \mathrm{d}Sn_j\sigma_{ij}^{\mathrm{T}} \triangleright \boldsymbol{\sigma}^{\mathrm{T}}\cdot \mathrm{d}S\boldsymbol{n} \tag{3.38}$$

➢ 二阶对称张量的左右通量相等

$$\mathrm{d}S\boldsymbol{n}\cdot\boldsymbol{\sigma} = \boldsymbol{\sigma}\cdot \mathrm{d}S\boldsymbol{n} \quad (\text{由式(3.38)得出})$$

下面用坐标面微元建立左通量公式,先考虑$\boldsymbol{e}_3$方向正负面上的通量,即

$$\mathrm{d}\Phi_3^+ = \mathrm{d}x_1\mathrm{d}x_2\boldsymbol{n}^+\cdot\boldsymbol{A}^+$$

$$\mathrm{d}\Phi_3^- = \mathrm{d}x_1\mathrm{d}x_2\boldsymbol{n}^-\cdot\boldsymbol{A}^-$$

$$\boldsymbol{n}^+ = \boldsymbol{e}_3$$

$$\boldsymbol{n}^- = -\boldsymbol{e}_3$$

表面张量可用中心P点张量表示,即

$$\boldsymbol{A}^+ = \boldsymbol{A} + \mathrm{d}\boldsymbol{A}^+ = \boldsymbol{A} + \boldsymbol{A}\nabla\cdot \mathrm{d}\boldsymbol{r}^+$$

$$\mathrm{d}\boldsymbol{r}^+ = \frac{\mathrm{d}x_3}{2}\boldsymbol{e}_3$$

$$\boldsymbol{A}^- = \boldsymbol{A} + \mathrm{d}\boldsymbol{A}^- = \boldsymbol{A} + \boldsymbol{A}\nabla\cdot \mathrm{d}\boldsymbol{r}^-$$

$$\mathrm{d}\boldsymbol{r}^- = -\frac{\mathrm{d}x_3}{2}\boldsymbol{e}_3$$

则有

$$\begin{aligned}
\mathrm{d}\Phi_3 &= \mathrm{d}\Phi_3^+ + \mathrm{d}\Phi_3^- = \mathrm{d}x_1\mathrm{d}x_2(\boldsymbol{n}^+\cdot\boldsymbol{A}^+ + \boldsymbol{n}^-\cdot\boldsymbol{A}^-)\\
&= \mathrm{d}x_1\mathrm{d}x_2\left[\boldsymbol{e}_3\cdot\left(\boldsymbol{A}+\boldsymbol{A}\nabla\cdot\boldsymbol{e}_3\frac{\mathrm{d}x_3}{2}\right)-\boldsymbol{e}_3\cdot\left(\boldsymbol{A}-\boldsymbol{A}\nabla\cdot\boldsymbol{e}_3\frac{\mathrm{d}x_3}{2}\right)\right]\\
&= \mathrm{d}x_1\mathrm{d}x_2\mathrm{d}x_3\left(\frac{1}{2}\boldsymbol{e}_3\cdot\boldsymbol{A}\nabla\cdot\boldsymbol{e}_3+\frac{1}{2}\boldsymbol{e}_3\cdot\boldsymbol{A}\nabla\cdot\boldsymbol{e}_3\right)\\
&= \mathrm{d}V\boldsymbol{e}_3\cdot\boldsymbol{A}\nabla\cdot\boldsymbol{e}_3
\end{aligned}$$

同理，可得 $\boldsymbol{e}_2$，$\boldsymbol{e}_1$ 方向的通量，即

$$\mathrm{d}\Phi_2 = \mathrm{d}V\boldsymbol{e}_2\cdot\boldsymbol{A}\nabla\cdot\boldsymbol{e}_2$$

$$\mathrm{d}\Phi_1 = \mathrm{d}V\boldsymbol{e}_1\cdot\boldsymbol{A}\nabla\cdot\boldsymbol{e}_1$$

微元通量为

$$\begin{aligned}
\mathrm{d}\Phi &= \mathrm{d}\Phi_1+\mathrm{d}\Phi_2+\mathrm{d}\Phi_3\\
&= \mathrm{d}V(\boldsymbol{e}_1\cdot\boldsymbol{A}\nabla\cdot\boldsymbol{e}_1+\boldsymbol{e}_2\cdot\boldsymbol{A}\nabla\cdot\boldsymbol{e}_2+\boldsymbol{e}_3\cdot\boldsymbol{A}\nabla\cdot\boldsymbol{e}_3)\\
&= \boldsymbol{e}_i\cdot\boldsymbol{A}\nabla\cdot\boldsymbol{e}_i\mathrm{d}V
\end{aligned} \tag{3.39}$$

式中：

$$\begin{aligned}
\boldsymbol{e}_i\cdot\boldsymbol{A}\nabla\cdot\boldsymbol{e}_i &= \boldsymbol{e}_i\cdot\frac{\partial\boldsymbol{A}}{\partial x_j}\boldsymbol{e}_j\cdot\boldsymbol{e}_i\\
&= \boldsymbol{e}_i\cdot\frac{\partial\boldsymbol{A}}{\partial x_j}\delta_{ji} = \boldsymbol{e}_i\cdot\frac{\partial\boldsymbol{A}}{\partial x_i}
\end{aligned} \tag{3.40}$$

而

$$\boldsymbol{e}_i\cdot\frac{\partial\boldsymbol{A}}{\partial x_i} = \boldsymbol{e}_1\cdot\frac{\partial\boldsymbol{A}}{\partial x_1}+\boldsymbol{e}_2\cdot\frac{\partial\boldsymbol{A}}{\partial x_2}+\boldsymbol{e}_3\cdot\frac{\partial\boldsymbol{A}}{\partial x_3}$$

为张量组 $\boldsymbol{e}_i$ 与 $\dfrac{\partial\boldsymbol{A}}{\partial x_i}$ 的左点积和，是比张量 $\boldsymbol{A}$ 低一阶的张量，称为张量的**左散度**，记为

$$\mathrm{div}\,\boldsymbol{A} = \boldsymbol{e}_i\cdot\frac{\partial\boldsymbol{A}}{\partial x_i} \tag{3.41}$$

一阶到二阶张量（$\boldsymbol{a}$，$\boldsymbol{A}$）左散度的并基式为

$$\begin{aligned}
\boldsymbol{e}_i\cdot\frac{\partial\boldsymbol{a}}{\partial x_i} &= \boldsymbol{e}_i\cdot\frac{\partial a_j}{\partial x_i}\boldsymbol{e}_j\\
&= \left(\boldsymbol{e}_i\frac{\partial}{\partial x_i}\right)\cdot(a_j\boldsymbol{e}_j)\\
&= \frac{\partial a_i}{\partial x_i}
\end{aligned} \tag{3.42a}$$

$$\begin{aligned}
\boldsymbol{e}_i\cdot\frac{\partial\boldsymbol{A}}{\partial x_i} &= \boldsymbol{e}_i\cdot\frac{\partial A_{jk}}{\partial x_i}\boldsymbol{e}_j\boldsymbol{e}_k\\
&= \left(\boldsymbol{e}_i\frac{\partial}{\partial x_i}\right)\cdot(A_{jk}\boldsymbol{e}_j\boldsymbol{e}_k)
\end{aligned}$$

$$=\frac{\partial A_{ik}}{\partial x_i}\boldsymbol{e}_k \tag{3.42b}$$

由式(3.42)可看出，左散度可以看成哈密顿算子与张量的左点积，即

$$\operatorname{div}\boldsymbol{A}=\boldsymbol{e}_i\cdot\frac{\partial\boldsymbol{A}}{\partial x_i}=\nabla\cdot\boldsymbol{A} \tag{3.43}$$

不难证明，符号 $\boldsymbol{e}_i\cdot\frac{\partial()}{\partial x_i}$ 也是不变量，并有

$$\nabla\cdot=\boldsymbol{e}_i\cdot\frac{\partial}{\partial x_i} \tag{3.44}$$

散度也可视为不变符号 $\boldsymbol{e}_i\cdot\frac{\partial()}{\partial x_i}$ 作用于张量 $\boldsymbol{A}$ 的结果。

利用散度的定义，微元通量可表示为

$$\mathrm{d}\Phi=\sum_{\partial\Omega}\mathrm{d}\boldsymbol{S}\cdot\boldsymbol{A}=\operatorname{div}\boldsymbol{A}\,\mathrm{d}V \tag{3.45}$$

可见，

散度表示微元单位体积的通量

如果通量为右通量，类似的推导可得

$$\mathrm{d}\Phi=\sum_{\partial\Omega}\boldsymbol{A}\cdot\mathrm{d}\boldsymbol{S}=\operatorname{div}_{\mathrm{R}}\boldsymbol{A}\,\mathrm{d}V \tag{3.46}$$

式中：

$$\operatorname{div}_{\mathrm{R}}\boldsymbol{A}=\frac{\partial\boldsymbol{A}}{\partial x_k}\cdot\boldsymbol{e}_k=\boldsymbol{A}\cdot\nabla \tag{3.47}$$

称为张量的右散度。一阶到二阶张量($\boldsymbol{a}$,$\boldsymbol{A}$)右散度的并基式为

$$\frac{\partial\boldsymbol{a}}{\partial x_i}\cdot\boldsymbol{e}_i=\frac{\partial a_j}{\partial x_i}\boldsymbol{e}_j\cdot\boldsymbol{e}_i=\frac{\partial a_i}{\partial x_i} \tag{3.48a}$$

$$\frac{\partial\boldsymbol{A}}{\partial x_i}\cdot\boldsymbol{e}_i=\frac{\partial A_{kj}}{\partial x_i}\boldsymbol{e}_k\boldsymbol{e}_j\cdot\boldsymbol{e}_i=\frac{\partial A_{ki}}{\partial x_i}\boldsymbol{e}_k \tag{3.48b}$$

上面以立方体微元为例推出了微元的通量公式(式(3.45)和式(3.46))，实际上这两个公式对任意形状微元都是适用的，证明见附录B。

动力学方程

连续介质的基本方程有三大类：**几何方程**(又称运动学方程，如式(2.91)和式(3.35))、**物理方程**(与物性参数：μ 弹性系数、k 导热系数等有关，如式(2.125))、**平**

衡方程(又称动力学方程)。下面用微元通量公式建立平衡方程,假定物性参数为常量。

1. 连续方程

考虑流体流入图 3-8 的微元控制体。单位时间净流入(流入与流出之差)的质量为$-(\nabla\cdot\rho\boldsymbol{u})\mathrm{d}V$(见表 3-1,式(3.45))(流出为正),单位时间体内增加的质量为$\dfrac{\partial\rho}{\partial t}\mathrm{d}V$,由质量守恒定律$-(\nabla\cdot\rho\boldsymbol{u})\mathrm{d}V=\dfrac{\partial\rho}{\partial t}\mathrm{d}V$,所以

$$\frac{\partial\rho}{\partial t}+\nabla\cdot\rho\boldsymbol{u}=0\Leftrightarrow\frac{\partial\rho}{\partial t}+\frac{\partial\rho u_j}{\partial x_j}=0 \tag{3.49}$$

假定流体不可压缩,密度 ρ 为常量,则有

$$\nabla\cdot\boldsymbol{u}=\frac{\partial u_i}{\partial x_i}=0 \tag{3.50}$$

式(3.50)也可由流速散度的物理意义得到。如图 3-9 所示,t 时刻位于微元控制体 $\mathrm{d}V=\mathrm{d}V_0+\mathrm{d}V_1$ 的流体微元在 $t+\mathrm{d}t$ 时刻移动到 $\mathrm{d}V_0+\mathrm{d}V_2$,体积变形为

$$\begin{aligned}\mathrm{d}(\mathrm{d}V)&=(\mathrm{d}V_0+\mathrm{d}V_2)-(\mathrm{d}V_0+\mathrm{d}V_1)=\mathrm{d}V_2-\mathrm{d}V_1\\&=\mathrm{d}t\sum_{\partial\Omega^+}\mathrm{d}S\boldsymbol{n}\cdot\boldsymbol{u}-\mathrm{d}t\sum_{\partial\Omega^-}(-\mathrm{d}S\boldsymbol{n}\cdot\boldsymbol{u})\\&=\mathrm{d}t\sum_{\partial\Omega}\mathrm{d}S\boldsymbol{n}\cdot\boldsymbol{u}\end{aligned}$$

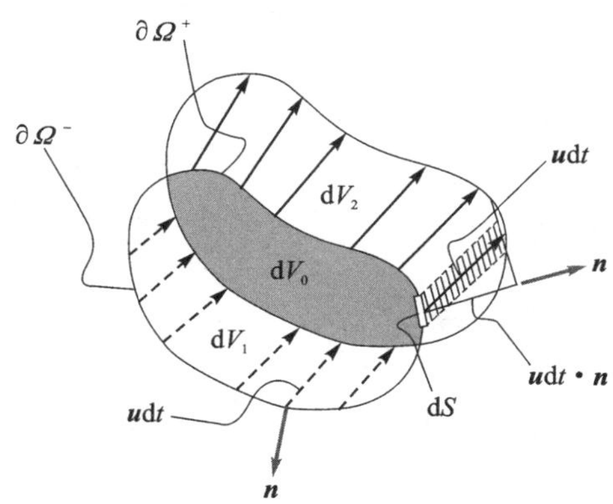

图 3-9　流场散度等于微元体积变形率

将微元控制体通量公式(3.45)代入上式整理得

$$\nabla\cdot\boldsymbol{u}=\frac{1}{\mathrm{d}V}\frac{\mathrm{d}(\mathrm{d}V)}{\mathrm{d}t}=\text{体积变形率} \tag{3.51}$$

式(3.51)也可直接由流体微元变形率得到。由式(2.91)和式(2.131)得

$$\nabla\cdot\boldsymbol{u}=\frac{\partial u_i}{\partial x_i}=\varepsilon_{ii}=\text{体积变形率}=\frac{1}{\mathrm{d}V}\frac{\mathrm{d}(\mathrm{d}V)}{\mathrm{d}t}$$

对于不可压缩流体，体积变化率应为零，故得出式(3.50)。

2. 运动方程

对于流体，微元质点系的动量变化率为 $\rho \mathrm{d}V \dfrac{\mathrm{d}\boldsymbol{u}}{\mathrm{d}t}\left(\dfrac{\mathrm{d}\boldsymbol{u}}{\mathrm{d}t}\text{为微元形心质点的加速度}\right)$，质量力为 $\rho\mathrm{d}V\boldsymbol{f}$（$\boldsymbol{f}$ 为单位质量力），表面力为 $\mathrm{d}V\,\nabla\cdot\boldsymbol{\sigma}$（见表 3－1，式(3.45)），根据牛顿定律得，$\rho\mathrm{d}V\,\dfrac{\mathrm{d}\boldsymbol{u}}{\mathrm{d}t}=\rho\mathrm{d}V\boldsymbol{f}+\mathrm{d}V\,\nabla\cdot\boldsymbol{\sigma}$，则有

$$\rho\,\frac{\mathrm{d}\boldsymbol{u}}{\mathrm{d}t}=\rho\boldsymbol{f}+\nabla\cdot\boldsymbol{\sigma}\Leftrightarrow\rho\,\frac{\mathrm{d}u_i}{\mathrm{d}t}=\rho f_i+\frac{\partial\sigma_{ji}}{\partial x_j}\tag{3.52}$$

对于静止的变形固体有

$$\rho\boldsymbol{f}+\nabla\cdot\boldsymbol{\sigma}=\boldsymbol{0}\Leftrightarrow\rho f_i+\frac{\partial\sigma_{ji}}{\partial x_j}=0\tag{3.53}$$

3. NS 方程

对于不可压缩流体$\left(\nabla\cdot\boldsymbol{u}=\dfrac{\partial u_k}{\partial x_k}=\varepsilon_{kk}=0\right)$，将式(2.91)、式(2.125)、式(3.35)和式(3.52)综合整理出流速、压力表示的运动方程(称**NS** 方程)：

$$\varepsilon_{ij}=\frac{1}{2}\left(\frac{\partial u_i}{\partial x_j}+\frac{\partial u_j}{\partial x_i}\right)\Rightarrow\sigma_{ij}=-p\delta_{ij}+\lambda\varepsilon_{kk}\delta_{ij}+2\mu\varepsilon_{ij}$$

$$\Rightarrow\frac{\mathrm{d}u_k}{\mathrm{d}t}=\frac{\partial u_k}{\partial t}+u_i\,\frac{\partial u_k}{\partial x_i}\Rightarrow\rho\,\frac{\mathrm{d}u_i}{\mathrm{d}t}=\rho f_i+\frac{\partial\sigma_{ji}}{\partial x_j}\Rightarrow$$

$$\frac{\partial u_i}{\partial t}+u_j\,\frac{\partial u_i}{\partial x_j}=f_i-\frac{\partial}{\partial x_i}\left(\frac{p}{\rho}\right)+\frac{\mu}{\rho}\,\frac{\partial}{\partial x_j}\left(\frac{\partial u_i}{\partial x_j}\right)$$

$$\Leftrightarrow\frac{\partial\boldsymbol{u}}{\partial t}+\boldsymbol{u}\cdot\nabla\boldsymbol{u}$$

$$=\boldsymbol{f}-\nabla\frac{p}{\rho}+\frac{\mu}{\rho}\,\nabla\cdot(\nabla\boldsymbol{u})\tag{3.54}$$

令 $\nu=\dfrac{\mu}{\rho}$，又

$$\nabla\cdot\nabla=\left(\boldsymbol{e}_i\,\frac{\partial}{\partial x_i}\right)\cdot\left(\boldsymbol{e}_j\,\frac{\partial}{\partial x_j}\right)=\frac{\partial^2}{\partial x_j\partial x_j}=\frac{\partial^2}{\partial x^2}+\frac{\partial^2}{\partial y^2}+\frac{\partial^2}{\partial z^2}\tag{3.55a}$$

定义为**拉普拉斯算子**(标量算子)，记为

$$\Delta=\nabla^2=\nabla\cdot\nabla\tag{3.55b}$$

则式(3.54)改写为

$$\frac{\partial \boldsymbol{u}}{\partial t}+\boldsymbol{u}\cdot\nabla\boldsymbol{u}=\boldsymbol{f}-\nabla\frac{p}{\rho}+\nu\Delta\boldsymbol{u} \tag{3.56}$$

2. 散度的性质

- 一阶张量的左散度等于右散度(由式(3.42a)和式(3.48b)或由向量点积交换得出结论)。
- 二阶张量的左散度等于其转置张量的右散度,如

$$\nabla\cdot\boldsymbol{\sigma}\triangleright\frac{\partial\sigma_{ji}}{\partial x_j}=\frac{\partial\sigma_{ij}^{\mathrm{T}}}{\partial x_j}\triangleright\boldsymbol{\sigma}^{\mathrm{T}}\cdot\nabla \tag{3.57}$$

- 二阶对称张量的左右散度相等(由式(3.57)得出结论)。
- 散度具有下面的运算法则(以左散度为例),其中,$\boldsymbol{A}$,$\boldsymbol{B}$ 为 1 到 n 阶张量:

$$\begin{aligned}
&① \nabla\cdot\boldsymbol{C}=0\\
&② \nabla\cdot(\lambda\boldsymbol{A})=\lambda(\nabla\cdot\boldsymbol{A})\\
&③ \nabla\cdot(\boldsymbol{A}\pm\boldsymbol{B})=\nabla\cdot\boldsymbol{A}\pm\nabla\cdot\boldsymbol{B}\\
&④ \nabla\cdot(\boldsymbol{A}\boldsymbol{B})=(\nabla\cdot\boldsymbol{A})\boldsymbol{B}+(\boldsymbol{B}\nabla)\cdot\boldsymbol{A}\\
&⑤ \nabla\cdot\left(\frac{\boldsymbol{A}}{\varphi}\right)=\frac{1}{\varphi^2}[(\nabla\cdot\boldsymbol{A})\varphi-\nabla\varphi\cdot\boldsymbol{A}]\\
&⑥ \nabla\cdot(\varphi\boldsymbol{C})=\nabla\varphi\cdot\boldsymbol{C}
\end{aligned} \tag{3.58}$$

C 为常张量,$\varphi(\boldsymbol{r})$ 为数性函数,λ 为常数

例题 3.5　求下面张量场的散度:

① $\boldsymbol{E}=\frac{q}{4\pi\varepsilon_0}\frac{\boldsymbol{r}}{r^3}$,$\boldsymbol{E}$ 为点电荷 q 的电场强度,$\boldsymbol{r}=x_i\boldsymbol{e}_i$,$r=|\boldsymbol{r}|$,$q$、$\varepsilon_0$ 为常量。

② $\boldsymbol{A}=A_{ij}\boldsymbol{e}_i\boldsymbol{e}_j$,$[A_{ij}]=\begin{bmatrix}(x_2)^2x_3 & x_1-x_2 & x_1x_2\\ x_2+x_3 & (x_3)^2x_1 & (x_1)^2\\ (x_2)^2 & x_2-x_3 & (x_1)^2x_2\end{bmatrix}$。

解: ①

$$\nabla\cdot\boldsymbol{E}=\frac{q}{4\pi\varepsilon_0}\nabla\cdot\frac{\boldsymbol{r}}{r^3}=0$$

$$\nabla\cdot\frac{\boldsymbol{r}}{r^3}=\frac{\partial}{\partial x_i}\left(\frac{x_i}{r^3}\right)=\frac{1}{r^6}\left(\frac{\partial x_i}{\partial x_i}r^3-x_i\frac{\partial r^3}{\partial x_i}\right)$$

$$=\frac{1}{r^6}(3r^3-3rx_ix_i)=\frac{1}{r^6}(3r^3-3r^3)=0$$

$$\frac{\partial x_i}{\partial x_i}=\frac{\partial x_1}{\partial x_1}+\frac{\partial x_2}{\partial x_3}+\frac{\partial x_3}{\partial x_3}=3$$

$$\frac{\partial r^3}{\partial x_i}=3r^2\ \frac{\partial r}{\partial x_i}=3r^2\ \frac{x_i}{r}=3rx_i$$

$$\begin{aligned}\frac{\partial r}{\partial x_i}&=\frac{\partial}{\partial x_i}\sqrt{x_kx_k}\\&=\frac{1}{2\sqrt{x_jx_j}}\ \frac{\partial x_kx_k}{\partial x_i}\\&=\frac{1}{2\sqrt{x_jx_j}}2x_k\ \frac{\partial x_k}{\partial x_i}\\&=\frac{1}{r}x_k\delta_{ki}=\frac{x_i}{r}\end{aligned}$$

除原点($r=0$)外,散度处处为零。

② 左散度为

$$\begin{aligned}\nabla\cdot\boldsymbol{A}&=\frac{\partial A_{ji}}{\partial x_j}\boldsymbol{e}_i\\&=\left(\frac{\partial A_{11}}{\partial x_1}+\frac{\partial A_{21}}{\partial x_2}+\frac{\partial A_{31}}{\partial x_3}\right)\boldsymbol{e}_1+\left(\frac{\partial A_{12}}{\partial x_1}+\frac{\partial A_{22}}{\partial x_2}+\frac{\partial A_{32}}{\partial x_3}\right)\boldsymbol{e}_2+\\&\quad\left(\frac{\partial A_{13}}{\partial x_1}+\frac{\partial A_{23}}{\partial x_2}+\frac{\partial A_{33}}{\partial x_3}\right)\boldsymbol{e}_3\\&=\boldsymbol{e}_1+x_2\boldsymbol{e}_3\end{aligned}$$

右散度为

$$\begin{aligned}\boldsymbol{A}\cdot\nabla&=\frac{\partial A_{ij}}{\partial x_j}\boldsymbol{e}_i\\&=\left(\frac{\partial A_{11}}{\partial x_1}+\frac{\partial A_{12}}{\partial x_2}+\frac{\partial A_{13}}{\partial x_3}\right)\boldsymbol{e}_1+\left(\frac{\partial A_{21}}{\partial x_1}+\frac{\partial A_{22}}{\partial x_2}+\frac{\partial A_{23}}{\partial x_3}\right)\boldsymbol{e}_2+\\&\quad\left(\frac{\partial A_{31}}{\partial x_1}+\frac{\partial A_{32}}{\partial x_2}+\frac{\partial A_{33}}{\partial x_3}\right)\boldsymbol{e}_3\\&=-\boldsymbol{e}_1+\boldsymbol{e}_3\end{aligned}$$

左散度不等于右散度。

3.3.5 环量密度与张量的旋度

1. 旋度的定义

旋度的引入源自向量场的研究，它是向量场旋转效应的度量。如图 3-10(a)所示，过场中 P 点作微小面元 $\boldsymbol{n}\mathrm{d}S=\mathrm{d}\boldsymbol{S}$，边界 ∂L。向量场 $\boldsymbol{a}$ 的特性与向量场的方向有关，假定图 3-10(b)～(e)中，边界 ∂L 上的向量 $\boldsymbol{a}$ 大小相同，仅方向不同，显然(e)的旋转效应大。将微元的边界 ∂L 分割为有限个线元(每个线元可视为有向直线段) $\mathrm{d}\boldsymbol{l}$，$\mathrm{d}\boldsymbol{l}$ 的方向与 $\boldsymbol{n}$ 符合右手法则，则可用

$$\mathrm{d}\Gamma=\sum_{\partial L}\boldsymbol{a}\cdot\mathrm{d}\boldsymbol{l}\tag{3.59}$$

来度量局部旋转效应，称为**微元环量**。这样图 3-10(b)～(d)的微元环量为零。显然微元环量与微元的大小有关，为了排除面积大小对局部效应的影响，我们用单位

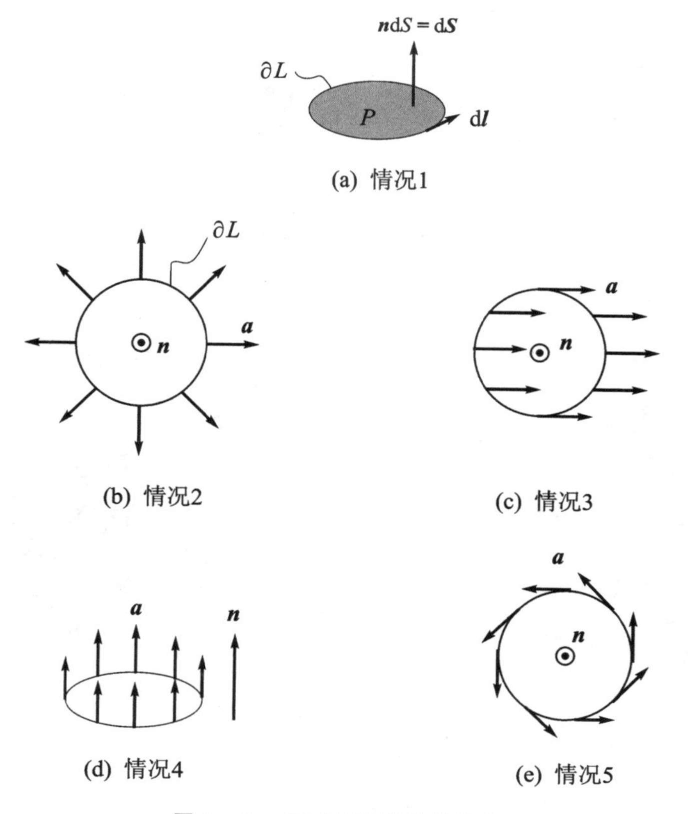

(a) 情况1

(b) 情况2

(c) 情况3

(d) 情况4

(e) 情况5

图 3-10　向量场局部旋转效应

面积的环量$\frac{\mathrm{d}\Gamma}{\mathrm{d}S}$来反映局部旋转效应，称为**环量密度**。此外，对相同的向量分布不同的轴 $\boldsymbol{n}$ 可有不同的环量密度，过点 P 所有轴的环量密度的集合称为该点的旋转状态。下面证明，旋转状态可由旋度来决定。

不失一般性，我们以二阶张量为例。围绕张量场 $\mathbf{A}(\boldsymbol{r})(\boldsymbol{r}=x_i\boldsymbol{e}_i)$中，$P$ 点作任意形状的微小面元（见图 3－11）。微元边界∂L 上的线元 $\mathrm{d}\boldsymbol{l}$ 与 P 点构成三角面元 $\mathrm{d}\boldsymbol{S}^{\triangle}=\boldsymbol{n}\mathrm{d}S^{\triangle}$。我们先考虑三角元边界$\partial L_{\triangle}$的环量 $\mathrm{d}\Gamma_{\triangle}$的计算。三角边中点的张量值可作为该边的平均值，而中点的张量可表示为 P 点的张量与微分之和。三角元环量为

$$
\begin{aligned}
\mathrm{d}\Gamma_{\triangle} &= \sum_{\partial L_{\triangle}} \mathrm{d}\boldsymbol{L}\cdot\mathbf{A} \triangleright \sum_{\partial L_{\triangle}} \mathrm{d}L_i A_{ij} \\
&= \mathrm{d}r_i\left(A_{ij}+A_{ij,k}\frac{\mathrm{d}r_k}{2}\right)+(\mathrm{d}t_i-\mathrm{d}r_i)\left(A_{ij}+A_{ij,k}\frac{\mathrm{d}r_k+\mathrm{d}t_k}{2}\right)+ \\
&\quad (-\mathrm{d}t_i)\left(A_{ij}+A_{ij,k}\frac{\mathrm{d}t_k}{2}\right) \\
&= \frac{1}{2}A_{ij,k}(\mathrm{d}r_k\mathrm{d}t_i-\mathrm{d}r_i\mathrm{d}t_k) \\
&= \frac{1}{2}A_{ij,k}(\delta_{mk}\delta_{ni}\mathrm{d}r_m\mathrm{d}t_n-\delta_{mi}\delta_{nk}\mathrm{d}r_m\mathrm{d}t_n) \\
&= \frac{1}{2}A_{ij,k}(\delta_{mk}\delta_{ni}-\delta_{mi}\delta_{nk})\mathrm{d}r_m\mathrm{d}t_n \\
&= A_{ij,k}\varepsilon_{lki}\left(\frac{1}{2}\varepsilon_{lmn}\mathrm{d}r_m\mathrm{d}t_n\right)
\end{aligned}
$$

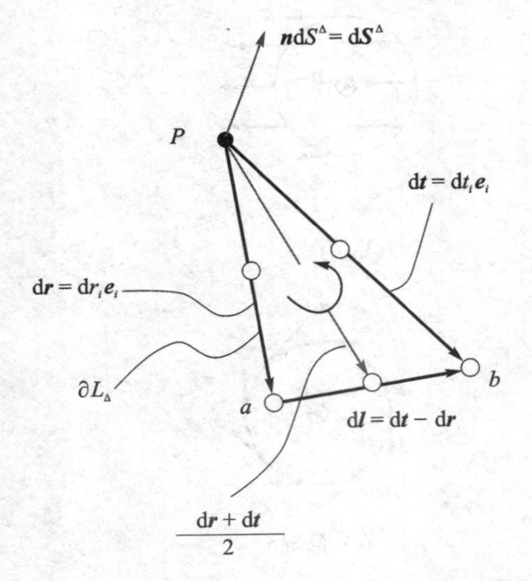

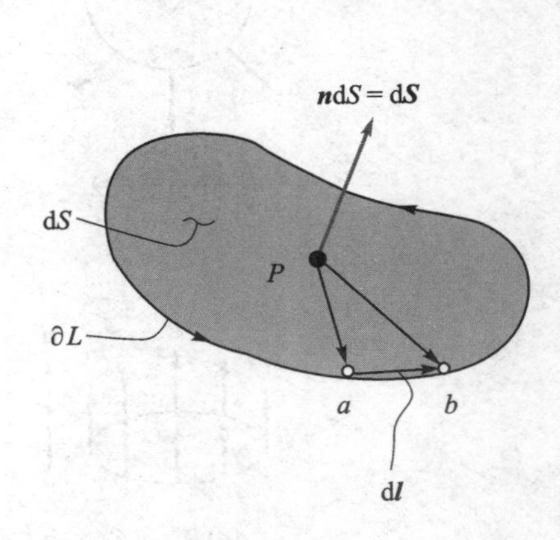

图 3－11　微元的环量

式中：

$$\frac{1}{2}\varepsilon_{lmn}\mathrm{d}r_m\mathrm{d}t_n \triangleright \frac{1}{2}\mathrm{d}\boldsymbol{r}\times\mathrm{d}\boldsymbol{t}=\mathrm{d}\boldsymbol{S}^{\triangle}=\mathrm{d}S_l^{\triangle}\boldsymbol{e}_l$$

则

$$\mathrm{d}\Gamma_{\triangle}=\sum_{\partial L_{\triangle}}\mathrm{d}\boldsymbol{L}\cdot\boldsymbol{A}\triangleright\mathrm{d}S_l^{\triangle}\varepsilon_{lki}A_{ij,k}\triangleright(\mathrm{d}S_l^{\triangle}\boldsymbol{e}_l)\cdot(\varepsilon_{lki}A_{ij,k}\boldsymbol{e}_l\boldsymbol{e}_j) \tag{3.60}$$

式中：

$$\varepsilon_{lki}A_{ij,k}\boldsymbol{e}_l\boldsymbol{e}_j=\varepsilon_{lki}\frac{\partial A_{ij}}{\partial x_k}\boldsymbol{e}_l\boldsymbol{e}_j=\nabla\times\boldsymbol{A}=\boldsymbol{\varepsilon}:\nabla\boldsymbol{A} \tag{3.61}$$

是与 $\boldsymbol{A}$ 同阶的张量，定义为张量 $\boldsymbol{A}$ 的**左旋度**，即

$$\operatorname{rot}\boldsymbol{A}=\nabla\times\boldsymbol{A}=\boldsymbol{\varepsilon}:\nabla\boldsymbol{A} \tag{3.62}$$

另外，

$$\nabla\times\boldsymbol{A}=\left(\boldsymbol{e}_i\frac{\partial}{\partial x_i}\right)\times(A_{jk}\boldsymbol{e}_j\boldsymbol{e}_k)=\boldsymbol{e}_i\times\left(\frac{\partial A_{jk}}{\partial x_i}\boldsymbol{e}_j\boldsymbol{e}_k\right)=\boldsymbol{e}_i\times\frac{\partial\boldsymbol{A}}{\partial x_i} \tag{3.63}$$

不难证明，符号 $\boldsymbol{e}_i\times\frac{\partial()}{\partial x_{li}}$ 也是不变量，并有

$$\nabla\times=\boldsymbol{e}_i\times\frac{\partial}{\partial x_i} \tag{3.64}$$

故**旋度**也可视为不变符号 $\boldsymbol{e}_i\times\frac{\partial()}{\partial x_i}$ 作用于张量 $\boldsymbol{A}$ 的结果，即

$$\operatorname{rot}\boldsymbol{A}=\boldsymbol{e}_i\times\frac{\partial\boldsymbol{A}}{\partial x_i}=\nabla\times\boldsymbol{A}=\boldsymbol{\varepsilon}:\nabla\boldsymbol{A} \tag{3.65}$$

由式(3.60)、式(3.61)和式(3.65)三角元环量可表示为

$$\mathrm{d}\Gamma_{\triangle}=\sum_{\partial L_{\triangle}}\mathrm{d}\boldsymbol{L}\cdot\boldsymbol{A}=\mathrm{d}\boldsymbol{S}^{\triangle}\cdot\operatorname{rot}\boldsymbol{A} \tag{3.66}$$

将上式对所有三角元求和，由于 $\mathrm{d}S$ 内相邻三角边的 $\mathrm{d}\boldsymbol{L}\cdot\boldsymbol{A}$ 大小相等，符号相反，求和时抵消，仅留边界 ∂L 的值求和，即

$$\begin{aligned}\sum_{\mathrm{d}S}\mathrm{d}\Gamma_{\triangle}&=\sum_{\mathrm{d}S}\sum_{\partial L_{\triangle}}\mathrm{d}\boldsymbol{L}\cdot\boldsymbol{A}\\&=\sum_{\partial L}\mathrm{d}\boldsymbol{l}\cdot\boldsymbol{A}\\&=\sum_{\mathrm{d}S}\mathrm{d}\boldsymbol{S}^{\triangle}\cdot\operatorname{rot}\boldsymbol{A}\\&=\left(\sum_{\mathrm{d}S}\mathrm{d}\boldsymbol{S}^{\triangle}\right)\cdot\operatorname{rot}\boldsymbol{A}\end{aligned}$$

而 $\left(\sum_{\mathrm{d}S}\mathrm{d}\boldsymbol{S}^{\triangle}\right)=\mathrm{d}\boldsymbol{S}$，所以

$$d\Gamma = \sum_{\partial L} d\boldsymbol{l} \cdot \boldsymbol{A} = d\boldsymbol{S} \cdot \text{rot}\,\boldsymbol{A} \tag{3.67}$$

类似的推导可得右环量公式，即

$$d\Gamma = \sum_{\partial L} \boldsymbol{A} \cdot d\boldsymbol{l} = -\text{rot}_{\text{R}}\boldsymbol{A} \cdot d\boldsymbol{S} \tag{3.68}$$

$$\text{rot}_{\text{R}}\boldsymbol{A} = \frac{\partial \boldsymbol{A}}{\partial x_i} \times \boldsymbol{e}_i = \boldsymbol{A} \times \nabla = \boldsymbol{A}\ \nabla : \boldsymbol{\varepsilon} \tag{3.69}$$

注意：除了用右旋度外，还有一个负号。由式(3.67)得环量密度：

$$\frac{d\Gamma}{dS} = \boldsymbol{n} \cdot \text{rot}\,\boldsymbol{A} \tag{3.70}$$

这说明

旋度决定点的旋转状态

尽管旋度的定义适合任意阶张量，但在实际运用中遇到的旋度基本上都是向量，所以下面我们仅讨论向量旋度的性质。对于向量场 $\boldsymbol{a}$，因为向量叉积符合负交换律，则有

$$\boldsymbol{e}_i \times \frac{\partial \boldsymbol{a}}{\partial x_i} = -\frac{\partial \boldsymbol{a}}{\partial x_i} \times \boldsymbol{e}_i \Rightarrow \nabla \times \boldsymbol{a} = -\boldsymbol{a} \times \nabla \tag{3.71}$$

这样，我们只需讨论向量左旋度的运算。令

$$a_i = (u, v, w)$$
$$x_i = (x, y, z)$$

向量左旋度常用的表达式为

$$\begin{aligned}
\nabla \times \boldsymbol{a} &= \varepsilon_{ijk} \frac{\partial a_k}{\partial x_j} \boldsymbol{e}_i \\
&= V_{\text{E}} \varepsilon_{ijk} \boldsymbol{e}_i \frac{\partial a_k}{\partial x_j} \\
&= \begin{vmatrix} \boldsymbol{e}_{\text{V1}} & \boldsymbol{e}_{\text{V2}} & \boldsymbol{e}_{\text{V3}} \\ \dfrac{\partial}{\partial x} & \dfrac{\partial}{\partial y} & \dfrac{\partial}{\partial z} \\ u & v & w \end{vmatrix} \\
&= \left(\frac{\partial w}{\partial y} - \frac{\partial v}{\partial z}\right)\boldsymbol{e}_{\text{V1}} + \left(\frac{\partial u}{\partial z} - \frac{\partial w}{\partial x}\right)\boldsymbol{e}_{\text{V2}} + \left(\frac{\partial v}{\partial x} - \frac{\partial u}{\partial y}\right)\boldsymbol{e}_{\text{V3}}
\end{aligned} \tag{3.72}$$

$$\boldsymbol{e}_{\text{V}i} = V_{\text{E}} \boldsymbol{e}_i$$

2. 向量旋度的运算法则

① $\nabla\times\boldsymbol{c}=\boldsymbol{0}$

② $\nabla\times\lambda\boldsymbol{a}=\lambda\,\nabla\times\boldsymbol{a}$

③ $\nabla\times(\boldsymbol{a}\pm\boldsymbol{b})=\nabla\times\boldsymbol{a}\pm\nabla\times\boldsymbol{b}$

④ $\nabla\times(\varphi\boldsymbol{a})=\varphi\,\nabla\times\boldsymbol{a}+\nabla\varphi\times\boldsymbol{a}$

⑤ $\nabla\cdot(\boldsymbol{a}\times\boldsymbol{b})=\boldsymbol{b}\cdot\nabla\times\boldsymbol{a}-\boldsymbol{a}\cdot\nabla\times\boldsymbol{b}$

⑥ $\nabla\times(\boldsymbol{a}\times\boldsymbol{b})=\boldsymbol{b}\cdot\nabla\boldsymbol{a}-\boldsymbol{a}\cdot\nabla\boldsymbol{b}-\boldsymbol{b}\,\nabla\cdot\boldsymbol{a}+\boldsymbol{a}\,\nabla\cdot\boldsymbol{b}$

⑦ $\boldsymbol{a}\times(\nabla\times\boldsymbol{a})=\nabla\dfrac{\boldsymbol{a}\cdot\boldsymbol{a}}{2}-\boldsymbol{a}\cdot\nabla\boldsymbol{a}$　　(3.73)

⑧ $\nabla\times(\nabla\varphi)=\boldsymbol{0}$

⑨ $\nabla\cdot(\nabla\times\boldsymbol{a})=0$

⑩ $\nabla\times(f(r)\boldsymbol{r})=\boldsymbol{0}$

$\boldsymbol{c}$ 为常向量，λ 为常数，φ 为数性函数，$\boldsymbol{r}=x_i\boldsymbol{e}_i$，$r=|\boldsymbol{r}|$

例题 3.6　设 $\boldsymbol{a}=\boldsymbol{m}\times\dfrac{\boldsymbol{R}}{R^2}$，$\boldsymbol{R}=\boldsymbol{r}-(\boldsymbol{r}\cdot\boldsymbol{m})\boldsymbol{m}$，$\boldsymbol{r}=x_j\boldsymbol{e}_j$，$\boldsymbol{m}=m_j\boldsymbol{e}_j$ 为单位常向量，$R=|\boldsymbol{R}|$，求$\nabla\times\boldsymbol{a}$。

解： 由上面运算法则⑥考虑 $\boldsymbol{m}$ 为单位常向量($m_jm_j=1.0$)，即

$$\begin{aligned}\boldsymbol{R}\cdot\boldsymbol{m}&=R_im_i\\&=\boldsymbol{r}\cdot\boldsymbol{m}-(\boldsymbol{r}\cdot\boldsymbol{m})(\boldsymbol{m}\cdot\boldsymbol{m})\\&=\boldsymbol{r}\cdot\boldsymbol{m}-\boldsymbol{r}\cdot\boldsymbol{m}=0\end{aligned}$$

得

$$\begin{aligned}\nabla\times\boldsymbol{a}&=\nabla\times\left(\boldsymbol{m}\times\frac{\boldsymbol{R}}{R^2}\right)\\&=\boldsymbol{m}\,\nabla\cdot\frac{\boldsymbol{R}}{R^2}-\boldsymbol{m}\cdot\nabla\frac{\boldsymbol{R}}{R^2}\triangleright m_j\frac{\partial}{\partial x_i}\left(\frac{R_i}{R^2}\right)-m_i\frac{\partial}{\partial x_i}\left(\frac{R_j}{R^2}\right)\end{aligned}$$

由例题 3.2

$$\frac{\partial}{\partial x_i}\left(\frac{R_j}{R^2}\right)=\frac{1}{R^4}\left[(\delta_{ji}-m_jm_i)R^2-2R_jR_i\right]$$

$$\Rightarrow m_i\frac{\partial}{\partial x_i}\left(\frac{R_j}{R^2}\right)=\frac{1}{R^4}\left[(\delta_{ji}m_i-m_jm_im_i)R^2-2R_j(R_im_i-R_km_km_im_i)\right]$$

$$=\frac{1}{R^4}(m_j-m_j)R^2=0$$

$$R_i = x_i - x_k m_k m_i$$

$$\frac{\partial}{\partial x_i}\left(\frac{R_i}{R^2}\right) = \frac{1}{R^4}\left(\frac{\partial R_i}{\partial x_i}R^2 - R_i \frac{\partial R^2}{\partial x_i}\right)$$

$$\begin{aligned}\frac{\partial R_i}{\partial x_i} &= \frac{\partial}{\partial x_i}(x_i - x_k m_k m_i)\\ &= 3 - \delta_{ki} m_k m_i\\ &= 3 - m_i m_i\\ &= 3 - 1 = 2\end{aligned}$$

$$\begin{aligned}R_i \frac{\partial R^2}{\partial x_i} &= R_i \frac{\partial R_k R_k}{\partial x_i}\\ &= 2R_i R_k \frac{\partial R_k}{\partial x_i}\\ &= 2R_i R_k \frac{\partial}{\partial x_i}(x_k - x_l m_l m_k)\\ &= 2R_i R_k (\delta_{ki} - m_k m_i)\\ &= 2(R_i R_k \delta_{ki} - R_k m_k R_i m_i)\\ &= 2R_i R_i = 2R^2\end{aligned}$$

$$m_j \frac{\partial}{\partial x_i}\left(\frac{R_i}{R^2}\right) = \frac{m_j}{R^4}(2R^2 - 2R^2) = 0$$

$$\nabla \times \boldsymbol{a} = \boldsymbol{0}$$

流场的涡量

由 2.6.1 小节可知，流体微元的转速为

$$\boldsymbol{\omega} = -\frac{1}{2}\boldsymbol{\varepsilon} : \boldsymbol{Q}$$

$$\boldsymbol{Q} \triangleright Q_{ij} = \frac{1}{2}\left(\frac{\partial u_j}{\partial x_i} - \frac{\partial u_i}{\partial x_j}\right)$$

所以

$$\begin{aligned}\omega_i &= -\frac{1}{2}\varepsilon_{ijk} Q_{jk}\\ &= \frac{1}{2}\left(\frac{1}{2}\varepsilon_{ijk}\frac{\partial u_k}{\partial x_j} - \frac{1}{2}\varepsilon_{ijk}\frac{\partial u_j}{\partial x_k}\right)\\ &= \frac{1}{2}\left(\frac{1}{2}\varepsilon_{ijk}\frac{\partial u_k}{\partial x_j} - \frac{1}{2}\varepsilon_{ikj}\frac{\partial u_k}{\partial x_j}\right)\end{aligned}$$

$$=\frac{1}{2}\left(\frac{1}{2}\varepsilon_{ijk}\frac{\partial u_k}{\partial x_j}+\frac{1}{2}\varepsilon_{ijk}\frac{\partial u_k}{\partial x_j}\right)$$

$$=\frac{1}{2}\varepsilon_{ijk}\frac{\partial u_k}{\partial x_j}$$

即

$$\boldsymbol{\omega}=\frac{1}{2}\nabla\times\boldsymbol{u}\Rightarrow\nabla\times\boldsymbol{u}=2\boldsymbol{\omega}\tag{3.74}$$

流场旋度等于微元自转角速度的 2 倍，定义为流场的**涡量**，即

$$\boldsymbol{\Omega}=\nabla\times\boldsymbol{u}=2\boldsymbol{\omega}\tag{3.75}$$

这表明速度旋度（涡量）是流场局部转动效应的度量。

3. 无旋场-有势场

若向量场中旋度处处为零，则称为**无旋场**。无旋场的基本特征是向量的方向具有“定向性”（见图 3-10(b)～(d)），而有旋场具有“分散性”（见图 3-10(e)）。若向量场 $\boldsymbol{a}$ 无旋，一定存在标量函数 φ，满足

$$\boldsymbol{a}=\nabla\varphi\tag{3.76}$$

式中：φ 称为**势函数**。为证明势函数的存在性，我们引用高等数学的两个积分式求导公式：

$$\left.\begin{aligned}&\frac{\mathrm{d}}{\mathrm{d}x}\int_a^x f(t)\,\mathrm{d}t=f(x)\\&\frac{\mathrm{d}}{\mathrm{d}x}\int_a^b f(x,y)\,\mathrm{d}y=\int_a^b\frac{\partial f}{\partial x}\mathrm{d}y\end{aligned}\right\}\tag{3.77}$$

第二个公式还可推广至多元积分。令

$$a_i=(u,v,w),\quad x_i=(x,y,z)$$

因为无旋，由式(3.72)得

$$\left.\begin{aligned}\frac{\partial w}{\partial y}&=\frac{\partial v}{\partial z}\\\frac{\partial u}{\partial z}&=\frac{\partial w}{\partial x}\\\frac{\partial v}{\partial x}&=\frac{\partial u}{\partial y}\end{aligned}\right\}\tag{3.78}$$

考虑函数

$$\varphi(x,y,z)=\int_{x_0}^x u(x,y_0,z_0)\,\mathrm{d}x+\int_{y_0}^y v(x,y,z_0)\,\mathrm{d}y+\int_{z_0}^z w(x,y,z)\,\mathrm{d}z$$

$$\frac{\partial\varphi}{\partial x}=u(x,y_0,z_0)+\int_{y_0}^y\frac{\partial v(x,y,z_0)}{\partial x}\mathrm{d}y+\int_{z_0}^z\frac{\partial w(x,y,z)}{\partial x}\mathrm{d}z$$

$$= u(x,y_0,z_0) + \int_{y_0}^{y} \frac{\partial u(x,y,z_0)}{\partial y}\mathrm{d}y + \int_{z_0}^{z} \frac{\partial u(x,y,z)}{\partial z}\mathrm{d}z$$

$$= u(x,y_0,z_0) + [u(x,y,z_0) - u(x,y_0,z_0)] + [u(x,y,z) - u(x,y,z_0)]\, u$$

$$= u(x,y,z)$$

同理,可得

$$\frac{\partial \varphi}{\partial y} = v(x,y,z),\quad \frac{\partial \varphi}{\partial y} = w(x,y,z) \Rightarrow \nabla\varphi = \boldsymbol{a}$$

势函数存在性得证。另外,若式(3.76)成立,则由向量旋度的运算法则⑦

$$\nabla\times\nabla\varphi = \nabla\times\boldsymbol{a} = \boldsymbol{0}$$

即有势必无旋。无旋与有势是等价概念。无旋场也称**有势场**。

从求解的角度看,由于势函数的存在,求解向量函数的问题简化为求解标量函数的问题,给求解带来很大的方便。

重力势能、压力势能、电势能

(1) 重力势能

如图 3-12(a)所示,质量为 m 的质点在重力场中的重力为 $\boldsymbol{G} = m\boldsymbol{g} = mg_i\boldsymbol{e}_i$,$\boldsymbol{G}$ 是常向量,$\nabla\times\boldsymbol{G} = 0$,必有

$$\mathrm{d}U = -\mathrm{d}\varphi = -\nabla\varphi\cdot\mathrm{d}\boldsymbol{l} = -\boldsymbol{G}\cdot\mathrm{d}\boldsymbol{l} = -mg_i\mathrm{d}x_i = \mathrm{d}(-mg_ix_i)$$

则 $U = -mg_ix_i = -m\boldsymbol{g}\cdot\boldsymbol{r} = mgh$ 为**重力势能**,负号表示克服重力做功,势能增加。

在式(3.56)中,假定质量力只有重力,$\boldsymbol{f} = \boldsymbol{g} = -\nabla(gh)$,故式(3.56)变为

$$\frac{\partial\boldsymbol{u}}{\partial t} + \boldsymbol{u}\cdot\nabla\boldsymbol{u} = -\nabla\left(\frac{p}{\rho} + gh\right) + \nu\Delta\boldsymbol{u} \tag{3.79}$$

在静止的流体中有

$$\nabla\left(\frac{p}{\rho} + gh\right) = 0 \Rightarrow \frac{p}{\rho} + gh = \text{const} \tag{3.80}$$

对于流体中任两点 0,1,有

$$p_1 = p_0 + \rho g(h_0 - h_1) \tag{3.81}$$

这就是著名的**巴斯卡定律**。

(2) 压力势能

流体微元的压力张量为 $\sigma_{ij} = -p\delta_{ij}$(式(2.108)),由微元通量公式,微元表面合力为

$$\nabla\cdot\boldsymbol{\sigma}\mathrm{d}V \triangleright -\delta_{ji}\frac{\partial p}{\partial x_j}\mathrm{d}V = -\frac{\partial p}{\partial x_i}\mathrm{d}V \triangleright -\nabla p\,\mathrm{d}V$$

$$=\frac{-\nabla p}{\rho g}(\rho g\,\mathrm{d}V)=-\frac{-\nabla p}{\gamma}mg$$

式中：ρ 为密度；g 为重力加速度；$\gamma=\rho g$ 为重度。若重度为常量，则单位重微元的压力为 $\boldsymbol{P}=-\nabla\frac{p}{\gamma}$。由向量旋度的运算法则⑦，$\nabla\times\boldsymbol{P}=0$，必有

$$\mathrm{d}U=-\mathrm{d}\varphi=-\nabla\varphi\cdot\mathrm{d}\boldsymbol{l}=-\boldsymbol{P}\cdot\mathrm{d}\boldsymbol{l}=\nabla\frac{p}{\gamma}\cdot\mathrm{d}\boldsymbol{l}=\mathrm{d}\left(\frac{p}{\gamma}\right)$$

则 $U=\frac{p}{\gamma}$ 为单位重微元的**压力势能**。$\frac{p}{\gamma}+h$ 为单位重微元的总势能。

(3) 电势能

如图 3-12(b)所示，点电荷 q 的电场强度 $\boldsymbol{E}=\frac{q}{4\pi\varepsilon_0}\frac{\boldsymbol{r}}{r^3}$，由向量旋度的运算法则⑨，$\nabla\times\boldsymbol{E}=0$，必有

$$\mathrm{d}V=-\mathrm{d}\varphi=-\nabla\varphi\cdot\mathrm{d}\boldsymbol{l}=-E\cdot\mathrm{d}\boldsymbol{l}=-\frac{q}{4\pi\varepsilon_0}\frac{x_i\mathrm{d}x_i}{r^3}=\mathrm{d}\left(\frac{q}{4\pi\varepsilon_0 r}\right)$$

则 $V=\frac{q}{4\pi\varepsilon_0 r}$ 为点电荷 q 在 $\boldsymbol{r}$ 处产生的**电势能**。

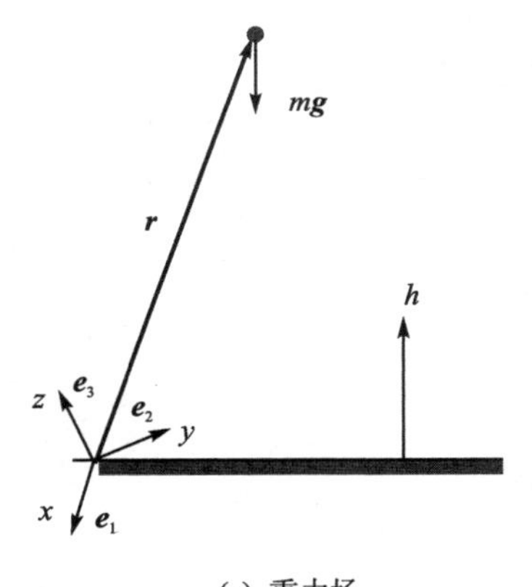

(a) 重力场

(b) 电　场

图 3-12　有势场

涡量方程

由旋度法则⑨

$$\nabla\cdot\boldsymbol{\Omega}=\nabla\cdot(\nabla\times\boldsymbol{u})=0 \tag{3.82}$$

涡量场是无散场

式(3.82)称为**涡量连续性方程**。下面我们从不可压连续方程(3.50)和运动方程(3.79)推导**涡量运动方程**。由旋度法则⑦将式(3.79)写成**葛罗米柯-兰姆型运动方程**,即

$$\frac{\partial \boldsymbol{u}}{\partial t}+\nabla\frac{\boldsymbol{u}\cdot\boldsymbol{u}}{2}-\boldsymbol{u}\times\Omega=-\nabla\left(\frac{p}{\rho}+gh\right)+\nu\Delta\boldsymbol{u} \tag{3.83}$$

取旋度$\nabla\times$,由旋度法则⑧,梯度项为零,其余项为

$$\nabla\times\frac{\partial \boldsymbol{u}}{\partial t}\triangleright\varepsilon_{ijk}\frac{\partial}{\partial x_j}\left(\frac{\partial u_k}{\partial t}\right)=\frac{\partial}{\partial t}\left(\varepsilon_{ijk}\frac{\partial u_k}{\partial x_j}\right)\triangleright\frac{\partial \boldsymbol{\Omega}}{\partial t}$$

$$\begin{aligned}\nabla\times(\boldsymbol{u}\times\boldsymbol{\Omega})&=\boldsymbol{\Omega}\cdot\nabla\boldsymbol{u}-\boldsymbol{u}\cdot\nabla\boldsymbol{\Omega}-\boldsymbol{\Omega}\,\nabla\cdot\boldsymbol{u}+\boldsymbol{u}\,\nabla\cdot\boldsymbol{\Omega}\\&=\boldsymbol{\Omega}\cdot\nabla\boldsymbol{u}-\boldsymbol{u}\cdot\nabla\boldsymbol{\Omega}\end{aligned}$$

$$\nabla\times\Delta\boldsymbol{u}\triangleright\varepsilon_{ijk}\frac{\partial}{\partial x_j}\left(\frac{\partial^2 u_k}{\partial x_l\partial x_l}\right)=\frac{\partial^2}{\partial x_l\partial x_l}\left(\varepsilon_{ijk}\frac{\partial u_k}{\partial x_j}\right)\triangleright\Delta\boldsymbol{\Omega}$$

所以有

$$\boxed{\frac{\partial \boldsymbol{\Omega}}{\partial t}+\boldsymbol{u}\cdot\nabla\boldsymbol{\Omega}=\boldsymbol{\Omega}\cdot\nabla\boldsymbol{u}+\nu\Delta\boldsymbol{\Omega}} \tag{3.84}$$

式(3.84)为不可压流体**涡量运动方程**。

4. 调和场

旋度和散度处处为零的向量场称为**调和场**。

$$\nabla\times\boldsymbol{a}=\boldsymbol{0}\Rightarrow\boldsymbol{a}=\nabla\varphi$$

$$\nabla\cdot\boldsymbol{a}=\boldsymbol{0}\Rightarrow\nabla\cdot\nabla\varphi=\Delta\varphi=\boldsymbol{0} \tag{3.85}$$

$$\Rightarrow\frac{\partial^2\varphi}{\partial x^2}+\frac{\partial^2\varphi}{\partial y^2}+\frac{\partial^2\varphi}{\partial z^2}=\boldsymbol{0} \tag{3.86}$$

式(3.86)称为**拉普拉斯方程**,φ 称为**调和函数**。例如,由例题 3.5 与"电势能"知,电势能 V 是调和函数,满足拉普拉斯方程。此外,若 $\boldsymbol{u}$ 代表不可压无旋流场,必存在调和函数 φ,称为**流速势**,代表的流动称为势流。

3.4 张量场的积分

3.4.1 一元张量函数积分

1. 定　义

与张量微分一样，我们先讨论一元张量函数的积分，作为张量函数积分的基础。以二阶张量为例，定义一元张量函数 $\boldsymbol{A}(\tau)$ 在区间 $\tau \in [T_1, T_2]$ 的定积分如下：

$$\begin{aligned}\int_{T_1}^{T_2} \boldsymbol{A}(\tau)\,\mathrm{d}\tau &= \lim_{\substack{n\to\infty\\ \lambda\to 0}} \sum_{i=1}^{n} \boldsymbol{A}(\xi_i)\,\Delta\tau_i \\ &= \lim_{\substack{n\to\infty\\ \lambda\to 0}} \sum_{k=1}^{n} A_{ij}(\xi_k)\,\boldsymbol{e}_i\boldsymbol{e}_j\,\Delta\tau_k \\ &= \Big[\lim_{\substack{n\to\infty\\ \lambda\to 0}} \sum_{k=1}^{n} A_{ij}(\xi_k)\,\Delta\tau_k\Big]\boldsymbol{e}_i\boldsymbol{e}_j \\ \xi_k \in [\tau_{k-1}, \tau_k],&\quad \lambda = \max(\Delta\tau_k)\end{aligned} \tag{3.87}$$

括号中每个分量表示常规的一元标量函数的定积分，即

$$\lim_{\substack{n\to\infty\\ \lambda\to 0}} \sum_{k=1}^{n} A_{ij}(\xi_k)\,\Delta\tau_k = \int_{T_1}^{T_2} A_{ij}(\tau)\,\mathrm{d}\tau$$

则

$$\int_{T_1}^{T_2} \boldsymbol{A}(\tau)\,\mathrm{d}\tau = \Big[\int_{T_1}^{T_2} A_{ij}(\tau)\,\mathrm{d}\tau\Big]\boldsymbol{e}_i\boldsymbol{e}_j \tag{3.88}$$

而

$$\int_{T_1}^{T_2} A'_{kl}(\tau)\,\mathrm{d}\tau = \int_{T_1}^{T_2} \beta_{ki}\beta_{lj}A_{ij}(\tau)\,\mathrm{d}\tau = \beta_{ki}\beta_{lj}\int_{T_1}^{T_2} A_{ij}(\tau)\,\mathrm{d}\tau$$

这说明

张量定积分是与被积张量同阶的张量，其分量为被积张量分量的定积分

2. 原函数张量

张量积分的每个分量表示常规的一元标量函数的定积分，因此可由被积函数的原函数来确定积分值，即

$$\int_{T_1}^{T_2} \boldsymbol{A}(\tau)\,\mathrm{d}\tau = \left[\int_{T_1}^{T_2} A_{ij}(\tau)\,\mathrm{d}\tau\right] \boldsymbol{e}_i \boldsymbol{e}_j$$
$$= [\Psi_{ij}(T_2) - \Psi_{ij}(T_1)]\, \boldsymbol{e}_i \boldsymbol{e}_j$$
$$= \boldsymbol{\Psi}(T_2) - \boldsymbol{\Psi}(T_1) \tag{3.89}$$

$\boldsymbol{\Psi}$ 称为**原函数张量**,显然

原函数张量是与被积张量同阶的张量,其分量为被积张量分量的原函数

3. 张量积分的基本运算法则

由定义容易得到张量积分的基本运算法则:

① $\int_{T_1}^{T_2} \lambda \boldsymbol{A}(\tau)\,\mathrm{d}\tau = \lambda \int_{T_1}^{T_2} \boldsymbol{A}(\tau)\,\mathrm{d}\tau$

② $\int_{T_1}^{T_2} \varphi(\tau) \boldsymbol{C}\,\mathrm{d}\tau = \left[\int_{T_1}^{T_2} \varphi(\tau)\,\mathrm{d}\tau\right] \boldsymbol{C}$ (3.90)

③ $\int_{T_1}^{T_2} [\boldsymbol{A}(\tau) \pm \boldsymbol{B}(\tau)]\,\mathrm{d}\tau = \int_{T_1}^{T_2} \boldsymbol{A}(\tau)\,\mathrm{d}\tau \pm \int_{T_1}^{T_2} \boldsymbol{B}(\tau)\,\mathrm{d}\tau$

λ 为常数,$\boldsymbol{C}$ 为常张量,φ 为数性函数,$\boldsymbol{A}$、$\boldsymbol{B}$ 为同阶的 n 阶张量

3.4.2 体积分、面积分、线积分

1. 体积分

(1) 定　义

n 阶张量在区域 V 的体积分的定义与一元张量函数在区间 $[T_1, T_2]$ 的定积分类似,仅仅是被积张量自变量、积分微元和积分区域有所不同,所得的结果是相似的以二阶张量为例,即

$$\int_V \boldsymbol{A}(\boldsymbol{r})\,\mathrm{d}V = \left[\int_V A_{ij}(x_k)\,\mathrm{d}V\right] \boldsymbol{e}_i \boldsymbol{e}_j \tag{3.91}$$

张量体积分是与被积张量同阶的张量,其分量为被积张量分量的体积分

张量分量的体积分与常规标量函数的体积分相同,体积元 $\mathrm{d}V$ 的选择是任意的,以计算方便为准,一般化为三重积分进行计算,这里不再详述,仅给出下面的换元

公式。

(2) 换元公式

当在空间 x_i 的积分区域 V 上积分不便时(见图 3-13(b)),可利用可逆坐标变换

$$T: x_i = x_i(y_j) \Leftrightarrow \boldsymbol{r} = x_i(y_j)\boldsymbol{e}_i = \boldsymbol{r}(y_1, y_2, y_3)$$

将 V 变换到空间 y_j 的积分区域 V' 上进行积分(见图 3-13(a))。在 V' 中,取过 P' 点的坐标平面构成的微小立方体为积分**体积元**(见图 3-13(c)),即

$$\mathrm{d}V' = \mathrm{d}y_1 \mathrm{d}y_2 \mathrm{d}y_3$$

"T:"把点 P' 变成空间 x_{li} 中的点 P,把立方体 $\mathrm{d}V'$ 变成曲面六面体 $\mathrm{d}V$(见图 3-13(d))。六面体的曲边可用微分

$$\mathrm{d}\boldsymbol{r}_1 = \frac{\partial \boldsymbol{r}}{\partial y_1}\mathrm{d}y_1 = \boldsymbol{g}_1 \mathrm{d}y_1$$

$$\mathrm{d}\boldsymbol{r}_2 = \frac{\partial \boldsymbol{r}}{\partial y_2}\mathrm{d}y_2 = \boldsymbol{g}_2 \mathrm{d}y_2$$

$$\mathrm{d}\boldsymbol{r}_3 = \frac{\partial \boldsymbol{r}}{\partial y_3}\mathrm{d}y_3 = \boldsymbol{g}_3 \mathrm{d}y_3$$

取代。

$$\left.\begin{aligned} \boldsymbol{g}_1 &= \frac{\partial \boldsymbol{r}}{\partial y_1} = \frac{\partial x_i}{\partial y_1}\boldsymbol{e}_i \\ \boldsymbol{g}_2 &= \frac{\partial \boldsymbol{r}}{\partial y_2} = \frac{\partial x_i}{\partial y_2}\boldsymbol{e}_i \\ \boldsymbol{g}_3 &= \frac{\partial \boldsymbol{r}}{\partial y_3} = \frac{\partial x_i}{\partial y_3}\boldsymbol{e}_i \end{aligned}\right\} \tag{3.92}$$

是与微分平行的切线向量(见图 3-5)。曲面六面体 $\mathrm{d}V$ 体积可用微分 $\mathrm{d}\boldsymbol{r}_i$ 构成的平行六面体取代,即

$$\begin{aligned} \mathrm{d}V &= [\mathrm{d}\boldsymbol{r}_1, \mathrm{d}\boldsymbol{r}_2, \mathrm{d}\boldsymbol{r}_3] \\ &= [\boldsymbol{g}_1 \mathrm{d}y_1, \boldsymbol{g}_2 \mathrm{d}y_2, \boldsymbol{g}_3 \mathrm{d}y_3] \\ &= [\boldsymbol{g}_1, \boldsymbol{g}_2, \boldsymbol{g}_3]\, \mathrm{d}y_1 \mathrm{d}y_2 \mathrm{d}y_3 \\ &= [\boldsymbol{g}_1, \boldsymbol{g}_2, \boldsymbol{g}_3]\, \mathrm{d}V' \end{aligned}$$

式中:混合积 $[\boldsymbol{g}_1, g_2, \boldsymbol{g}_3]$ 等于 Jacobi 行列式,必不为零。此外,我们假定 $\boldsymbol{g}_i$ 为右手坐标系,则有

$$[\boldsymbol{g}_1, \boldsymbol{g}_2, \boldsymbol{g}_3] = \begin{vmatrix} \dfrac{\partial x_1}{\partial y_1} & \dfrac{\partial x_1}{\partial y_2} & \dfrac{\partial x_1}{\partial y_3} \\ \dfrac{\partial x_2}{\partial y_1} & \dfrac{\partial x_2}{\partial y_2} & \dfrac{\partial x_2}{\partial y_3} \\ \dfrac{\partial x_3}{\partial y_1} & \dfrac{\partial x_3}{\partial y_2} & \dfrac{\partial x_3}{\partial y_3} \end{vmatrix} = J > 0 \tag{3.93}$$

由此可得体积元的换元公式

$$\mathrm{d}V = J\,\mathrm{d}V' \tag{3.94}$$

和体积分的换元公式

$$\begin{aligned}\int_V \mathbf{A}(x_i)\,\mathrm{d}V &= \int_{V'} \mathbf{A}(x_i(y_j))J(y_j)\,\mathrm{d}V' \\ &= \int_{V'} \mathbf{A}(y_j)J(y_j)\,\mathrm{d}V'\end{aligned} \tag{3.95}$$

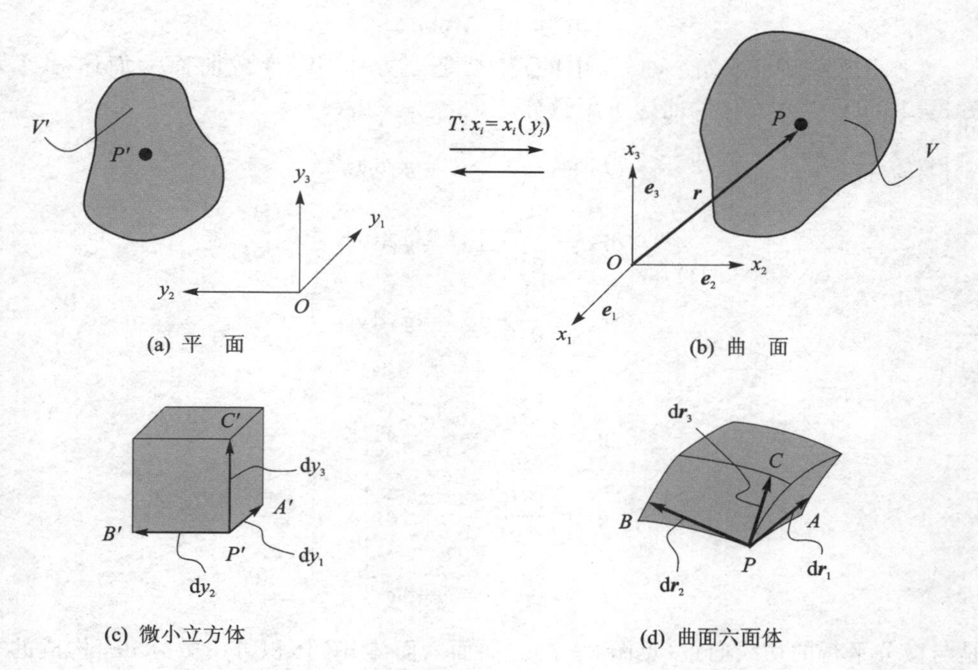

(a) 平　面　　(b) 曲　面

(c) 微小立方体　　(d) 曲面六面体

图 3-13　换元积分

例题 3.7　计算体积分 $\int_V \varphi(x_i)\,\mathrm{d}V$，$\varphi(x_i)=x+y$，$V$ 是介于两柱面 $x^2+y^2=1$ 和 $x^2+y^2=4$ 之间的被平面 $z=0$ 和 $z=x+2$ 所截下的部分(见图 3-14)。

解：将直角坐标变换为柱坐标

$$x_i=(x,y,z) \Rightarrow y_i=(r,\theta,z) \tag{3.96a}$$

$$x=r\cos\theta,\quad y=r\sin\theta,\quad z=z \tag{3.96b}$$

积分区域可表示为 V'，有

$$0\leqslant z\leqslant r\cos\theta+2,\quad 1\leqslant r\leqslant 2,\quad 0\leqslant\theta\leqslant 2\pi$$

$$J=\det\left(\frac{\partial x_i}{\partial y_j}\right)=r\begin{vmatrix}\cos\theta & \sin\theta & 0\\ -\sin\theta & \cos\theta & 0\\ 0 & 0 & 1\end{vmatrix}=r,\quad \mathrm{d}V'=\mathrm{d}r\,\mathrm{d}\theta\,\mathrm{d}z \tag{3.97}$$

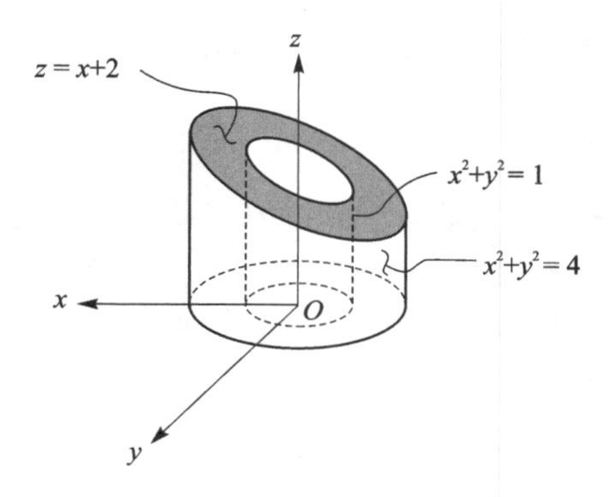

图 3－14　换元积分举例

$$
\begin{aligned}
\int_V \varphi(x_i)\,\mathrm{d}V &= \int_V (x+y)\,\mathrm{d}x\,\mathrm{d}y\,\mathrm{d}z \\
&= \int_{V'} r(\cos\theta+\sin\theta)J\,\mathrm{d}V' \\
&= \int_{V'} (\cos\theta+\sin\theta)r^2\,\mathrm{d}r\,\mathrm{d}\theta\,\mathrm{d}z \\
&= \int_0^{2\pi}(\cos\theta+\sin\theta)\,\mathrm{d}\theta\int_1^2 r^2\,\mathrm{d}r\int_0^{r\cos\theta+2}\mathrm{d}z \\
&= \int_0^{2\pi}(\cos\theta+\sin\theta)\,\mathrm{d}\theta\int_1^2 r^2(r\cos\theta+2)\,\mathrm{d}r \\
&= \int_0^{2\pi}(\cos\theta+\sin\theta)\left(\frac{15}{4}\cos\theta+\frac{7}{3}\right)\mathrm{d}\theta \\
&= \frac{15}{4}\pi
\end{aligned}
$$

2. 面积分

面积分有**无向曲面积分（第一类曲面积分）**与**有向曲面积分（第二类曲面积分）**两类。无向曲面积分的定义与体积分的定义类似（以二阶张量为例），即

$$\int_S \boldsymbol{A}(\boldsymbol{r})\,\mathrm{d}S = \left[\int_S A_{ij}(x_k)\,\mathrm{d}S\right]\boldsymbol{e}_i\boldsymbol{e}_j \tag{3.98}$$

式中：S 为积分曲面；$\mathrm{d}S$ 为曲面上的面积元。

下面重点讨论应用广泛的有向曲面积分，也称**通量积分**。将 3.3.4 小节（见图 3－8）所述的微元体表面的通量在有向曲面 S（见图 3－15(a)）上积分得张量 $\boldsymbol{A}$ 通过曲面 S 的**左通量**或**右通量**（以二阶张量为例），即

$$\left.\begin{aligned}&\text{左通量}\quad \Phi=\int_S \mathrm{d}\boldsymbol{S}\cdot\boldsymbol{A}=\int_S \boldsymbol{n}\cdot\boldsymbol{A}\,\mathrm{d}S=\left(\int_S A_{ji}n_j\,\mathrm{d}S\right)\boldsymbol{e}_i\\&\text{右通量}\quad \Phi_{\mathrm{R}}=\int_S \boldsymbol{A}\cdot\mathrm{d}\boldsymbol{S}=\int_S \boldsymbol{A}\cdot\boldsymbol{n}\,\mathrm{d}S=\left(\int_S A_{ij}n_j\,\mathrm{d}S\right)\boldsymbol{e}_i\end{aligned}\right\}\tag{3.99}$$

式中：$\boldsymbol{n}$ 代表曲面的方向。积分的数学定义和运算法则与无向曲面积分基本相同，不同的只是被积函数是比被积张量低一阶的张量。在许多应用问题中，积分曲面是某一空间区域 V 的表面(即封闭曲面)，$\boldsymbol{n}$ 是表面外法向单位矢量(见图 3－15(b))，这种通量称为区域 V 的面通量，记为

$$\left.\begin{aligned}\Phi&=\oint_S \mathrm{d}\boldsymbol{S}\cdot\boldsymbol{A}\\\Phi_{\mathrm{R}}&=\oint_S \boldsymbol{A}\cdot\mathrm{d}\boldsymbol{S}\end{aligned}\right\}\tag{3.100}$$

通量的物理意义见表 3－1，只需将微元表面改为有向曲面，微元体改为有限区域。

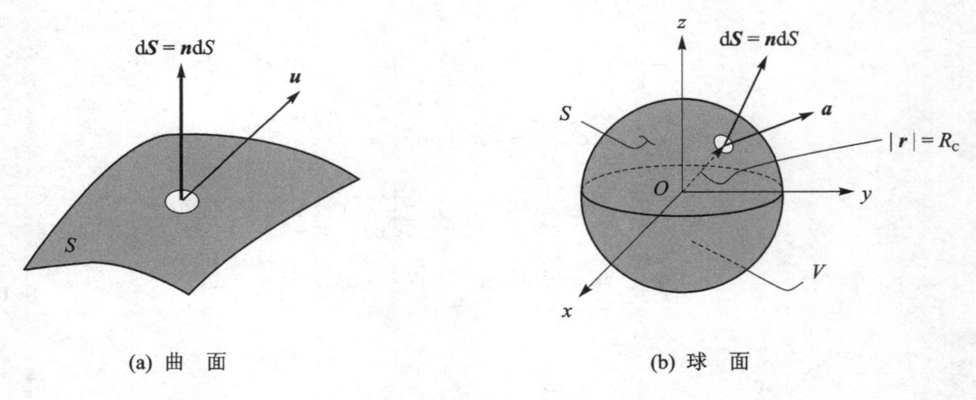

图 3－15　通量积分

动力学积分方程

将物理定律应用于有限区域 V 内的质点系，可得质点系满足的积分方程，我们以流体的连续方程为例，单位时间净流入图 3－15(b)控制体 V 内的流体质量为 $-\oint_S \mathrm{d}\boldsymbol{S}\cdot(\rho\boldsymbol{u})$ (见表 3－1，流出为正)，单位时间控制体体内增加的质量为 $\frac{\partial}{\partial t}\int_V \rho\,\mathrm{d}V$，由质量守恒定律 $-\oint_S \mathrm{d}\boldsymbol{S}\cdot(\rho\boldsymbol{u})=\frac{\partial}{\partial t}\int_V \rho\,\mathrm{d}V$，所以

$$\frac{\partial}{\partial t}\int_V \rho\,\mathrm{d}V+\oint_S \mathrm{d}\boldsymbol{S}\cdot(\rho\boldsymbol{u})=0\tag{3.101}$$

例题 3.8　设 $\boldsymbol{a}=\frac{\boldsymbol{r}}{r^3}, \boldsymbol{r}=x_j\boldsymbol{e}_j$，求 $\oint_S \mathrm{d}\boldsymbol{S}\cdot\boldsymbol{a}$，$S$ 为球 $|\boldsymbol{r}|=R_C$ 的外侧，见图 3-15(b)。

解： S 上 $\boldsymbol{a}/\!/\mathrm{d}\boldsymbol{S}$，$|\boldsymbol{a}|=\frac{|\boldsymbol{r}|}{R_C^3}=\frac{R_C}{R_C^3}=\frac{1}{R_C^2}$　则有

$$\oint_S \mathrm{d}\boldsymbol{S}\cdot\boldsymbol{a}=\oint_S|\mathrm{d}\boldsymbol{S}||\boldsymbol{a}|=\frac{1}{R_C^2}\oint_S \mathrm{d}S=\frac{4\pi R_C^2}{R_C^2}=4\pi$$

3. 线积分

线积分也有**无向曲线积分**(**第一类曲线积分**)与**有向曲线积分**(**第二类曲线积分**)两类。无向曲线积分的定义与体积分的定义类似(以一阶张量为例)，即

$$\int_{r_a}^{r_b}\boldsymbol{a}\,\mathrm{d}l=\left(\int_{r_a}^{r_b}a_i\,\mathrm{d}l\right)\boldsymbol{e}_i=\int_{r_b}^{r_a}\boldsymbol{a}\,\mathrm{d}l,\quad \mathrm{d}l>0 \tag{3.102}$$

式中：$\boldsymbol{r}_a,\boldsymbol{r}_b$ 为曲线的起点和终点；$\mathrm{d}l$ 为曲线上的微元。

下面重点讨论应用广泛的一阶张量有向曲线积分(见图 3-16(a))。

$$\int_{r_a}^{r_b}\boldsymbol{a}\cdot\mathrm{d}\boldsymbol{l}=\int_{r_a}^{r_b}\boldsymbol{a}\cdot\boldsymbol{n}\,\mathrm{d}l=\left(\int_{r_a}^{r_b}a_i\,\mathrm{d}x_i\right)=-\int_{r_b}^{r_a}\boldsymbol{a}\cdot\mathrm{d}\boldsymbol{l},\quad \boldsymbol{a}=v_i\boldsymbol{e}_i,\quad \mathrm{d}\boldsymbol{l}=\mathrm{d}x_i\boldsymbol{e}_i=\boldsymbol{n}\,\mathrm{d}l \tag{3.103}$$

式中：$\boldsymbol{r}_a,\boldsymbol{r}_b$ 为曲线的起点和终点；$\boldsymbol{n}$ 为起点到终点的切向单位矢量。

显然，一般情况下积分值与积分路径有关(见图 3-16(a))，即

$$\int_{r_a\to 1\to r_b}\boldsymbol{v}\cdot\mathrm{d}\boldsymbol{l}\neq\int_{r_a\to 2\to r_b}\boldsymbol{v}\cdot\mathrm{d}\boldsymbol{l}$$

若积分曲线为封闭曲线(环路，见图 3-16(b)，$\boldsymbol{r}_a\to1\to\boldsymbol{r}_b\to2\to\boldsymbol{r}_a$)，则积分值称为**环量**，记为

$$\Gamma=\oint_L\boldsymbol{a}\cdot\mathrm{d}\boldsymbol{l} \tag{3.104}$$

若在向量场中任意环路环量为零，则表明积分与路径无关，因为

$$\begin{aligned}\oint_L\boldsymbol{a}\cdot\mathrm{d}\boldsymbol{l}&=\int_{r_a\to1\to r_b}\boldsymbol{a}\cdot\mathrm{d}\boldsymbol{l}+\int_{r_b\to2\to r_a}\boldsymbol{a}\cdot\mathrm{d}\boldsymbol{l}\\&=\int_{r_a\to1\to r_b}\boldsymbol{a}\cdot\mathrm{d}\boldsymbol{l}-\int_{r_a\to2\to r_b}\boldsymbol{a}\cdot\mathrm{d}\boldsymbol{l}\\&=0\end{aligned} \tag{3.105a}$$

$$\Rightarrow\int_{r_a\to1\to r_b}\boldsymbol{a}\cdot\mathrm{d}\boldsymbol{l}=\int_{r_a\to2\to r_b}\boldsymbol{a}\cdot\mathrm{d}\boldsymbol{l} \tag{3.105b}$$

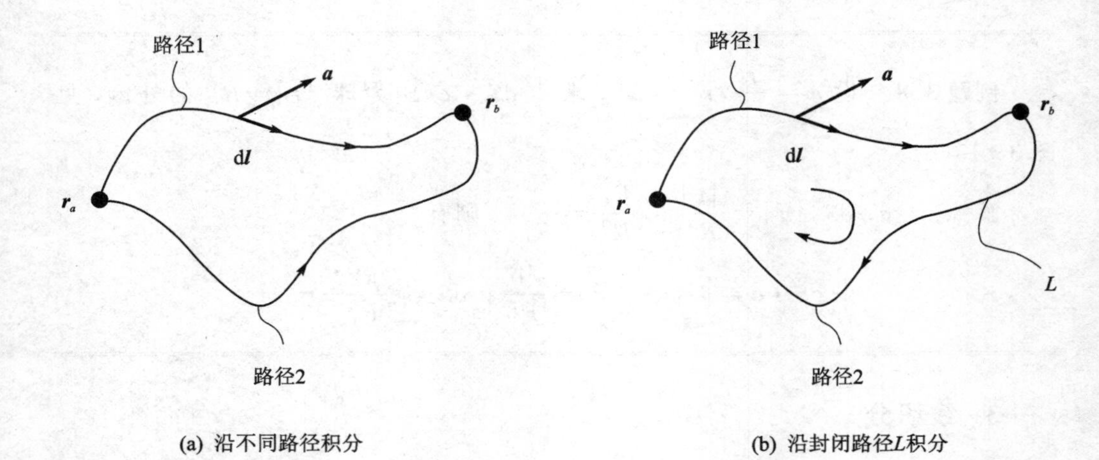

图 3-16　有向曲线积分

路径 1 和路径 2 是点 $\boldsymbol{r}_a$ 和 $\boldsymbol{r}_b$ 之间的任两条路径。所以

积分与路径无关等价于环路积分为零

显然,若 $\boldsymbol{a}$ 代表力,则曲线积分代表沿路径方向力做的功,这是有向曲线积分最典型的物理意义。曲线积分的计算见高等数学,这里不再详述。

例题 3.9　设 $\boldsymbol{a}=\boldsymbol{m}\times\dfrac{\boldsymbol{R}}{R^2}$,$\boldsymbol{R}=\boldsymbol{r}-(\boldsymbol{r}\cdot\boldsymbol{m})\boldsymbol{m}$,$\boldsymbol{r}=x_j\boldsymbol{e}_j$,$\boldsymbol{m}=m_j\boldsymbol{e}_j$ 为单位常向量,$R=|\boldsymbol{R}|$,求$\oint_{L_C}\boldsymbol{a}\cdot\mathrm{d}\boldsymbol{l}$,$L_C$ 为 $|\boldsymbol{R}|=R_C$的圆,d$\boldsymbol{l}$ 与 $\boldsymbol{m}$ 符合右手法则(见图 3-17)。

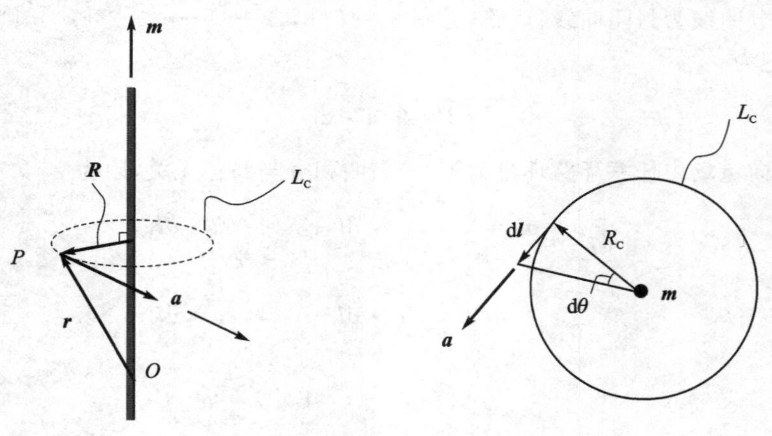

图 3-17　环路积分

解：因为

$$\boldsymbol{R}\cdot\boldsymbol{m}=\boldsymbol{r}\cdot\boldsymbol{m}-(\boldsymbol{r}\cdot\boldsymbol{m})(\boldsymbol{m}\cdot\boldsymbol{m})=\boldsymbol{r}\cdot\boldsymbol{m}-\boldsymbol{r}\cdot\boldsymbol{m}=0\Rightarrow\boldsymbol{R}\perp\boldsymbol{m}\Rightarrow\boldsymbol{a}\,/\!/\,\mathrm{d}\boldsymbol{l}$$

在 L_C 上，$|\boldsymbol{a}|=\left|\boldsymbol{m}\times\dfrac{\boldsymbol{R}}{R^2}\right|=|\boldsymbol{m}|\dfrac{|R|}{R_C^2}=\dfrac{R_C}{R_C^2}=\dfrac{1}{R_C}$，则有

$$\begin{aligned}\oint_{L_C}\boldsymbol{a}\cdot\mathrm{d}\boldsymbol{l}&=\oint_{L_C}|\boldsymbol{a}||\mathrm{d}\boldsymbol{l}|\\&=\int_0^{2\pi}\frac{1}{R_C}R_C\mathrm{d}\theta\\&=\int_0^{2\pi}\mathrm{d}\theta=2\pi\end{aligned}$$

3.4.3　积分定理

下面介绍 3 个应用广泛的积分定理：**高斯定理**、**斯托克斯定理**和**雷诺输运定理**。高斯定理和斯托克斯定理是微元通量公式和微元环量公式在任意有限域的推广。雷诺输运定理是流体质点系的物质导数(参见 3.3.3 小节)。

1. 高斯积分定理

(1) 定理的证明

高斯定理是关于封闭曲面通量积分与体积分的关系定理。积分曲面是积分体域 V 的边界面 S，称为**高斯面**，方向定义为体域的外法向(见图 3-18)，边界面上外法向面元为 $\mathrm{d}\boldsymbol{S}$，故边界面的左通量为 $\oint_S\mathrm{d}\boldsymbol{S}\cdot\boldsymbol{A}$。将 V 划分为任意形状的体积微元

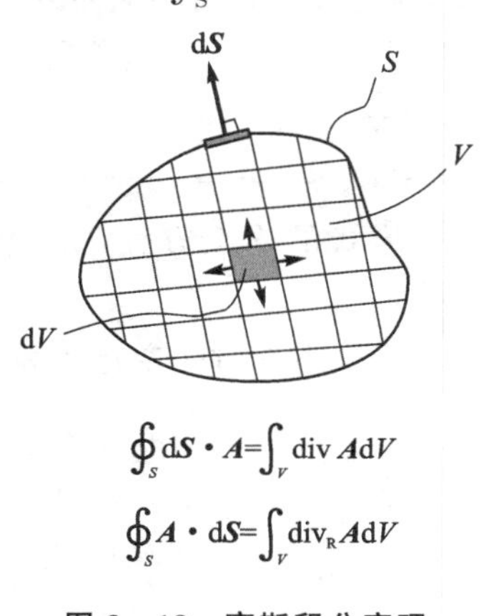

图 3-18　高斯积分定理

$\mathrm{d}V$。附录 B 式(B.3)微元的表面通量可由中心的散度确定

$$\sum_{\partial\Omega} \mathrm{d}\boldsymbol{S} \cdot \boldsymbol{A} = \mathrm{div}\, \boldsymbol{A}\, \mathrm{d}V$$

在 V 上积分上式,得

$$\int_V \sum_{\partial\Omega} \mathrm{d}\boldsymbol{S} \cdot \boldsymbol{A} = \int_V \mathrm{div}\, \boldsymbol{A}\, \mathrm{d}V$$

由于 V 内部相邻微元表面的通量大小相等,符号相反,积分时抵消,仅留表面的通量积分

$$\int_V \sum_{\partial\Omega} \mathrm{d}\boldsymbol{S} \cdot \boldsymbol{A} = \oint_S \mathrm{d}\boldsymbol{S} \cdot \boldsymbol{A}$$

所以

$$\boxed{\oint_S \mathrm{d}\boldsymbol{S} \cdot \boldsymbol{A} = \int_V \mathrm{div}\, \boldsymbol{A}\, \mathrm{d}V} \tag{3.106a}$$

这就是**左通量高斯定理**。同理,可得**右通量高斯定理**,即

$$\boxed{\oint_S \boldsymbol{A} \cdot \mathrm{d}\boldsymbol{S} = \int_V \mathrm{div}_{\mathrm{R}} \boldsymbol{A}\, \mathrm{d}V} \tag{3.106b}$$

显然应用高斯定理的一个基本条件是积分体域内张量散度要有定义(在物理上或数学上)。如果张量函数定义域内任意闭曲面包含的积分体域内的张量散度都有定义,则该定义域称为**面单连域**;否则称为**面复连域**。在面单连域内,高斯定理总是成立的。

由高斯定理可知

在无散场(div $\boldsymbol{A} \equiv 0$)中通过任意封闭曲面外法向的净通量为零

高斯定理经常用于公式的推导。

例题 3.10 试由流体积分形式的连续方程(3.101),导出微分形式的连续方程(3.49)。

解: 由式(3.101),并考虑体积域不随时间变化及高斯定理,可转化为

$$\begin{aligned} 0 &= \frac{\partial}{\partial t}\int_V \rho \mathrm{d}V + \oint_S \mathrm{d}\boldsymbol{S} \cdot (\rho \boldsymbol{u}) \\ &= \int_V \left[\frac{\partial \rho}{\partial t} + \nabla \cdot (\rho \boldsymbol{u})\right] \mathrm{d}V \end{aligned}$$

因为积分域是任取的,所以必有

$$\frac{\partial\rho}{\partial t}+\nabla\cdot(\rho\boldsymbol{u})=0$$

(2) 管形场

同义词:管形场、无散场

如图 3-19 所示,在无散向量场($\nabla\cdot\boldsymbol{a}=0$)中,垂直于向量线任取两断面 S_1 和 S_2,断面方向 $\boldsymbol{n}_1$ 和 $\boldsymbol{n}_2$ 与流线一致。通过断面的向量线构成的曲面 S_3 与断面构成一管状区域。S_3 的法向与向量垂直,无通量穿过。由高斯定理

$$\begin{aligned}\oint_S\boldsymbol{a}\cdot\mathrm{d}\boldsymbol{S}&=\left(\int_{S_2}-\int_{S_1}+\int_{S_3}\right)\boldsymbol{a}\cdot\mathrm{d}\boldsymbol{S}\\&=\left(\int_{S_2}-\int_{S_1}\right)\boldsymbol{a}\cdot\mathrm{d}\boldsymbol{S}\\&=\int_V\nabla\cdot\boldsymbol{a}\,\mathrm{d}V=0\Rightarrow\end{aligned}$$

$$\int_{S_1}\boldsymbol{a}\cdot\mathrm{d}\boldsymbol{S}=\int_{S_2}\boldsymbol{a}\cdot\mathrm{d}\boldsymbol{S}$$

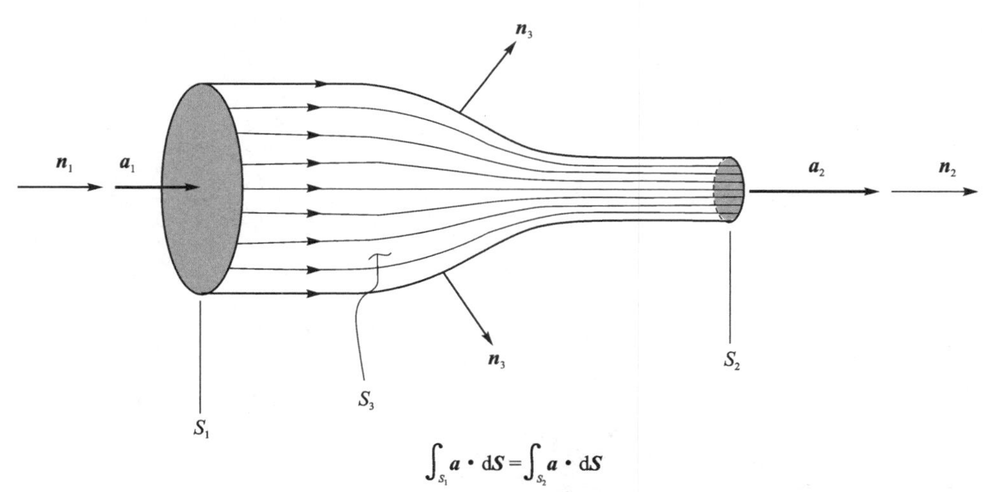

图 3-19　管形场断面通量守恒

无散场中通过向量管断面的通量保持不变

由于这一特性,无散场也称为**管形场**。如果 $\boldsymbol{u}$ 代表不可压流场($\nabla \cdot \boldsymbol{u}=0$),那么流体不能从侧面 S_3 流进或流出,且流过断面 1 的体积流量等于流过断面 2 的流量。这样,断面小的流速必大于断面大的流速。这表明

向量线密处的向量值大于向量线稀处的向量值

上述特性同样适用于涡量场 $\boldsymbol{\Omega}$(为无散场,见式(3.82))、电场 $\boldsymbol{E}$(见例题 3.5 的第①问)和磁场 $\boldsymbol{B}$($\nabla \cdot \boldsymbol{B}=0$)。

静电场高斯定理

由例题 3.5 知,点电荷 q 的电场强度 $\boldsymbol{E}=\dfrac{q}{4\pi\varepsilon_0}\dfrac{\boldsymbol{r}}{r^3}$ 的散度除原点外处处为零,在原点 $\boldsymbol{E}$ 无定义,其散度也无定义,因而是一个面复连域的实例。当原点包含在高斯面 S 内时,不能应用高斯定理。为此,我们以原点为圆心作一微小球形域 V_0(见图 3-20),球面 S_0 的方程为 $\boldsymbol{r}\cdot\boldsymbol{r}=R_0^2$。在 $V-V_0$ 中应用高斯定理(注意 $\boldsymbol{n}_0$ 是 $V-V_0$ 的内法向)

$$\oint_S \boldsymbol{E}\cdot\boldsymbol{n}\,\mathrm{d}S-\oint_{S_0}\boldsymbol{E}\cdot\boldsymbol{n}_0\,\mathrm{d}S=\int_{V-V_0}\nabla\cdot\boldsymbol{E}\,\mathrm{d}V=0\Rightarrow$$

$$\oint_S \boldsymbol{E}\cdot\boldsymbol{n}\,\mathrm{d}S=\oint_{S_0}\boldsymbol{E}\cdot\boldsymbol{n}_0\,\mathrm{d}S=\frac{q}{4\pi\varepsilon_0}\oint_{S_0}\frac{\boldsymbol{r}}{r^3}\cdot\boldsymbol{n}_0\,\mathrm{d}S=\frac{q}{4\pi\varepsilon_0}4\pi=\frac{q}{\varepsilon_0}$$

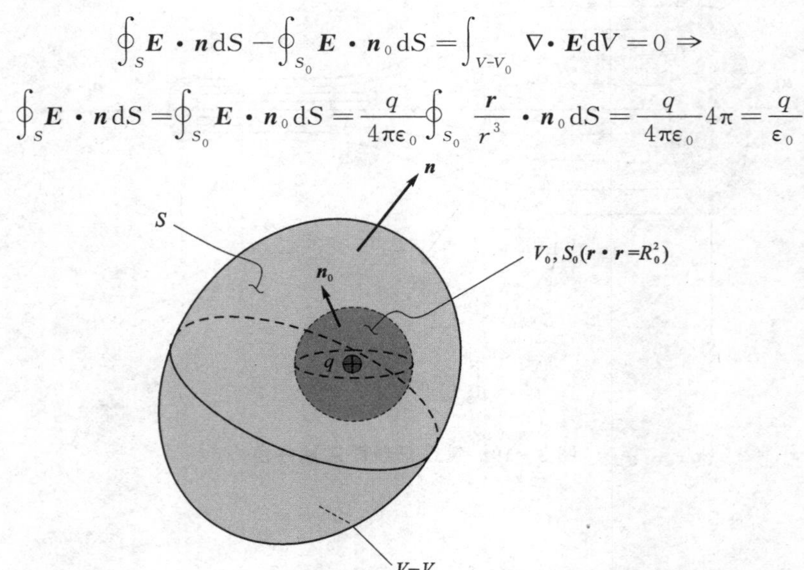

图 3-20　点电荷在原点,含于高斯面内

此为点电荷 q 的静电场高斯定理。这里 q 称为源，$q>0$ 为正源，$q<0$ 为负源。如果点电荷 q 在考虑的场之外，则 $q=0$，这时的场称无源场，当然也是无散场。

2. 斯托克斯积分定理

(1) 定理的证明

斯托克斯定理是关于封闭曲线积分(环量)与曲面通量积分的关系定理。积分曲线 L 是积分曲面 S 的边界(见图 3-21)，曲线的方向与曲面的方向符合右手法则。曲线上正向线元为 $\mathrm{d}\boldsymbol{l}$，环量为 $\oint_L \mathrm{d}\boldsymbol{l}\cdot\boldsymbol{A}$。另一方面，将 S 划分为任意形状的面元 $\mathrm{d}\boldsymbol{S}$，由式(3.67)，面元的环量可由中心的旋度确定，即

$$\sum_{\partial L}\mathrm{d}\boldsymbol{l}\cdot\boldsymbol{A}=\mathrm{d}\boldsymbol{S}\cdot\mathrm{rot}\,\boldsymbol{A}$$

在 S 上积分上式得

$$\int_S\sum_{\partial L}\mathrm{d}\boldsymbol{l}\cdot\boldsymbol{A}=\int_S\mathrm{d}\boldsymbol{S}\cdot\mathrm{rot}\,\boldsymbol{A}$$

由于 S 内微元相邻边的 $\mathrm{d}\boldsymbol{l}\cdot\boldsymbol{A}$ 大小相等，符号相反，积分时抵消，仅留边界 L 的积分值，即边界 L 的环量

$$\int_S\sum_{\partial L}\mathrm{d}\boldsymbol{l}\cdot\boldsymbol{A}=\oint_L\mathrm{d}\boldsymbol{l}\cdot\boldsymbol{A}$$

所以

$$\boxed{\oint_L\mathrm{d}\boldsymbol{l}\cdot\boldsymbol{A}=\int_S\mathrm{d}\boldsymbol{S}\cdot\mathrm{rot}\,\boldsymbol{A}}\tag{3.107a}$$

这就是**左环量斯托克斯定理**。同理，可得**右环量斯托克斯定理**

$$\boxed{\oint_L\boldsymbol{A}\cdot\mathrm{d}\boldsymbol{l}=-\int_S\mathrm{rot}_{\mathrm{R}}\boldsymbol{A}\cdot\mathrm{d}\boldsymbol{S}}\tag{3.107b}$$

显然应用斯托克斯定理的一个基本条件是以积分曲线为边界的曲面上张量旋度要有定义(在物理上或数学上)。如果对于张量函数定义域内的任意闭曲线，都能找到一个以它为边界的张量旋度有定义的曲面，则该定义域称为**线单连域**，否则称为**线复连域**。在线单连域内，斯托克斯定理总是成立的。

(2) 保守场

曲线积分与路径无关(见式(3.105b)和图 3-14)的向量场称为**保守场**。关于**保守场**有下面的循环等价命题：

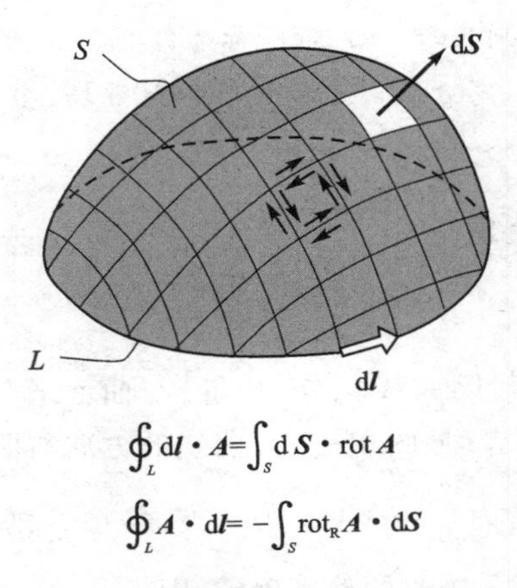

$$\oint_L \mathrm{d}\boldsymbol{l} \cdot \boldsymbol{A} = \int_S \mathrm{d}\boldsymbol{S} \cdot \mathrm{rot}\,\boldsymbol{A}$$

$$\oint_L \boldsymbol{A} \cdot \mathrm{d}\boldsymbol{l} = -\int_S \mathrm{rot}_{\mathrm{R}}\boldsymbol{A} \cdot \mathrm{d}\boldsymbol{S}$$

图 3-21 斯托克斯积分定理

① 积分与路径无关 ⇒ ② 环量为零 ⇒ ③ 无旋 ⇒ ④ 有势 ⇒ ① 积分与路径无关。

④ ⇒ ① 的证明如下：

考虑有势场中两点 $\boldsymbol{r}_a, \boldsymbol{r}_b$ 间任一条路径的曲线积分(见图 3-14(a))

$$\int_{r_a}^{r_b} \boldsymbol{a} \cdot \mathrm{d}\boldsymbol{l} = \int_{r_a}^{r_b} \nabla\varphi \cdot \mathrm{d}\boldsymbol{l}$$

$$= \int_{r_a}^{r_b} \mathrm{d}\varphi = \varphi(\boldsymbol{r}_b) - \varphi(\boldsymbol{r}_a)$$

这说明有势场中积分只与两点的势函数值有关,与积分路径无关。

同义词：无旋场、有势场、保守场

由此可知,重力场、压力场、电场都是保守场。

安培环路积分定理

无限长直导线电流 i 产生的磁场为 $\boldsymbol{B} = \dfrac{\mu_0 i}{2\pi}\boldsymbol{a}$, $\boldsymbol{a} = \boldsymbol{m} \times \dfrac{\boldsymbol{R}}{R^2}$, $\boldsymbol{R} = \boldsymbol{r} - (\boldsymbol{r} \cdot \boldsymbol{m})\boldsymbol{m}$, $\boldsymbol{r} = x_j\boldsymbol{e}_j$, $\boldsymbol{m} = m_j\boldsymbol{e}_j$ 为沿导线的单位向量,$R = |\boldsymbol{R}|$(见图 3-22(a)),由例题 3.6 知,除导线处($R=0$)外,$\nabla \times \boldsymbol{a} = 0$,故 $\nabla \times \boldsymbol{B} = 0$,导线处磁场无定义,因而是一个线复连域的实例。磁场中绕导线任作一闭曲线 L(称安培环路),以安培环路为边界作一有向曲面 S,曲线的方向与曲面的方向符合右手法则。由于导线处磁场无定义,其旋度也无定义,故不能应用斯托克斯定理。为此,我们以导线为圆心垂直于导线作一半径为 R_{C} 的微小圆球形环路 l(见图 3-22(b),l 的方向与曲面 S 的方向符合左手法则)。在 L 与 l 之间,应用斯托克斯定理

$$\oint_L \boldsymbol{B} \cdot \mathrm{d}\boldsymbol{l} - \oint_l \boldsymbol{B} \cdot \mathrm{d}\boldsymbol{l} = \int_S \nabla \times \boldsymbol{B} \mathrm{d}V = 0$$

$$\Rightarrow \oint_L \boldsymbol{B} \cdot \mathrm{d}\boldsymbol{l} = \oint_l \boldsymbol{B} \cdot \mathrm{d}\boldsymbol{l} = \frac{\mu_0 i}{2\pi} \oint_l \boldsymbol{a} \cdot \mathrm{d}\boldsymbol{l} = \frac{\mu_0 i}{2\pi} 2\pi$$

$$\Rightarrow \oint_L \boldsymbol{B} \cdot \mathrm{d}\boldsymbol{l} = \mu_0 i$$

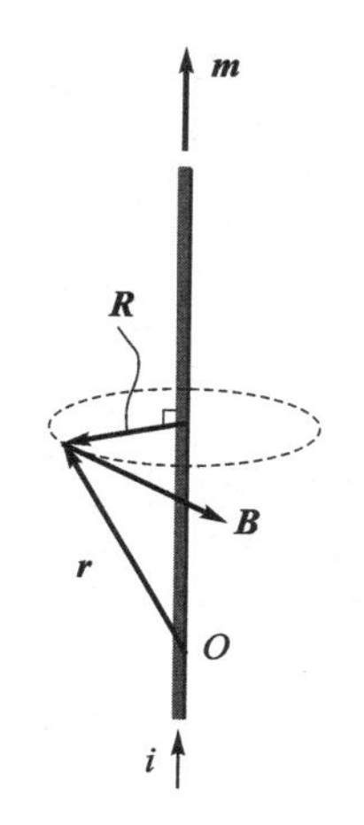

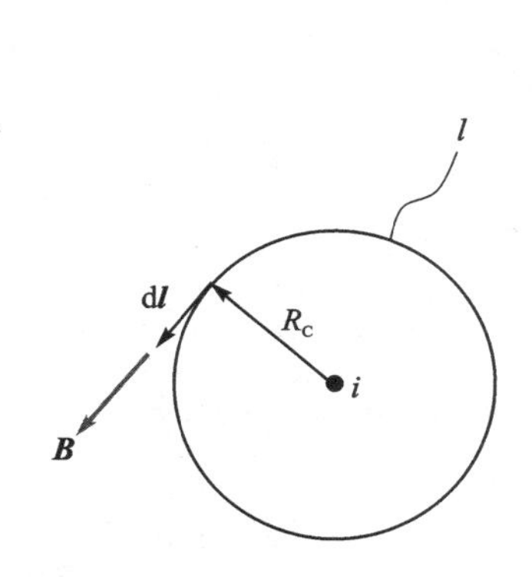

(a) 各矢量示意图

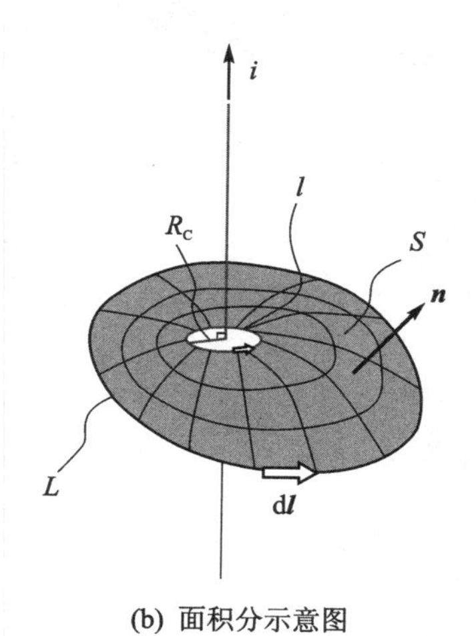

(b) 面积分示意图

图 3-22　安培环路积分

此为电流 i 的安培环路积分定理。

3. 雷诺输运定理

我们考虑 t 时刻占据控制体 $V=V(t)$ 的流体质点系的物质导数为

$$\frac{\mathrm{d}}{\mathrm{d}t}\int_{V(t)} \boldsymbol{A}(x_i(t), t)\,\mathrm{d}V(t)$$

式中：$\boldsymbol{A}$ 为 0 到 n 阶张量。因为质点位置和积分区域均随时间变化(见图 3-23)，不易求导，所以我们引入流动变换

$$T:\begin{cases} \boldsymbol{r} = \boldsymbol{r}(\boldsymbol{r}_0, t) = \boldsymbol{r}_0 + \int_{r_0}^{r} \mathrm{d}\boldsymbol{r} = \boldsymbol{r}_0 + \int_{t_0}^{t} \boldsymbol{u}(\boldsymbol{r}_0, \tau)\,\mathrm{d}\tau \\ x_i = x_i(y_j, t) = y_i + \int_{t_0}^{t} u_i(y_j, \tau)\,\mathrm{d}\tau \end{cases}$$

把变化区域 $V(t)$ 的积分，变换为固定区域 $V(t_0)$ 的积分。$V(t_0)$ 是任选的 t 时刻前某一时刻 t_0 流体质点系占据的区域。$\boldsymbol{r}_0 = y_i \boldsymbol{e}_i$ 是 $V(t)$ 中点 $P(\boldsymbol{r})$ 在 $V(t_0)$ 中对应点 P' 的位置矢量，y_i 是质点的**静坐标**，称为**拉格朗日坐标**，它是区别不同质点的标记，对

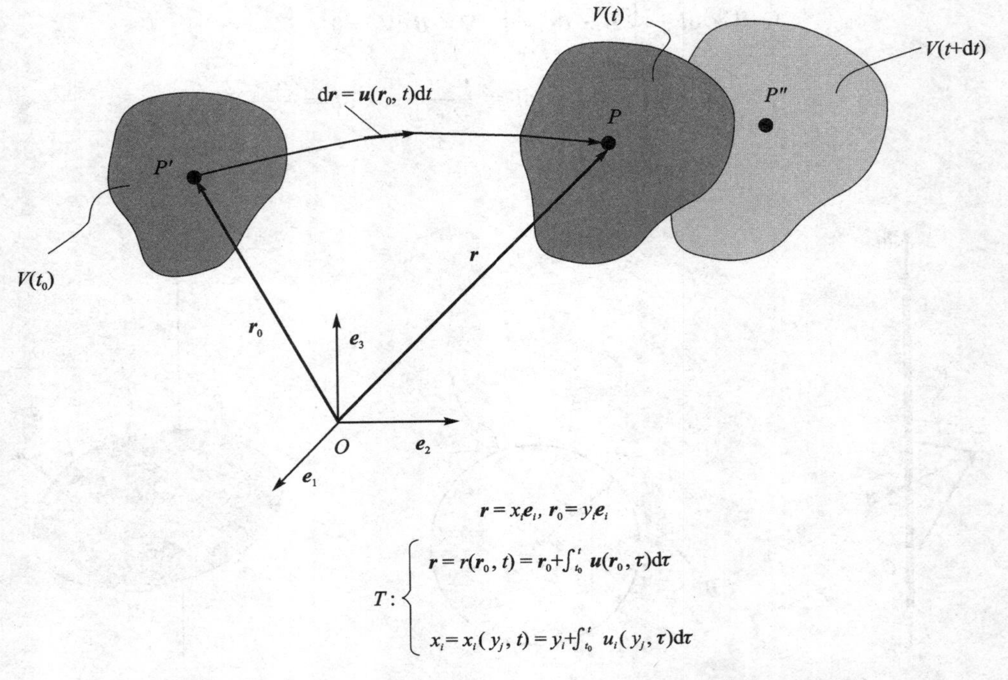

图 3-23　$V(t)$中点$P(r)$是$V(t_0)$中点$P'(r_0)$通过流动变换T:得到的

于同一质点在不同时刻 y_i 是不变的，即 y_i 是与时间无关的变量。另外，$x_i=x_i(y_j,t)$ 是质点的**动坐标**，确定质点在任意时刻的位置，自变量 y_j 是参数，表示不同的质点。$\boldsymbol{u}$ 是质点的流速。由换元公式(3.95)得

$$\int_{V(t)}\mathbf{A}(x_i(t),t)\,\mathrm{d}V(t)=\int_{V(t_0)}\mathbf{A}(y_j,t)J(y_j,t)\,\mathrm{d}V(t_0) \tag{3.108}$$

上式右边，积分域与积分微元不随时间变化，被积式中，y_j 与时间无关，t 是参变量。物质导数为

$$\begin{aligned}\frac{\mathrm{d}}{\mathrm{d}t}\int_{V(t)}\mathbf{A}(x_i(t),t)\,\mathrm{d}V(t)&=\frac{\mathrm{d}}{\mathrm{d}t}\int_{V(t_0)}\mathbf{A}(y_j,t)J(y_j,t)\,\mathrm{d}V(t_0)\\&=\int_{V(t_0)}\frac{\partial}{\partial t}[\mathbf{A}(y_j,t)J(y_j,t)]\,\mathrm{d}V(t_0)\\&=\int_{V(t_0)}\frac{\mathrm{d}}{\mathrm{d}t}[\mathbf{A}(x_i(t),t)J(x_i(t),t)]\,\mathrm{d}V(t_0)\end{aligned} \tag{3.109}$$

第三个等号的被积函数是对 x_i 坐标系张量函数求物质导数，所以用全导数符号，而

$$\frac{\mathrm{d}}{\mathrm{d}t}(\mathbf{A}J)=J\,\frac{\mathrm{d}\mathbf{A}}{\mathrm{d}t}+\mathbf{A}\,\frac{\mathrm{d}J}{\mathrm{d}t} \tag{3.110}$$

下面求$\dfrac{dJ}{dt}$。$dV(t)$，$dV(t_0)$满足式(3.94)，即

$$dV(t)=J(x_i(t),t)\,dV(t_0) \tag{3.111}$$

求物质导数

$$\frac{d}{dt}dV(t)=\frac{d}{dt}J(x_i(t),t)\,dV(t_0)$$

$$\Rightarrow \frac{1}{dV(t)}\frac{d}{dt}dV(t)=\frac{d}{dt}J(x_i(t),t)\frac{dV(t_0)}{dV(t)}=\frac{1}{J}\frac{dJ}{dt}$$

将式(3.51)代入上式得

$$\nabla\cdot\boldsymbol{u}=\frac{1}{J}\frac{dJ}{dt}\Rightarrow\frac{dJ}{dt}=J\,\nabla\cdot\boldsymbol{u} \tag{3.112}$$

将上式代入式(3.110)得

$$\begin{aligned}\frac{d}{dt}(\boldsymbol{A}J)&=J\frac{d\boldsymbol{A}}{dt}+\boldsymbol{A}J\,\nabla\cdot\boldsymbol{u}\\&=\left(\frac{d\boldsymbol{A}}{dt}+\boldsymbol{A}\,\nabla\cdot\boldsymbol{u}\right)J\\&=\left[\frac{\partial\boldsymbol{A}}{\partial t}+\nabla\cdot(\boldsymbol{u}\boldsymbol{A})\right]J\end{aligned} \tag{3.113}$$

$$\frac{d\boldsymbol{A}}{dt}+\boldsymbol{A}\,\nabla\cdot\boldsymbol{u}\triangleright\frac{\partial A_{ij}}{\partial t}+u_k\frac{\partial A_{ij}}{\partial x_k}+A_{ij}\frac{\partial u_k}{\partial x_k}=\frac{\partial A_{ij}}{\partial t}+\frac{\partial u_kA_{ij}}{\partial x_k}\triangleright\frac{\partial A}{\partial t}+\nabla\cdot(\boldsymbol{u}\boldsymbol{A})$$

将式(3.113)代入式(3.109)得

$$\begin{aligned}\frac{d}{dt}\int_{V(t)}\boldsymbol{A}\,dV&=\int_{V(t_0)}\left[\frac{\partial\boldsymbol{A}}{\partial t}+\nabla\cdot(\boldsymbol{u}\boldsymbol{A})\right]J\,dV\\&=\int_{V(t)}\left[\frac{\partial A}{\partial t}+\nabla\cdot(\boldsymbol{u}\boldsymbol{A})\right]dV\\&=\int_{V(t)}\frac{\partial\boldsymbol{A}}{\partial t}dV+\int_{V(t)}\nabla\cdot(\boldsymbol{u}\boldsymbol{A})\,dV\end{aligned}$$

第三个等号右边第一项对时间求偏导时，空间坐标保持不变，积分时，积分区域保持不变等于 t 时刻的控制体 $V=V(t)$，这是固定积分限偏导数积分，由式(3.77)得 $\displaystyle\int_{V(t)}\frac{\partial\boldsymbol{A}}{\partial t}dV=\frac{\partial}{\partial t}\int_V\boldsymbol{A}\,dV$。第二项应用高斯定理变成面积分，所以有

$$\boxed{\frac{d}{dt}\int_{V(t)}\boldsymbol{A}\,dV=\frac{\partial}{\partial t}\int_V\boldsymbol{A}\,dV+\int_S d\boldsymbol{S}\cdot(\boldsymbol{u}\boldsymbol{A})} \tag{3.114}$$

此为**雷诺输运定理**，即流体质点系的物质导数公式，左边的积分域是随流体一起运动的空间域，右边的积分域是固定不动的空间域及边界(即控制体及控制体表面)，在时刻 t 两积分域重合。

例题 3.11 试由质点系的物质导数证明流体连续方程(3.101)。

证: 流体质点系的质量可表示为 $m=\int_{V(t)}\rho\,\mathrm{d}V$，由质量守恒定理得

$$\frac{\mathrm{d}m}{\mathrm{d}t}=\frac{\mathrm{d}}{\mathrm{d}t}\int_{V(t)}\rho\,\mathrm{d}V=0$$

根据雷诺输运定理式(3.114)得

$$\frac{\partial}{\partial t}\int_{V(t)}\rho\,\mathrm{d}V+\int_{S}\mathrm{d}\boldsymbol{S}\cdot(\rho\boldsymbol{u})=0$$

证毕。

第4章 一般张量

一般张量定义在一般坐标系上。一般坐标系包括直线坐标系和曲线坐标系，笛卡儿直角坐标系是基为标准基的直线坐标系。所以，在一般坐标系中，基不一定是标准基，其坐标变换不一定是正交变换。为了维持张量式的不变性，需引进两组基——协变基和逆变基，从而产生不同类型的张量——协变张量、逆变张量和混变张量。

一般坐标系下的指标约定

为了区别不同类型的基和张量，需同时采用上标与下标，并修改求和约定：

➢ 除自然坐标系外，坐标采用上标变量，如

$$\text{老系}\quad y^i=(y^1,y^2,y^3),\quad \text{新系}\quad z^i=(z^1,z^2,z^3) \tag{4.1}$$

➢ 自然坐标系下的上标变量与下标变量有相同的含义，如

$$\text{自然系}\quad x^i=(x^1,x^2,x^3)=x_i=(x_2,x_2,x_3),\quad \boldsymbol{e}^i=\boldsymbol{e}_i\cdots \tag{4.2}$$

➢ 哑标必须在上下标中各取一个，如

$$\text{粒子速度}\quad u^i\boldsymbol{e}_i=u^i\boldsymbol{e}_i+u^i\boldsymbol{e}_i+u^i\boldsymbol{e}_i \tag{4.3}$$

➢ 偏导数分母中的上下标与分子指标相同时，构成哑标，如

$$\nabla\varphi=\boldsymbol{e}_i\frac{\partial\varphi}{\partial x_i}=\boldsymbol{e}^i\frac{\partial\varphi}{\partial x^i}=\boldsymbol{e}^1\frac{\partial\varphi}{\partial x^1}+\boldsymbol{e}^2\frac{\partial\varphi}{\partial x^2}+\boldsymbol{e}^3\frac{\partial\varphi}{\partial x^3} \tag{4.4}$$

➢ 用括号来区分指数与上标，如

$$x_i\ \text{的平方为}(x^i)^2$$

4.1 一般坐标系中的基向量

第1章已说明，一般坐标系中，空间点 P 的位置由坐标 y^i 通过变换 T:确定，即

$$T:x^i=x^i(y^j) \tag{4.5}$$

式中：x^i 为物理空间中自然坐标系坐标；y^j 为变换空间中一般坐标系坐标；T:为 y^j 到 x^i 的变换(正变换)。几何上(见图4-1)T:把变换空间的点 P'变换为物理空间的点 P，把变换空间**坐标面**(垂直于坐标轴，面上一个坐标保持常数)组成的六面体变换为物理空间坐标面组成的曲面六面体。六面体上坐标面的交线即为坐标线。点

P 有三条坐标线,其向量方程为

$$\boldsymbol{r}=\boldsymbol{r}(y^1),\quad \boldsymbol{r}=\boldsymbol{r}(y^2),\quad \boldsymbol{r}=\boldsymbol{r}(y^3) \tag{4.6}$$

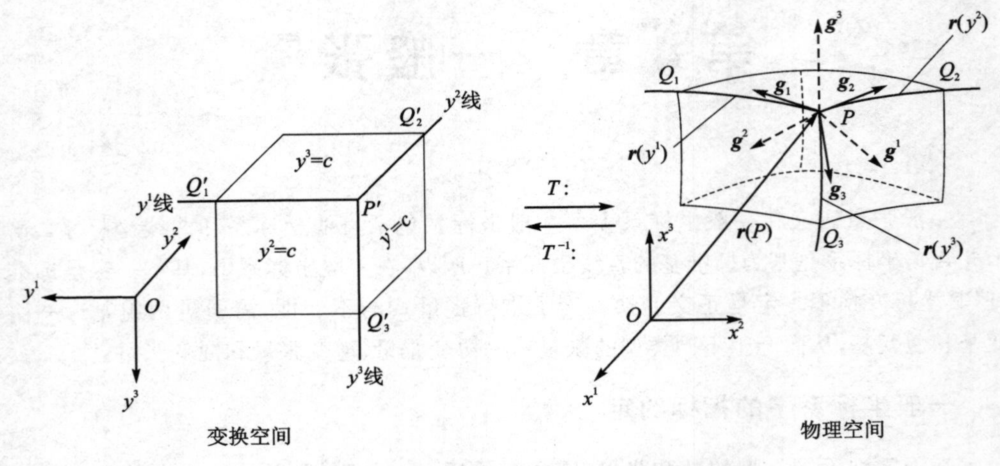

图 4-1　变换空间与物理空间中的向量变换

根据向量导数的几何意义知,坐标线的切向量为

$$\left.\begin{aligned}
\boldsymbol{g}_1&=\frac{\partial \boldsymbol{r}}{\partial y^1}=\frac{\partial x^i}{\partial y^1}\boldsymbol{e}_i=\begin{pmatrix}\dfrac{\partial x^1}{\partial y^1}\\[2mm] \dfrac{\partial x^2}{\partial y^1}\\[2mm] \dfrac{\partial x^3}{\partial y^1}\end{pmatrix}\\
\boldsymbol{g}_2&=\frac{\partial \boldsymbol{r}}{\partial y^2}=\frac{\partial x^i}{\partial y^2}\boldsymbol{e}_i=\begin{pmatrix}\dfrac{\partial x^1}{\partial y^2}\\[2mm] \dfrac{\partial x^2}{\partial y^2}\\[2mm] \dfrac{\partial x^3}{\partial y^2}\end{pmatrix}\\
\boldsymbol{g}_3&=\frac{\partial \boldsymbol{r}}{\partial y^3}=\frac{\partial x^i}{\partial y^3}\boldsymbol{e}_i=\begin{pmatrix}\dfrac{\partial x^1}{\partial y^3}\\[2mm] \dfrac{\partial x^2}{\partial y^3}\\[2mm] \dfrac{\partial x^3}{\partial y^3}\end{pmatrix}\\
\boldsymbol{g}_i&=\frac{\partial \boldsymbol{r}}{\partial y^i}=\frac{\partial x^j}{\partial y^i}\boldsymbol{e}_j
\end{aligned}\right\} \tag{4.7}$$

另外，T：的 Jacobi 矩阵为

$$J_j^i=\frac{\partial x^i}{\partial y^j}=\begin{bmatrix}\dfrac{\partial x^1}{\partial y^1} & \dfrac{\partial x^1}{\partial y^2} & \dfrac{\partial x^1}{\partial y^3}\\ \dfrac{\partial x^2}{\partial y^1} & \dfrac{\partial x^2}{\partial y^2} & \dfrac{\partial x^2}{\partial y^3}\\ \dfrac{\partial x^3}{\partial y^1} & \dfrac{\partial x^3}{\partial y^2} & \dfrac{\partial x^3}{\partial y^3}\end{bmatrix}=[\boldsymbol{g}_1,\boldsymbol{g}_2,\boldsymbol{g}_3] \tag{4.8}$$

可见 J_j^i 的列向量即为切线向量 $\boldsymbol{g}_i$。考虑到行列式与混合积的关系，T：的 Jacobi 行列式为

$$J=\det(J_j^i)=[\boldsymbol{g}_1,\boldsymbol{g}_2,\boldsymbol{g}_3]=V_{\mathrm{G}} \tag{4.9}$$

坐标变换为可逆变换 $J\neq 0$，由式(4.9)，向量组 $\boldsymbol{g}_i$ 不共面，即向量组 $\boldsymbol{g}_i$ 线性无关，且有逆变换存在

$$T^{-1}:\ y^j=y^j(x^i) \tag{4.10}$$

逆变换可视为物理空间的三个标量场，有三个梯度向量

$$\left.\begin{aligned}\boldsymbol{g}^1&=\nabla y^1=\frac{\partial y^1}{\partial x^i}\boldsymbol{e}^i=\begin{pmatrix}\dfrac{\partial y^1}{\partial x^1} & \dfrac{\partial y^1}{\partial x^2} & \dfrac{\partial y^1}{\partial x^3}\end{pmatrix}\\ \boldsymbol{g}^2&=\nabla y^2=\frac{\partial y^2}{\partial x^i}\boldsymbol{e}^i=\begin{pmatrix}\dfrac{\partial y^2}{\partial x^1} & \dfrac{\partial y^2}{\partial x^2} & \dfrac{\partial y^2}{\partial x^3}\end{pmatrix}\\ \boldsymbol{g}^3&=\nabla y^3=\frac{\partial y^3}{\partial x^i}\boldsymbol{e}^i=\begin{pmatrix}\dfrac{\partial y^3}{\partial x^1} & \dfrac{\partial y^3}{\partial x^2} & \dfrac{\partial y^3}{\partial x^3}\end{pmatrix}\\ \boldsymbol{g}^i&=\frac{\partial y^i}{\partial x^j}\boldsymbol{e}^j\end{aligned}\right\} \tag{4.11}$$

梯度垂直于等值面，则 $\boldsymbol{g}^j$ 分别与相应的坐标面垂直，也就与坐标面内的向量 $\boldsymbol{g}_i$ 垂直(见图 4-1)。下面我们讨论两组向量的关系，并证明 $\boldsymbol{g}^j$ 的线性无关性。

逆变换的 Jacobi 矩阵为

$$\tilde{J}_j^i=\frac{\partial y^i}{\partial x^j}=\begin{bmatrix}\dfrac{\partial y^1}{\partial x^1} & \dfrac{\partial y^1}{\partial x^2} & \dfrac{\partial y^1}{\partial x^3}\\ \dfrac{\partial y^2}{\partial x^1} & \dfrac{\partial y^2}{\partial x^2} & \dfrac{\partial y^2}{\partial x^3}\\ \dfrac{\partial y^3}{\partial x^1} & \dfrac{\partial y^3}{\partial x^2} & \dfrac{\partial y^3}{\partial x^3}\end{bmatrix}=\begin{pmatrix}\boldsymbol{g}^1\\ \boldsymbol{g}^2\\ \boldsymbol{g}^3\end{pmatrix} \tag{4.12}$$

可见 $\tilde{J}_j^i$ 的行向量为梯度向量 $\boldsymbol{g}_i$，因此 $\tilde{J}_j^i$ 的 Jacobi 行列式可表示为

$$\tilde{J}=\det(\tilde{J}_j^i)=[\boldsymbol{g}^1,\boldsymbol{g}^2,\boldsymbol{g}^3]=V_{\mathrm{G}} \tag{4.13a}$$

$\boldsymbol{g}_i$ 与 $\boldsymbol{g}^j$ 满足正交归一条件，即

$$\boldsymbol{g}_i\cdot\boldsymbol{g}^j=\delta_i^j \tag{4.13b}$$

因为

$$
\begin{aligned}
\boldsymbol{g}_i \cdot \boldsymbol{g}^j &= \frac{\partial x^k}{\partial y^i} \frac{\partial y^j}{\partial x^l} \boldsymbol{e}_k \cdot \boldsymbol{e}^l \\
&= \frac{\partial x^k}{\partial y^i} \frac{\partial y^j}{\partial x^l} \delta_k^l \\
&= \frac{\partial x^k}{\partial y^i} \frac{\partial y^j}{\partial x^k} \\
&= \frac{\partial y^j}{\partial y^i} = \delta_i^j
\end{aligned}
$$

这说明正逆 Jacobi 矩阵是互逆关系，即

$$
J_i^k \tilde{J}_k^j = \delta_i^j \tag{4.14}
$$

对上式求行列式得

$$
J \tilde{J} = 1 \tag{4.15}
$$

这表明，正逆 Jacobi 行列式均不为零，且有相同的符号。由式(4.13a)知 $\boldsymbol{g}^j$ 是线性无关的，且

$$
V_G \tilde{V}_G = 1 \tag{4.16}
$$

综上所述，$\boldsymbol{g}_i$ 与 $\boldsymbol{g}^j$ 均为线性无关的向量组，二者为互逆的一一对应的对偶关系，都可作为张量空间的基，$\boldsymbol{g}_i$ 称为**协变基**，$\boldsymbol{g}^j$ 称为**逆变基**，二者互为**对偶基**。通过式(4.14)，我们可从任一组基向量求得另一组基向量。此外，由 $\boldsymbol{g}_i$ 与 $\boldsymbol{g}^j$ 的定义不难看出，一般情况下，它们都是空间点的函数，不一定正交，也不一定为单位向量。读者自然要问，我们为什么不选择较为简单的自然基或标准基呢？下面的例子说明了这个问题。

例 1： 在式(4.3)中，粒子的速度可表示为

$$
\boldsymbol{V} = u^j \boldsymbol{e}_j = \frac{\mathrm{d}x^j}{\mathrm{d}t} \boldsymbol{e}_j = \frac{\partial x^j}{\partial y^i} \boldsymbol{e}_j \frac{\mathrm{d}y^i}{\mathrm{d}t}
$$

可以看出，等式右端含有协变基，为了维持张量式的不变性，我们必须取协变基作为 y^i 系下的基，从而有

$$
\boldsymbol{V} = u^j \boldsymbol{e}_j = v^i \boldsymbol{g}_i, \quad v^i = \frac{\mathrm{d}y^i}{\mathrm{d}t}
$$

例 2： 在式(4.4)中，标量场的梯度为

$$
\nabla \varphi = \boldsymbol{e}^i \frac{\partial \varphi}{\partial x^i} = \boldsymbol{e}^i \frac{\partial \varphi}{\partial y^j} \frac{\partial y^j}{\partial x^i}
$$

同样，为了维持张量的不变性，必须取逆变基作为 y^i 系下的基，使

$$
\nabla \varphi = \boldsymbol{e}^i \frac{\partial \varphi}{\partial x^i} = \boldsymbol{g}^j \frac{\partial \varphi}{\partial y^j}
$$

上两例说明，在一般坐标系下，若要使张量式与直角坐标系保持一致，张量的基不能任意取，有的张量需取协变基，有的则应取逆变基，另一些既可取协变基，也可取逆变基。

实用上，逆变换一般是未知的，我们可先通过正变换求协变基，然后通过互逆关系式(4.14)求逆变基。此外，还有一种适合于手工计算的简单方法求逆变基。例如，因 $\boldsymbol{g}^3$ 与 $\boldsymbol{g}_1$ 与 $\boldsymbol{g}_2$ 与垂直，故有

$$\boldsymbol{g}^3 = m\boldsymbol{g}_1 \times \boldsymbol{g}_2$$

又

$$\begin{aligned}\boldsymbol{g}^3 \cdot \boldsymbol{g}_3 &= m\boldsymbol{g}_1 \times \boldsymbol{g}_2 \cdot \boldsymbol{g}_3 \\ &= m\,[\boldsymbol{g}_1, \boldsymbol{g}_2, \boldsymbol{g}_3] \\ &= mV_{\mathrm{G}} = 1\end{aligned}$$

所以有

$$\left.\begin{aligned}\boldsymbol{g}^3 &= \frac{\boldsymbol{g}_1 \times \boldsymbol{g}_2}{V_{\mathrm{G}}} \\ \boldsymbol{g}^2 &= \frac{\boldsymbol{g}_3 \times \boldsymbol{g}_1}{V_{\mathrm{G}}} \\ \boldsymbol{g}^1 &= \frac{\boldsymbol{g}_2 \times \boldsymbol{g}_3}{V_{\mathrm{G}}}\end{aligned}\right\} \tag{4.17}$$

最后指出：自然坐标系的变换可视为自身到自身的恒等变换 $x^i = y^i$，所以有

$$\boldsymbol{g}^i = \boldsymbol{g}_i = \boldsymbol{e}_i$$

因此自然基也包含于协变基与逆变基之中。

例题 4.1　直线坐标系的坐标变换为

$$\left.\begin{aligned}x^1 &= -\frac{1}{2}y^1 + \frac{\sqrt{3}}{2}y^2 \\ x^2 &= -\frac{\sqrt{3}}{2}y^1 + \frac{1}{2}y^2 \\ x^3 &= y^3\end{aligned}\right\} \tag{4.18}$$

试求协变基和逆变基。

解：式(4.18)的协变基如下：

$$\left.\begin{aligned}\boldsymbol{g}_1 &= \frac{\partial \boldsymbol{r}}{\partial y^1} = \frac{\partial x^j}{\partial y^1}\boldsymbol{e}_j = -\frac{1}{2}\boldsymbol{e}_1 - \frac{\sqrt{3}}{2}\boldsymbol{e}_2 \\ \boldsymbol{g}_2 &= \frac{\partial \boldsymbol{r}}{\partial y^2} = \frac{\partial x^j}{\partial y^2}\boldsymbol{e}_j = \frac{\sqrt{3}}{2}\boldsymbol{e}_1 + \frac{1}{2}\boldsymbol{e}_2 \\ \boldsymbol{g}_3 &= \frac{\partial \boldsymbol{r}}{\partial y^3} = \frac{\partial x^j}{\partial y^3}\boldsymbol{e}_j = \boldsymbol{e}_3\end{aligned}\right\} \tag{4.18a}$$

将式(4.18a)合并为一个向量，则可以得到

$$V_{\mathrm{G}}=[\boldsymbol{g}_1,\boldsymbol{g}_2,\boldsymbol{g}_3]=\frac{1}{4}\begin{vmatrix}-1 & -\sqrt{3} & 0\\ \sqrt{3} & 1 & 0\\ 0 & 0 & 1\end{vmatrix}=\frac{1}{2}$$

式(4.18a)的逆变基如下：

$$\left.\begin{aligned}\boldsymbol{g}^1&=\frac{\boldsymbol{g}_2\times\boldsymbol{g}_3}{V_{\mathrm{G}}}=2\left(-\frac{\sqrt{3}}{2}\boldsymbol{e}_1\times\boldsymbol{e}_3+\frac{1}{2}\boldsymbol{e}_2\times\boldsymbol{e}_3\right)=\boldsymbol{e}_1-\sqrt{3}\boldsymbol{e}_2\\ \boldsymbol{g}^2&=\frac{\boldsymbol{g}_3\times\boldsymbol{g}_1}{V_{\mathrm{G}}}=\sqrt{3}\boldsymbol{e}_1-\boldsymbol{e}_2\\ \boldsymbol{g}^3&=\frac{\boldsymbol{g}_1\times\boldsymbol{g}_2}{V_{\mathrm{G}}}=\boldsymbol{e}_3\end{aligned}\right\}\tag{4.18b}$$

本例说明直线坐标系的协变基和逆变基都是常向量。本例中协变基为非正交单位向量，逆变基为非正交非单位向量，协变基向量和坐标系的几何图像如图 4-2 所示。

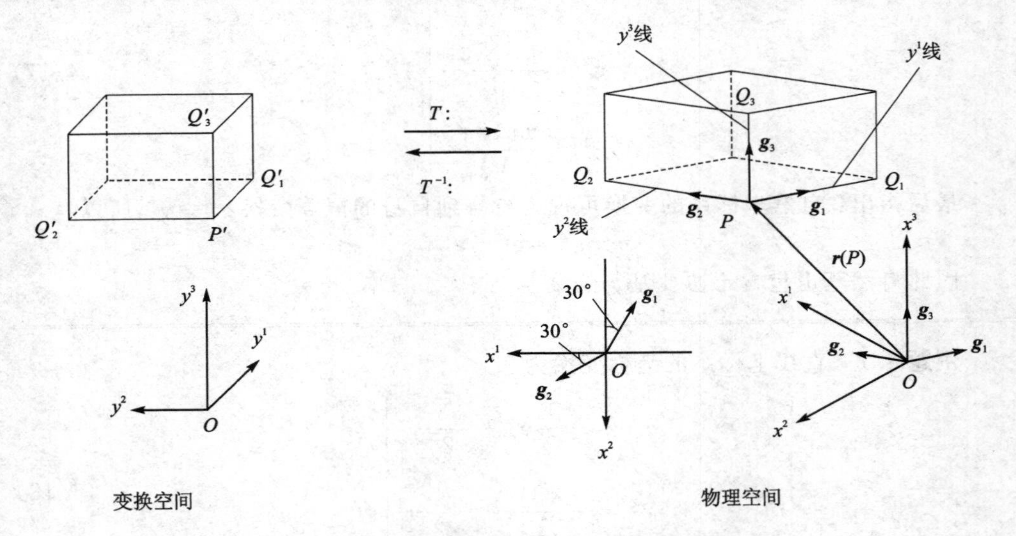

图 4-2 协变基向量在直线坐标系下的几何图像

例题 4.2 柱坐标系的坐标变换为

$$\left.\begin{aligned}x&=r\cos\theta\\ y&=r\sin\theta\\ z&=z\end{aligned}\right\}\tag{4.19}$$

试求协变基和逆变基。

解： 引入指标变量，$(x^1,x^2,x^3)=(x,y,z)$，$(y^1,y^2,y^3)=(r,\theta,z)$，式(4.19)写为

$$\left.\begin{aligned} x^1 &= y^1 \cos y^2 \\ x^2 &= y^1 \sin y^2 \\ x^3 &= y^3 \end{aligned}\right\} \tag{4.20}$$

所以有

$$\left.\begin{aligned} \boldsymbol{g}_1 &= \frac{\partial x^j}{\partial y^1}\boldsymbol{e}_j = \cos y^2 \boldsymbol{e}_1 + \sin y^2 \boldsymbol{e}_2 \\ \boldsymbol{g}_2 &= \frac{\partial x^j}{\partial y^2}\boldsymbol{e}_j = y^1(-\sin y^2 \boldsymbol{e}_1 + \cos y^2 \boldsymbol{e}_2) \\ \boldsymbol{g}_3 &= \frac{\partial x^j}{\partial y^3}\boldsymbol{e}_j = \boldsymbol{e}_3 \end{aligned}\right\}$$

$$V_G = [\boldsymbol{g}_1, \boldsymbol{g}_2, \boldsymbol{g}_3] = y^1 \begin{vmatrix} \cos y^2 & \sin y^2 & 0 \\ -\sin y^2 & \cos y^2 & 0 \\ 0 & 0 & 1 \end{vmatrix} = y^1$$

$$\left.\begin{aligned} \boldsymbol{g}^1 &= \frac{\boldsymbol{g}_2 \times \boldsymbol{g}_3}{V_G} = \cos y^2 \boldsymbol{e}_1 + \sin y^2 \boldsymbol{e}_2, \\ \boldsymbol{g}^2 &= \frac{\boldsymbol{g}_3 \times \boldsymbol{g}_1}{V_G} = \frac{1}{y^1}(-\sin y^2 \boldsymbol{e}_1 + \cos y^2 \boldsymbol{e}_2), \\ \boldsymbol{g}^3 &= \frac{\boldsymbol{g}_1 \times \boldsymbol{g}_2}{V_G} = \boldsymbol{e}_3 \end{aligned}\right\}$$

可见柱坐标系的基向量为空间坐标的函数。在曲线坐标中，协变基和逆变基都是空间坐标的函数，所以称为**局部基向量**。不难看出，柱坐标系的基为正交非单位向量，协变基向量和坐标系的几何图像如图 4－3 所示。

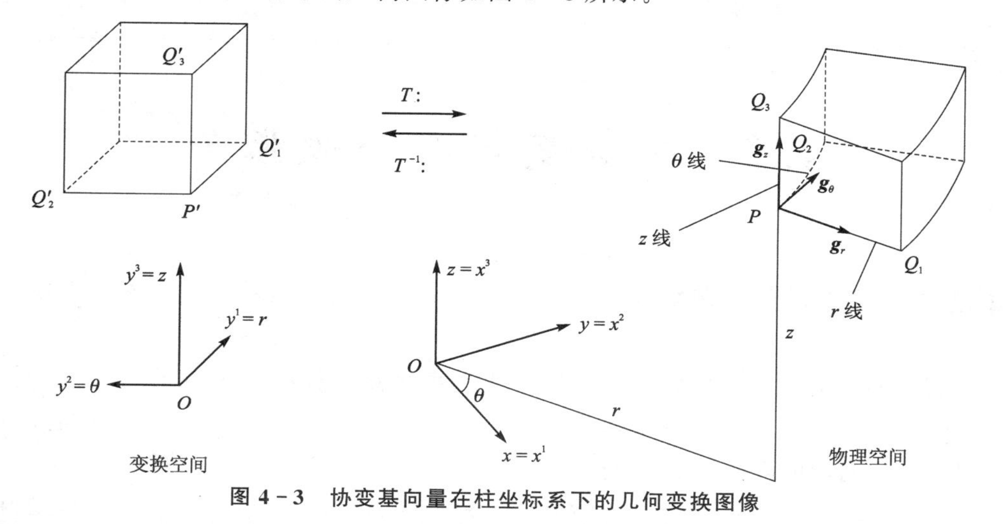

图 4－3　协变基向量在柱坐标系下的几何变换图像

例题 4.3 求向量 $v=(2,1,-3)$ 在例题 4.1 协变基和逆变基下的分量。

解：在协变基下，v 可写为

$$\boldsymbol{v}=v^i\boldsymbol{g}_i \tag{4.21}$$

式中：v^i 称为$\boldsymbol{v}$ 的**逆变分量**。用 $\boldsymbol{g}^k$ 点乘上式，即

$$\boldsymbol{v}\cdot\boldsymbol{g}^k=v^i\boldsymbol{g}_i\cdot\boldsymbol{g}^k=v^i\delta_i^k=v^k \tag{4.22}$$

则$\boldsymbol{v}$ 可写为

$$\boldsymbol{v}=v^i\boldsymbol{g}_i=(\boldsymbol{v}\cdot\boldsymbol{g}^i)\boldsymbol{g}_i=(\boldsymbol{v}\cdot\boldsymbol{e}^i)\boldsymbol{e}_i \tag{4.23}$$

同理，有

$$\boldsymbol{v}=v_i\boldsymbol{g}^i=(\boldsymbol{v}\cdot\boldsymbol{g}_i)\boldsymbol{g}^i=(\boldsymbol{v}\cdot\boldsymbol{e}_i)\boldsymbol{e}^i \tag{4.24}$$

式中：v_i 称为$\boldsymbol{v}$ 的**协变分量**。由此可见，协变基和逆变基的引入，使得向量在任意坐标系的分量求解式的形式保持不变，从而满足了张量方程的不变性要求。由式(4.18a)、式(4.18b)、式(4.23)、式(4.24)得

$$v^1=\boldsymbol{v}\cdot\boldsymbol{g}^1=(2,1,-3)\cdot(1,-\sqrt{3},0)=2-\sqrt{3}$$

$$v^2=\boldsymbol{v}\cdot\boldsymbol{g}^2=(2,1,-3)\cdot(\sqrt{3},-1,0)=2\sqrt{3}-1$$

$$v^3=\boldsymbol{v}\cdot\boldsymbol{g}^3=(2,1,-3)\cdot(0,0,1)=-3$$

$$v_1=\boldsymbol{v}\cdot\boldsymbol{g}_1=(2,1,-3)\cdot\left(-\frac{1}{2},-\frac{\sqrt{3}}{2},0\right)=-1-\frac{\sqrt{3}}{2}$$

$$v_2=\boldsymbol{v}\cdot\boldsymbol{g}_2=(2,1,-3)\cdot\left(\frac{\sqrt{3}}{2},\frac{1}{2},0\right)=\sqrt{3}+\frac{1}{2}$$

$$v_3=\boldsymbol{v}\cdot\boldsymbol{g}_3=(2,1,-3)\cdot(0,0,1)=-3$$

4.2 坐标变换与一般张量

4.2.1 基向量的变换

设有两个坐标系：老系 y^i 与新系 z^j，相应的坐标变换为

$$x^k=x^k(y^i),\quad x^k=x^k(z^j) \tag{4.25}$$

上式为一一对应的可逆关系，必有

$$y^i=y^i(z^j),\quad z^j=z^j(y^i) \tag{4.26}$$

前者为新到老的变换函数，称为**正变换函数**，后者为老到新的变换函数，称为**逆变换**

函数。老系和新系的协变基为

$$\left.\begin{aligned} \boldsymbol{g}_i &= \frac{\partial \boldsymbol{r}}{\partial y^i} = \frac{\partial x^j}{\partial y^i}\boldsymbol{e}_j \\ \boldsymbol{g}'_i &= \frac{\partial \boldsymbol{r}}{\partial z^i} = \frac{\partial x^j}{\partial z^i}\boldsymbol{e}_j \end{aligned}\right\} \tag{4.27}$$

根据求导链式法则，新—老协变基的关系为

$$\boldsymbol{g}'_i = \frac{\partial \boldsymbol{r}}{\partial y^j}\frac{\partial y^j}{\partial z^i} = \frac{\partial y^j}{\partial z^i}\boldsymbol{g}_j \tag{4.27a}$$

令

$$\boldsymbol{A} = \beta^j_{i'} = \frac{\partial y^j}{\partial z^i} \tag{4.28}$$

则式(4.28)可写为

$$\boldsymbol{g}'_i = \beta^j_{i'}\boldsymbol{g}_j, \quad \begin{pmatrix}\boldsymbol{g}'_1\\ \boldsymbol{g}'_2\\ \boldsymbol{g}'_3\end{pmatrix} = \begin{pmatrix}\beta^1_{1'} & \beta^2_{1'} & \beta^3_{1'}\\ \beta^1_{2'} & \beta^2_{2'} & \beta^3_{2'}\\ \beta^1_{3'} & \beta^2_{3'} & \beta^3_{3'}\end{pmatrix}\begin{pmatrix}\boldsymbol{g}_1\\ \boldsymbol{g}_2\\ \boldsymbol{g}_3\end{pmatrix} \tag{4.29}$$

式中：$\beta^j_{i'}$ 称为协变基的正变换系数。一般情况下，我们并不知道 y^i 与 z^j 的关系式，用基向量来确定变换系数，为此用 $\boldsymbol{g}^k$ 点乘上式得

$$\left.\begin{aligned} &\boldsymbol{g}'_i \cdot \boldsymbol{g}^k = \beta^j_{i'}\boldsymbol{g}_j \cdot \boldsymbol{g}^k = \beta^j_{i'}\delta^k_j = \beta^k_{i'} \\ &\beta^j_{i'} = \boldsymbol{g}'_i \cdot \boldsymbol{g}^j \end{aligned}\right\} \tag{4.30}$$

又，老—新协变基的关系为

$$\boldsymbol{g}_i = \frac{\partial \boldsymbol{r}}{\partial z^j}\frac{\partial z^j}{\partial y^i} = \frac{\partial z^j}{\partial y^i}\boldsymbol{g}'_j \tag{4.31}$$

令

$$\boldsymbol{B} = \beta^{j'}_i = \frac{\partial z^j}{\partial y^i} \tag{4.32}$$

则式(4.31)可写为

$$\boldsymbol{g}_i = \beta^{j'}_i\boldsymbol{g}'_j, \quad \begin{pmatrix}\boldsymbol{g}_1\\ \boldsymbol{g}_2\\ \boldsymbol{g}_3\end{pmatrix} = \begin{pmatrix}\beta^{1'}_1 & \beta^{2'}_1 & \beta^{3'}_1\\ \beta^{1'}_2 & \beta^{2'}_2 & \beta^{3'}_2\\ \beta^{1'}_3 & \beta^{2'}_3 & \beta^{3'}_3\end{pmatrix}\begin{pmatrix}\boldsymbol{g}'_1\\ \boldsymbol{g}'_2\\ \boldsymbol{g}'_3\end{pmatrix} \tag{4.33}$$

且有

$$\beta^{j'}_i = \boldsymbol{g}_i \cdot \boldsymbol{g}'^j \tag{4.34}$$

正逆变换式中，自由标为变换系数矩阵的行标，哑标为列标

式中：$\beta^{j'}_i$ 称为协变基的逆变换系数。正逆变换系数矩阵互为逆矩阵，事实上

$$\left.\begin{aligned}\delta^{i'}_{j'}=\frac{\partial z^i}{\partial z^j}=\frac{\partial z^i}{\partial y^k}\frac{\partial y^k}{\partial z^j}=\beta^k_{j'}\beta^{i'}_k\Rightarrow\boldsymbol{AB}=\boldsymbol{E}\\ \delta^i_j=\frac{\partial y^i}{\partial y^j}=\frac{\partial y^i}{\partial z^k}\frac{\partial z^k}{\partial y^j}=\beta^{k'}_j\beta^i_{k'}\Rightarrow\boldsymbol{BA}=\boldsymbol{E}\end{aligned}\right\} \tag{4.35}$$

类似地,老系和新系的逆变基为

$$\left.\begin{aligned}\boldsymbol{g}^i=\frac{\partial y^i}{\partial x^k}\boldsymbol{e}^k\\ \boldsymbol{g}'^i=\frac{\partial z^i}{\partial x^k}\boldsymbol{e}^k\end{aligned}\right\} \tag{4.36}$$

新—老逆变基的关系为

$$\boldsymbol{g}'^i=\frac{\partial z^i}{\partial y^j}\frac{\partial y^j}{\partial x^k}\boldsymbol{e}^k=\frac{\partial z^i}{\partial y^j}\boldsymbol{g}^j \tag{4.37}$$

令

$$\widetilde{\boldsymbol{A}}=\beta^{i'}{}_j=\frac{\partial z^i}{\partial y^j} \tag{4.38}$$

则式(4.37)可写为

$$\boldsymbol{g}'^i=\beta^{i'}_j\boldsymbol{g}^j,\quad \begin{pmatrix}\boldsymbol{g}'^1\\ \boldsymbol{g}'^2\\ \boldsymbol{g}'^3\end{pmatrix}=\begin{pmatrix}\beta^{1'}_1 & \beta^{1'}_2 & \beta^{1'}_3\\ \beta^{2'}_1 & \beta^{2'}_2 & \beta^{2'}_3\\ \beta^{3'}_1 & \beta^{3'}_2 & \beta^{3'}_3\end{pmatrix}\begin{pmatrix}\boldsymbol{g}^1\\ \boldsymbol{g}^2\\ \boldsymbol{g}^3\end{pmatrix} \tag{4.39}$$

$\widetilde{\boldsymbol{A}}=\beta^{i'}_j$ 为逆变基的正变换系数。比较式(4.32)和式(4.38)知:**逆变基的正变换系数是协变基的逆变换系数的转置**,即

$$\widetilde{\boldsymbol{A}}=\beta^{i'}_j=\boldsymbol{B}^{\mathrm{T}}=(\beta^{i'}_i)^{\mathrm{T}} \tag{4.40}$$

同理,可得逆变基的逆变换公式,即

$$\boldsymbol{g}^i=\beta^i_{j'}\boldsymbol{g}'^j,\quad \begin{pmatrix}\boldsymbol{g}^1\\ \boldsymbol{g}^2\\ \boldsymbol{g}^3\end{pmatrix}=\begin{pmatrix}\beta^1_{1'} & \beta^1_{2'} & \beta^1_{3'}\\ \beta^2_{1'} & \beta^2_{2'} & \beta^2_{3'}\\ \beta^3_{1'} & \beta^3_{2'} & \beta^3_{3'}\end{pmatrix}\begin{pmatrix}\boldsymbol{g}'^1\\ \boldsymbol{g}'^2\\ \boldsymbol{g}'^3\end{pmatrix} \tag{4.41}$$

$$\widetilde{\boldsymbol{B}}=\beta^i_{j'}=\frac{\partial y^i}{\partial z^j}=\boldsymbol{A}^{\mathrm{T}}=(\beta^j_{i'})^{\mathrm{T}} \tag{4.42}$$

$\widetilde{\boldsymbol{B}}=\beta^i_{j'}$ 为逆变基的逆变换系数,且有:**逆变基的逆变换系数是协变基的正变换系数的转置**。同样有:**逆变基的正逆变换系数矩阵互为逆矩阵**,即

$$\widetilde{\boldsymbol{A}}\widetilde{\boldsymbol{B}}=\widetilde{\boldsymbol{B}}\widetilde{\boldsymbol{A}}=\boldsymbol{E} \tag{4.43}$$

以上特性表明,为了确定基的变换,我们只需计算协变基的变换系数。

例题 4.4　试计算联系自然坐标系与柱坐标系的变换系数。

解： 根据题意有

$$\left.\begin{aligned} &x^1=y^1,\quad x^2=y^2,\quad x^3=y^3\\ &x^1=z^1\cos z^2,\quad x^2=z^1\sin z^2,\quad x^3=z^3 \end{aligned}\right\} \tag{4.44}$$

根据自然基的定义和例题 4.2 的结果有

$$\begin{pmatrix}\boldsymbol{g}^1\\ \boldsymbol{g}^2\\ \boldsymbol{g}^3\end{pmatrix}=\begin{pmatrix}\boldsymbol{g}_1\\ \boldsymbol{g}_2\\ \boldsymbol{g}_3\end{pmatrix}=\begin{pmatrix}\boldsymbol{e}_1\\ \boldsymbol{e}_2\\ \boldsymbol{e}_3\end{pmatrix}=\begin{pmatrix}1&0&0\\0&1&0\\0&0&1\end{pmatrix}$$

$$\begin{pmatrix}\boldsymbol{g}'_1\\ \boldsymbol{g}'_2\\ \boldsymbol{g}'_3\end{pmatrix}=\begin{pmatrix}\cos z^2&\sin z^2&0\\-z^1\sin z^2&z^1\cos z^2&0\\0&0&1\end{pmatrix}$$

$$\begin{pmatrix}\boldsymbol{g}'^1\\ \boldsymbol{g}'^2\\ \boldsymbol{g}'^3\end{pmatrix}=\begin{pmatrix}\cos z^2&\sin z^2&0\\-\dfrac{1}{z^1}\sin z^2&\dfrac{1}{z^1}\cos z^2&0\\0&0&1\end{pmatrix}$$

$$\beta_{i'}^{j}=\boldsymbol{g}'_i\cdot\boldsymbol{g}^j=\begin{pmatrix}\cos z^2&\sin z^2&0\\-z^1\sin z^2&z^1\cos z^2&0\\0&0&1\end{pmatrix}$$

$$\beta_{i}^{j'}=\boldsymbol{g}_i\cdot\boldsymbol{g}'^j=\begin{pmatrix}\cos z^2&-\dfrac{1}{z^1}\sin z^2&0\\ \sin z^2&\dfrac{1}{z^1}\cos z^2&0\\0&0&1\end{pmatrix}$$

$$\beta_{j}^{i'}=(\beta_{i}^{j'})^{\mathrm{T}}=\begin{pmatrix}\cos z^2&\sin z^2&0\\-\dfrac{1}{z^1}\sin z^2&\dfrac{1}{z^1}\cos z^2&0\\0&0&1\end{pmatrix}$$

$$\beta_{j'}^{i}=(\beta_{i'}^{j})^{\mathrm{T}}=\begin{pmatrix}\cos z^2&-z^1\sin z^2&0\\ \sin z^2&z^1\cos z^2&0\\0&0&1\end{pmatrix}$$

4.2.2 一般张量及其变换

在一般坐标系下，用协变基或逆变基作张量基可得一阶一般张量，用协变基和逆变基各自作并积或相互作并积可得不同的张量基和相应的张量。

➢ **一阶协变张量**——用逆变基作张量基

$$\boldsymbol{u}=u_i\boldsymbol{g}^i=u'_j\boldsymbol{g}'^j \tag{4.45}$$

式中：u_i，u'_j为老新坐标系下的分量，称为**协变分量**。将基向量的变换式代入可得分量的变换式

$$u'_j=\beta^i_{j'}u_i,\quad u_i=\beta^{j'}_i u'_j \tag{4.46}$$

可见协变张量的变换与协变基的变换规律相同。式(4.46)也可看作是一阶协变张量的定义。

➢ **一阶逆变张量**——用协变基作张量基

$$\boldsymbol{u}=u^i\boldsymbol{g}_i=u'^j\boldsymbol{g}'_j \tag{4.47}$$

式中：u^i，u'^j 为老新坐标系下的分量，称为**逆变分量**。将基向量的变换式代入可得分量的变换式

$$u'^j=\beta^{j'}_i u^i,\quad u^i=\beta^i_{j'}u'^j \tag{4.48}$$

可见逆变张量的变换与逆变基的变换规律相同。式(4.48)也可看作是一阶逆变张量的定义。

➢ **二阶协变张量**——用逆变基的并积作张量基

$$\boldsymbol{T}=T_{ij}\boldsymbol{g}^i\boldsymbol{g}^j=T'_{kl}\boldsymbol{g}'^k\boldsymbol{g}'^l \tag{4.49}$$

将基向量的变换式代入可得新老协变分量的变换式

$$T'_{kl}=\beta^i_{k'}\beta^j_{l'}T_{ij},\quad T_{ij}=\beta^{k'}_i\beta^{l'}_j T'_{kl} \tag{4.50}$$

➢ **二阶逆变张量**——用协变基的并积作张量基

$$\boldsymbol{T}=T^{ij}\boldsymbol{g}_i\boldsymbol{g}_j=T'^{kl}g'_k\boldsymbol{g}'_l \tag{4.51}$$

$$T'^{kl}=\beta^{k'}_i\beta^{l'}_j T^{ij},\quad T^{ij}=\beta^i_{k'}\beta^j_{l'}T'^{kl} \tag{4.52}$$

➢ **二阶混变张量**——用协变基与逆变基的并积作张量基

$$\boldsymbol{T}=T^i_{\cdot j}\boldsymbol{g}_i\boldsymbol{g}^j=T'^k_{\cdot l}g'_k g'^l \tag{4.53}$$

$$T'^k_{\cdot l}=\beta^{k'}_i\beta^j_{l'},\quad T^i_{\cdot j}T^i_{\cdot j}=\beta^i_{k'}\beta^{l'}_j T'^k_{\cdot l} \tag{4.54}$$

$$\boldsymbol{T}=T_i^{\cdot j}\boldsymbol{g}^i\boldsymbol{g}_j=T'^{\cdot l}_k\boldsymbol{g}'^k\boldsymbol{g}'_l \tag{4.55}$$

$$T'^{\cdot l}_k=\beta^i_{k'}\beta^{l'}_j T_i^{\cdot j},\quad T_i^{\cdot j}=\beta^{k'}_i\beta^j_{l'}T'^{\cdot l}_k \tag{4.56}$$

式中：小圆点是占位符。指标分布的规律是：**自由标平着走，哑标上下分，逆变量是上标，协变量是下标**。

类似地，可写出任意阶张量的表达式。

4.2.3　一般相对张量

首先讨论新老基混合积间的关系，仿照式(1.63)的证明可得

$$V'_{G}=[\boldsymbol{g}'_1,\boldsymbol{g}'_2,\boldsymbol{g}'_3]=\det(\beta^{j}_{i'})[\boldsymbol{g}_1,\boldsymbol{g}_2,\boldsymbol{g}_3]=\det(\beta^{j}_{i'})V_{G} \tag{4.57}$$

$$\det(\beta^{j}_{i'})=\det\left(\frac{\partial y^j}{\partial z^i}\right)=J^{y}_{z} \tag{4.58}$$

表示 z 到 y 的 Jacobi 行列式，所以有

$$V'_{G}=J^{y}_{z}V_{G} \tag{4.59}$$

因为逆变基的混合积满足式(4.16)，所以决定新老基混合积间的关系的独立参数是 V_{G}，可用来定义一般相对张量。以二阶协变相对张量为例，仿照卡氏相对张量的定义有

$$\boldsymbol{T}=\frac{T_{ij}}{V^{\omega}_{G}}\boldsymbol{g}^i\boldsymbol{g}^j=\frac{T'_{kl}}{V'^{\omega}_{G}}\boldsymbol{g}'^k\boldsymbol{g}'^l \tag{4.60}$$

将基向量的变换式代入，并考虑式(4.59)可得新老协变分量的变换式，即

$$T'_{kl}=(J^{y}_{z})^{w}\beta^{i}_{k'}\beta^{j}_{l'}T_{ij},\quad T_{ij}=(J^{y}_{z})^{-w}\beta^{k'}_{i}\beta^{l'}_{j}T'_{kl} \tag{4.61}$$

$\omega=\pm1,\pm2,\cdots$称为$\boldsymbol{T}$ 的权。

例题 4.5　证明置换符号

$$e^{ijk}=e_{ijk}=\begin{cases}1, & \text{偶排列}\\ -1, & \text{奇排列}\\ 0, & \text{重复排列}\end{cases} \tag{4.62}$$

为相对张量。

证：由混合积的性质得

$$e^{ijk}=\frac{[\boldsymbol{g}^i,\boldsymbol{g}^j,\boldsymbol{g}^k]}{V_{G}}=V_{G}[\boldsymbol{g}^i,\boldsymbol{g}^j,\boldsymbol{g}^k] \tag{4.63}$$

将上式代入式(4.16)，有

$$\begin{aligned}e'^{ijk}&=V'_{G}[\boldsymbol{g}'^i,\boldsymbol{g}'^j,\boldsymbol{g}'^k]\\&=J^{y}_{z}V_{G}\beta^{i'}_{l}\beta^{j'}_{m}\beta^{k'}_{n}[\boldsymbol{g}^l,\boldsymbol{g}^m,\boldsymbol{g}^n]\\&=J^{y}_{z}\beta^{i'}_{l}\beta^{j'}_{m}\beta^{k'}_{n}e^{lmn}\end{aligned} \tag{4.64}$$

所以 e^{ijk} 为权为 1 的三阶相对张量，满足不变式

$$\frac{e^{ijk}}{V_{G}}\boldsymbol{g}_i\boldsymbol{g}_j\boldsymbol{g}_k=\frac{e'^{lmn}}{V'_{G}}\boldsymbol{g}'_l\boldsymbol{g}'_m\boldsymbol{g}'_n \tag{4.65}$$

又因 e_{ijk} 可表示为

$$e_{ijk}=\frac{[\boldsymbol{g}_i,\boldsymbol{g}_j,\boldsymbol{g}_k]}{V_{G}} \tag{4.66}$$

类似地,可导出

$$e'_{ijk}=(J^{y}_{z})^{-1}\beta^{l}_{i'}\beta^{m}_{j'}\beta^{n}_{k'}e_{lmn} \tag{4.67}$$

和

$$V_{G}e_{ijk}\boldsymbol{g}^{i}\boldsymbol{g}^{j}\boldsymbol{g}^{k}=V'_{G}e'_{lmn}\boldsymbol{g}'^{l}\boldsymbol{g}'^{m}\boldsymbol{g}'^{n} \tag{4.68}$$

可见,e_{ijk} 为权为−1的三阶相对张量。

4.3 置换张量(Eddington 张量)

式(4.65)和式(4.68)说明,如定义

$$\varepsilon^{ijk}=\frac{e^{ijk}}{V_{G}}=[\boldsymbol{g}^{i},\boldsymbol{g}^{j},\boldsymbol{g}^{k}] \tag{4.69}$$

$$\varepsilon_{ijk}=V_{G}e_{ijk}=[\boldsymbol{g}_{i},\boldsymbol{g}_{j},\boldsymbol{g}_{k}] \tag{4.70}$$

则 ε^{ijk} 和 ε_{ijk} 均为绝对张量,称为**Eddington 张量**。下面将看到,Eddington 张量可用来表示张量的叉积和混合积。

事实上,任何相对张量都可定义一个相应的绝对张量,这正是研究相对张量的意义所在。

4.4 张量代数

非笛卡儿张量的很多特性与笛卡儿张量相同,但因协变张量、逆变张量和混变张量的变换规律不同,非笛卡儿张量的某些特性需要修正。本节重点讨论修正部分,其余简要说明。

4.4.1 代数运算

1. 相等与加减

一般张量有各种不同的形式(协变、逆变、混变),如果两个张量的指标及其上下分布均相同,则称它们为**同型张量**。如 A_{ij} 与 B_{ij} 同型,A_{ij} 与 B^{ij} 不同型。显然,只有同型张量分量才能相等与加减,如

$$A_{ij}=B_{ij},\quad C_{ij}=A_{ij}+B_{ij}$$

2. 并　积

一般张量的并积与卡氏张量类同，如

$$C_{i}^{\cdot j}=a_{i}b^{j}$$

为协变张量 a_i 与逆变张量 b^j 的并积，是二阶混变张量。

3. 自缩并

缩并（包括自缩并与互缩并）只能在上下标间进行，否则不能保证结果为张量，如

$$A'_{ij}=\beta_{i'}^{k}\beta_{j'}^{l}A_{kl}，\quad 缩并 \quad \Rightarrow A'_{ii}=\beta_{i'}^{k}\beta_{i'}^{l}A_{kl} \tag{4.71a}$$

$$A'^{\cdot j}_{i}=\beta_{i'}^{k}\beta_{l}^{j'}A_{k}^{\cdot l}，\quad 缩并 \quad \Rightarrow A'^{\cdot i}_{i}=\beta_{i'}^{k}\beta_{l}^{i'}A_{k}^{\cdot l}=\delta_{l}^{k}A_{k}^{\cdot l}=A_{k}^{\cdot k} \tag{4.71b}$$

式(4.71b)说明二阶张量缩并为标量不变量——零阶张量。而 $\beta_{i'}^{k}\beta_{i'}^{l}\neq\delta^{kl}$，所以 A'_{ii} 不是标量不变量——零阶张量。正因为如此，为了保证张量特性，一般坐标系中规定哑标只能上下各取一个。

4. 点　积

点积是并积加互缩并的复合运算，所以点积也只能在上下标间进行，以保证结果的张量特性，如

（1）单　点

$$\boldsymbol{a}\cdot\boldsymbol{b}=a_{i}\overbrace{\ b^{j}}^{\cdot}=a_{i}b^{i} \tag{4.72}$$

上式也可由向量点积的定义推得

$$\boldsymbol{a}\cdot\boldsymbol{b}=a_{i}\boldsymbol{g}^{i}\cdot b^{j}\boldsymbol{g}_{j}=a_{i}b^{j}\boldsymbol{g}^{i}\cdot\boldsymbol{g}_{j}=a_{i}b^{j}\delta_{j}^{i}=a_{i}b^{i}=a^{i}b_{i} \tag{4.73}$$

这里可以看到，为了保证张量方程不变性，引入协变、逆变两组基的必要性。又因

$$\boldsymbol{B}\cdot\boldsymbol{a}=B_{i}^{\cdot j}a_{j}\boldsymbol{g}^{i}=B^{ij}a_{j}\boldsymbol{g}_{i}=B_{i}^{\cdot j}a_{j}=B^{ij}a_{j} \tag{4.74}$$

可见，在一般张量中，同一实体式可对应不同指标式（注：式(4.74)的后两个等式是省略基向量的分量写法）。

（2）双　点

$$\boldsymbol{A}:\boldsymbol{B}=A^{ij}B_{ij}=A_{ij}B^{ij} \tag{4.75}$$

5. 一阶张量(向量)的叉积

面积计算常用到向量的叉积。向量叉积可从几何上定义，它与坐标系无关。我们希望叉积的张量表达式也与坐标系无关。下面首先讨论基向量的叉积，根据 Eddington 张量的定义式(4.69)，有

$$\begin{aligned}\boldsymbol{g}^{i}\times\boldsymbol{g}^{j}\cdot\boldsymbol{g}^{l}&=[\boldsymbol{g}^{i},\boldsymbol{g}^{j},\boldsymbol{g}^{l}]\\&=\varepsilon^{ijl}=\varepsilon^{ijk}\delta_{k}^{l}=\varepsilon^{ijk}\boldsymbol{g}_{k}\cdot\boldsymbol{g}^{l}\end{aligned} \tag{4.76}$$

所以有

$$\boldsymbol{g}^i \times \boldsymbol{g}^j = \varepsilon^{ijk}\boldsymbol{g}_k \tag{4.77}$$

类似有

$$\boldsymbol{g}_i \times \boldsymbol{g}_j = \varepsilon_{ijk}\boldsymbol{g}^k \tag{4.78}$$

则向量的叉积可表示为

$$\begin{aligned}\boldsymbol{a} \times \boldsymbol{b} &= a^i\boldsymbol{g}_i \times b^j\boldsymbol{g}_j \\ &= \varepsilon_{ijk}a^ib^j\boldsymbol{g}^k \\ &= V_G e_{ijk}a^ib^j\boldsymbol{g}^k \\ &= V_G\begin{vmatrix}\boldsymbol{g}^1 & \boldsymbol{g}^2 & \boldsymbol{g}^3 \\ a^1 & a^2 & a^3 \\ b^1 & b^2 & b^3\end{vmatrix}\end{aligned} \tag{4.79}$$

在笛卡儿直角坐标系中，$V_G=1$，$\boldsymbol{g}^k=e_k$，所以，上式是叉积的一般表达式。同理，叉积也可表示为

$$\begin{aligned}\boldsymbol{a} \times \boldsymbol{b} &= \varepsilon^{ijk}a_ib_j\boldsymbol{g}_k \\ &= \frac{1}{V_G}e^{ijk}a_ib_j\boldsymbol{g}_k \\ &= \frac{1}{V_G}\begin{vmatrix}\boldsymbol{g}_1 & \boldsymbol{g}_2 & \boldsymbol{g}_3 \\ a_1 & a_2 & a_3 \\ b_1 & b_2 & b_3\end{vmatrix}\end{aligned} \tag{4.80}$$

6. 一阶张量(向量)的混合积

体积计算常用到向量的混合积，一般坐标系下的混合积表达式推导如下：

$$\begin{aligned}[\boldsymbol{a},\boldsymbol{b},\boldsymbol{c}] &= [a^i\boldsymbol{g}_i, b^j\boldsymbol{g}_j, c^k\boldsymbol{g}_k] \\ &= [\boldsymbol{g}_i,\boldsymbol{g}_j,\boldsymbol{g}_k]a^ib^jc^k \\ &= \varepsilon_{ijk}a^ib^jc^k \\ &= V_G e_{ijk}a^ib^jc^k \\ &= V_G\begin{vmatrix}a^1 & a^2 & a^3 \\ b^1 & b^2 & b^3 \\ c^1 & c^2 & c^3\end{vmatrix}\end{aligned} \tag{4.81a}$$

类似有

$$\begin{aligned}[\boldsymbol{a},\boldsymbol{b},\boldsymbol{c}] &= \varepsilon^{ijk}a_ib_jc_k \\ &= \frac{1}{V_G}e^{ijk}a_ib_jc_k\end{aligned}$$

$$= \frac{1}{V_G} \begin{vmatrix} a_1 & a_2 & a_3 \\ b_1 & b_2 & b_3 \\ c_1 & c_2 & c_3 \end{vmatrix} \tag{4.81b}$$

7. 张量的转置

一般张量的指标有前后与上下之分，张量的转置是变换张量分量指标前后顺序的运算。张量分量表示法是省略了基张量的简化写法。在默认情况下，分量指标的前后顺序与基张量相同，上下分布与基张量对称，如 $T^{i}_{\cdot j}$ 是 $T^{i}_{\cdot j}\boldsymbol{g}_i\boldsymbol{g}^j$ 的省略写法。张量的类型是由基张量决定的，即基张量相同的张量为同型张量。张量的转置是保持基张量不变的情况下，变换张量分量指标前后顺序的运算，故转置后的张量一般为同型非等张量，转置并不改变张量的协变与逆变特性，如

$$\boldsymbol{A}^{\mathrm{T}} = A_{ji}\boldsymbol{g}^i\boldsymbol{g}^j = A^{ji}\boldsymbol{g}_i\boldsymbol{g}_j = A_j^{\cdot i}\boldsymbol{g}_i\boldsymbol{g}^j = A^{j}_{\cdot i}\boldsymbol{g}^i\boldsymbol{g}_j \tag{4.82}$$

此外，转置并不改变指标的循环顺序，上式中 i 仍为第一循环标。在任何情况下，如发现分量指标前后顺序与基张量不一致，则说明发生了转置运算。

4.4.2　识别定理

一般张量的识别定理与卡氏张量类同。

例题 4.6　在一般系下，式(1.18)的弧长公式改为

$$\mathrm{d}S^2 = g_{ij}\mathrm{d}x^i\mathrm{d}x^j = g^{ij}\mathrm{d}x_i\mathrm{d}x_j \tag{4.83}$$

式中：$\mathrm{d}x_i$，$\mathrm{d}x^i$ 是向量 $\mathrm{d}\boldsymbol{s}$ 的协变分量和逆变分量，即有

$$\mathrm{d}\boldsymbol{s} = \mathrm{d}x_i\boldsymbol{g}^i = \mathrm{d}x^i\boldsymbol{g}_i$$

度量矩阵 g_{ij} 和 g^{ij} 定义为

$$g_{ij} = \boldsymbol{g}_i \cdot \boldsymbol{g}_j \tag{4.84a}$$

$$g^{ij} = \boldsymbol{g}^i \cdot \boldsymbol{g}^j \tag{4.84b}$$

因 $\mathrm{d}x_i\mathrm{d}x_j$ 与 $\mathrm{d}x^i\mathrm{d}x^j$ 是 $\mathrm{d}\boldsymbol{s}$ 的并积为二阶张量，$\mathrm{d}S^2$ 为零阶张量，由识别定理 g_{ij} 和 g^{ij} 为二阶张量的协变分量和逆变分量，称为**度量张量**，记为

$$\boldsymbol{E} = g^{ij}\boldsymbol{g}_i\boldsymbol{g}_j = g_{ij}\boldsymbol{g}^i\boldsymbol{g}^j \tag{4.85}$$

4.4.3　张量的对称性与反对称性

一般张量的**对称性与反对称性**与卡氏张量类同，即当转置张量与原张量相等时

为对称向量张量，负转置张量与原张量相等时为反对称张量。如满足

$$\left.\begin{aligned} A_{ij} &= A_{ji} \\ A^{ij} &= A^{ji} \\ A_i^{\cdot j} &= A^j_{\cdot i} \\ A^i_{\cdot j} &= A_j^{\cdot i} \end{aligned}\right\} \tag{4.86}$$

的张量为二阶对称张量，满足

$$\left.\begin{aligned} A_{ij} &= -A_{ji} \\ A^{ij} &= -A^{ji} \\ A_i^{\cdot j} &= -A^j_{\cdot i} \\ A^i_{\cdot j} &= -A_j^{\cdot i} \end{aligned}\right\} \tag{4.87}$$

的张量为二阶反对称张量。对称混变张量可不写占位符

$$A_i^{\cdot j} = A^j_{\cdot i} = A_i^j \tag{4.87a}$$

又因度量张量 $\boldsymbol{E}$ 是对称张量，所以 $\boldsymbol{\varepsilon}_{ijk}$ 与 $\boldsymbol{\varepsilon}^{ijk}$ 是关于任何两对指标反对称的反对称张量。

将式(4.86)和式(4.87)按矩阵写出，不难发现，二阶对称张量的协变和逆变矩阵为对称矩阵，各有 6 个独立分量，混变对称张量的矩阵为

$$\left.\begin{aligned} \begin{pmatrix} A_1^{\cdot 1} & A_1^{\cdot 2} & A_1^{\cdot 3} \\ A_2^{\cdot 1} & A_2^{\cdot 2} & A_2^{\cdot 3} \\ A_3^{\cdot 1} & A_3^{\cdot 2} & A_3^{\cdot 3} \end{pmatrix} &= \begin{pmatrix} A^1_{\cdot 1} & A^2_{\cdot 1} & A^3_{\cdot 1} \\ A^1_{\cdot 2} & A^2_{\cdot 2} & A^3_{\cdot 2} \\ A^1_{\cdot 3} & A^2_{\cdot 3} & A^3_{\cdot 3} \end{pmatrix} \\ \begin{pmatrix} A^1_{\cdot 1} & A^1_{\cdot 2} & A^1_{\cdot 3} \\ A^2_{\cdot 1} & A^2_{\cdot 2} & A^2_{\cdot 3} \\ A^3_{\cdot 1} & A^3_{\cdot 2} & A^3_{\cdot 3} \end{pmatrix} &= \begin{pmatrix} A_1^{\cdot 1} & A_2^{\cdot 1} & A_3^{\cdot 1} \\ A_1^{\cdot 2} & A_2^{\cdot 2} & A_3^{\cdot 2} \\ A_1^{\cdot 3} & A_2^{\cdot 3} & A_3^{\cdot 3} \end{pmatrix} \end{aligned}\right\} \tag{4.87b}$$

可见为非对称矩阵，共有 9 个独立分量。二阶反对称张量的协变和逆变矩阵为反对称矩阵，各有 3 个独立分量，混变反对称张量的矩阵为非反对称矩阵，共有 9 个独立分量。所以，在允许的情况下，常用逆变或协变对称与反对称张量。

不难证明**在阶数不变的情况下，基向量的变换不会改变张量的对称性和反对称性**。

与卡式张量相同，对于反对称逆变和协变张量，必有反偶向量存在，即

$$\begin{aligned} \boldsymbol{\omega} &= -\frac{1}{2}\boldsymbol{\varepsilon} : \boldsymbol{\Omega} \\ &= -\frac{1}{2}\boldsymbol{\varepsilon}^{ijk}\boldsymbol{\Omega}_{jk}\boldsymbol{g}_i \\ &= -\frac{1}{2}\boldsymbol{\varepsilon}_{ijk}\boldsymbol{\Omega}^{jk}\boldsymbol{g}^i \end{aligned}$$

$$= -\frac{1}{2}\boldsymbol{e}_{ijk}\boldsymbol{\Omega}_{jk}\boldsymbol{e}_i \tag{4.87c}$$

$\boldsymbol{\varepsilon}^{ijk}$ 和 $\boldsymbol{\varepsilon}_{ijk}$ 是**Eddington** 张量的逆变分量和协变分量，最后一个等号是卡氏张量的写法。

4.4.4　度量张量

张量不仅在不同坐标系下是不变量，在同一坐标系不同基张量下也是不变量。对于二阶张量，有

$$\begin{aligned}\boldsymbol{A} &= A_{ij}\boldsymbol{g}^i\boldsymbol{g}^j = A^{ij}\boldsymbol{g}_i\boldsymbol{g}_j \\ &= A^{i}_{\cdot j}\boldsymbol{g}_i\boldsymbol{g}^j = A_i^{\cdot j}\boldsymbol{g}^i\boldsymbol{g}_j\end{aligned} \tag{4.88}$$

所以，不同类型张量分量间必存在联系，这种联系是通过度量张量来实现的（度量张量的定义见例题 4.6 中的式(4.84a)、式(4.84b)和式(4.85)），这是因为度量张量分量正好是联系协变基与逆变基的系数矩阵，由此可以得到下面的公式：

$$\boldsymbol{g}^i = (\boldsymbol{g}^i \cdot \boldsymbol{g}^j)\boldsymbol{g}_j = g^{ij}\boldsymbol{g}_j \tag{4.89}$$

$$\boldsymbol{g}_i = (\boldsymbol{g}_i \cdot \boldsymbol{g}^j)\boldsymbol{g}^j = g_{ij}\boldsymbol{g}^j \tag{4.90}$$

将式(4.90)代入张量的并矢式（例如式(4.88)）可得同一坐标系不同类张量分量的关系式，例如，二阶协变与逆变的并矢式为

$$\begin{aligned}A_{ij}\boldsymbol{g}^i\boldsymbol{g}^j &= A^{kl}\boldsymbol{g}_k\boldsymbol{g}_l \\ &= A_{ij}g^{ik}g^{jl}\boldsymbol{g}_k\boldsymbol{g}_l\end{aligned}$$

则有

$$A^{kl} = A_{ij}g^{ik}g^{jl} = g^{ki}g^{lj}A_{ij} \tag{4.91}$$

以上用了度量张量的对称性。类似地，容易证明

$$\left.\begin{aligned}A_{ij} &= g_{ik}g_{jl}A^{kl} \\ A^{i}_{\cdot j} &= g^{ik}A_{kj} \\ u_i &= g_{ij}u^j\end{aligned}\right\} \tag{4.91a}$$

由此可见，关系式中的指标分布规律仍为自由标平着走，哑标上下分，另外度量张量与某张量的点积的效果是使该张量的哑标下降或上升变为该张量的自由标，自由标是度量张量的另一指标，因此，我们把这种运算称为度量张量的**指标升降运算**。

度量张量不仅有升降指标的作用，而且很多张量特征量都可用它表示，所以在张量理论中占有重要地位，下面讨论它的特性：

① 度量张量是对称张量。

② 协变度量张量与逆变度量张量互为逆张量。

根据式(4.89)和式(4.90)得

$$\delta_k^i = \boldsymbol{g}^i \cdot \boldsymbol{g}_k = g^{ij}\boldsymbol{g}_j \cdot \boldsymbol{g}_k = g^{ij} g_{jk} \tag{4.92}$$

$$\delta_i^k = \boldsymbol{g}_i \cdot \boldsymbol{g}^k = g_{ij}\boldsymbol{g}^j \cdot \boldsymbol{g}^k = g_{ij} g^{jk} \tag{4.93}$$

③ 度量张量的混变分量矩阵与直角坐标系分量矩阵是单位矩阵。

由指标升降运算和特性②得

$$\begin{aligned} g^{ij}\boldsymbol{g}_i\boldsymbol{g}_j &= g^{ij} g_{jk}\boldsymbol{g}_i\boldsymbol{g}^k = \delta_k^i \boldsymbol{g}_i \boldsymbol{g}^k \\ &= g^{ij} g_{ik}\boldsymbol{g}^k\boldsymbol{g}_j = \delta_k^j \boldsymbol{g}^k \boldsymbol{g}_j \end{aligned} \tag{4.94}$$

在直角坐标系下

$$\left.\begin{aligned} g_{ij} &= \boldsymbol{e}_i \cdot \boldsymbol{e}_j = \delta_{ij} \\ g^{ij} &= \boldsymbol{e}^i \cdot \boldsymbol{e}^j = \delta^{ij} \end{aligned}\right\} \tag{4.95}$$

式(4.85)改写为

$$\begin{aligned} \boldsymbol{E} &= g^{ij}\boldsymbol{g}_i\boldsymbol{g}_j = g_{ij}\boldsymbol{g}^i\boldsymbol{g}^j \\ &= \delta_k^i \boldsymbol{g}_i\boldsymbol{g}^k = \delta_k^j \boldsymbol{g}^k\boldsymbol{g}_j = \delta_{ij}\boldsymbol{e}_i\boldsymbol{e}_j \end{aligned} \tag{4.96}$$

表明度量张量是一般坐标系下的单位张量。

④ 度量张量的行列式为

$$g = \det(g_{ij}) \tag{4.97}$$

与基的混合积 $V_G = [\boldsymbol{g}_1, \boldsymbol{g}_2, \boldsymbol{g}_3]$ 为

$$V_G^2 = g > 0 \tag{4.98}$$

式(4.98)可由式(1.42)导出。在右手坐标系中可用 $\sqrt{g}$ ($=V_G>0$)代替基的混合积。由特性②可得

$$\left.\begin{aligned} g\tilde{g} &= 1 \\ \tilde{g} &= \det(g^{ij}) \end{aligned}\right\} \tag{4.99}$$

⑤ 基向量的模可表示为

$$\left.\begin{aligned} |\boldsymbol{g}_i| &= \sqrt{\boldsymbol{g}_{\underline{i}} \cdot \boldsymbol{g}_{\underline{i}}} = \sqrt{g_{\underline{ii}}} \\ |\boldsymbol{g}^i| &= \sqrt{\boldsymbol{g}^{\underline{i}} \cdot \boldsymbol{g}^{\underline{i}}} = \sqrt{g^{\underline{ii}}} \end{aligned}\right\} \tag{4.100}$$

4.4.5 张量的物理分量

在曲线坐标系中,基向量可能有量纲,这使张量分量的物理意义与张量本身不符合,给分析和应用造成困难。例如在柱坐标系中,粒子速度为

$$\boldsymbol{v} = v^i \boldsymbol{g}_i \tag{4.101}$$

由例题4.2,$\boldsymbol{g}_2$ 的量纲为长度,v^2 的量纲为时间的倒数,不是速度量纲。为得到有物理意义的分量,可用基向量的模将基向量无量纲化

$$\boldsymbol{v} = v^i \sqrt{g_{\underline{ii}}}\ \frac{\boldsymbol{g}_i}{\sqrt{g_{\underline{ii}}}} = v^{(i)} \boldsymbol{g}_{(i)} \tag{4.101a}$$

$$\left.\begin{aligned} v^{(i)} &= v^{i}\sqrt{g_{\underline{ii}}} \\ \boldsymbol{g}_{(i)} &= \frac{\boldsymbol{g}_{i}}{\sqrt{g_{\underline{ii}}}} \end{aligned}\right\} \tag{4.101b}$$

式中：$\boldsymbol{g}_{(i)}$为无量纲单位向量；$v^{(i)}$为向量的物理分量。物理分量虽具有物理意义，但不满足张量变换式，因为$\boldsymbol{g}_{(i)}$不满足张量变换式，即

$$\boldsymbol{g}'_{(i)} \neq \beta^{j}_{i'}\boldsymbol{g}_{(j)}$$

给理论推导造成困难。所以，通常的做法是，用张量分量做理论分析，将结果化为物理分量。

类似地，对于二阶协变张量 T_{ij}，我们有

$$\left.\begin{aligned} T_{(ij)} &= T_{ij}\sqrt{g^{\underline{ii}}}\sqrt{g^{\underline{jj}}} \\ g^{(i)} &= \frac{g^{i}}{\sqrt{g^{\underline{ii}}}} \\ g^{(j)} &= \frac{g^{j}}{\sqrt{g^{\underline{jj}}}} \end{aligned}\right\} \tag{4.101c}$$

按此方法，不难导出任意类型任意阶张量的物理分量表达式。

4.4.6　二阶张量

1. 二阶张量的分解

二阶张量可分解为对称与反对称张量，例如，逆变张量可分解为

$$A^{ij} = \frac{1}{2}(A^{ij} + A^{ji}) + \frac{1}{2}(A^{ij} - A^{ji}) \tag{4.102}$$

2. 二阶张量的矩阵

二阶张量的 4 种分量对应的矩阵为

$$[T_{ij}],\quad [T^{ij}],\quad [T^{i}_{j}],\quad [T^{j}_{i}] \tag{4.103}$$

由 4.2.1 小节，张量坐标变换矩阵也有 4 个

$$\left.\begin{aligned} [\boldsymbol{AB}] &= [\boldsymbol{E}] \\ [\boldsymbol{A}] &= [\boldsymbol{B}^{-1}] \\ [\widetilde{\boldsymbol{A}}] &= [\boldsymbol{B}]^{\mathrm{T}} \\ [\widetilde{\boldsymbol{B}}] &= [(\boldsymbol{B}^{-1})^{\mathrm{T}}] \end{aligned}\right\} \tag{4.104}$$

则张量的坐标变换式可用矩阵表示为

$$\left.\begin{aligned} T'_{ij}&=[\boldsymbol{B}^{-1}]T_{ij}[(\boldsymbol{B}^{-1})^{\mathrm{T}}]\\ T'^{ij}&=[\boldsymbol{B}^{\mathrm{T}}]T^{ij}[\boldsymbol{B}],\\ T'^{i}_{j}&=[\boldsymbol{B}^{\mathrm{T}}]T^{i}_{j}[(\boldsymbol{B}^{\mathrm{T}})^{-1}]\\ T'_{i}{}^{j}&=[\boldsymbol{B}^{-1}]T_{i}{}^{j}[\boldsymbol{B}] \end{aligned}\right\} \tag{4.105}$$

可见,协变矩阵、逆变矩阵为合同矩阵,混变矩阵为相似矩阵。另外,两个混变矩阵间也是相似关系:由升降得张量分量的关系式

$$T^{k}_{l}=g^{ki}g_{lj}T^{j}_{i}=g^{ki}T^{j}_{i}g_{jl} \tag{4.106}$$

令$[\boldsymbol{G}]=g^{ki}$ 则$[\boldsymbol{G}^{-1}]=g_{lj}$ 上式的矩阵形式为

$$T^{i}_{j}=[\boldsymbol{G}]T^{j}_{i}[\boldsymbol{G}^{-1}] \tag{4.107}$$

3. 对称二阶张量的主轴和主值

注意到不同坐标系下的混变矩阵是相似矩阵,由矩阵论知,可通过求特征值与特征向量的方法将其对角化,即对于实对称矩阵,存在一组标准正交基,在该组基下,张量只有对角分量,其值等于矩阵的特征值,标准正交基向量就是标准化的特征向量。我们称特征值为张量的主值,与特征向量重合的轴为主轴。主轴构成一个坐标系。当张量的分量与基向量均为常量时,主轴坐标系为全局直角坐标系,否则为局部直角坐标系。

对于协变张量和逆变张量,可通过指标的升降运算化为混变张量,该混变张量的主轴和主值定义为协变张量和逆变张量的主轴和主值,由于两种混变张量间存在相似关系,具有相同的主轴和主值,所以可任选一个来求主轴和主值,求解方法与卡氏张量的方法相同。

4.4.7 张量分量方程的不变性

张量分量经张量运算(包括代数运算和微积分运算)所组成的等式称为**张量分量方程**(以下简称**张量方程**),例如

$$C^{ns}_{\cdot\cdot t}=A^{mn}B^{\cdot s}_{m\cdot t} \tag{4.108}$$

张量方程是省略了张量基的指标方程,省略的基向量的个数等于各项中自由标的个数。根据张量代数的性质,方程的各项必由同型张量构成,且满足**指标的一致性**:各项自由标的个数、符号及上下分布须相同(前后分布可不同,表示进行了转置运算),哑标必须成对上下分布。**张量方程的不变性**是指:**若张量方程在某一坐标系中成立,则必在任意坐标系中也成立**。这是张量方程的重要特点。例如,对于式(4.108),必有

$$C'^{ns}_{\cdot\cdot t}=A'^{mn}B'^{\cdot s}_{m\cdot t} \tag{4.109}$$

证：因为式(4.108)中各因子均为张量，故有

$$\beta_{i'}^{n}\beta_{j'}^{s}\beta_{t}^{k'}C'^{ij}_{\cdot\cdot k}=\beta_{i'}^{n}\beta_{j'}^{s}\beta_{t}^{k'}A'^{mi}B'^{\cdot j}_{m\cdot k}$$

必有

$$C'^{ij}_{\cdot\cdot k}=A'^{mi}B'^{\cdot j}_{m\cdot k}$$

置换指标得

$$C'^{ns}_{\cdot\cdot t}=A'^{mn}B'^{\cdot s}_{m\cdot t}$$

式(4.109)成立。

利用这一特性，我们可在某一坐标系(常为直角坐标系)中用张量方程推导或证明物理方程，其结果可适用于任意坐标系。例如，度量张量 g_{ij} 在直角坐标系的分量为 δ_{ij}，满足 $\delta_{ij}=\delta_{ji}$，由方程不变性原理，必有 $g_{ij}=g_{ji}$，即度量张量是对称张量。

4.5 张量分析

如前所述，本书中张量分析的重点讨论张量场的微积分。本节的主要内容是把直角坐标系中微积分公式推广到一般坐标系。在曲线坐标系下，基向量是坐标的函数，从而需要引进协变导数的概念。

4.5.1 向量的协变导数

由上一章的内容可知，张量场微积分的核心内容是梯度、散度和旋度。用哈密顿算子，向量 v 的梯度、散度和旋度可表示为

$$\nabla\boldsymbol{v},\quad \nabla\cdot\boldsymbol{v},\quad \varepsilon:\nabla\boldsymbol{v} \tag{4.110}$$

其中，散度是梯度的缩并，旋度是置换张量与梯度的双点积，所以关键是求梯度表达式。设一般坐标系下的坐标、向量分量和基向量为

$$y^i,\quad v_i,\quad v^i,\quad \boldsymbol{g}_i,\quad \boldsymbol{g}^i$$

直角坐标系下的对应量为

$$x^i,\quad u_i=u^i,\quad \boldsymbol{e}_i=\boldsymbol{e}^i$$

若将前者视为新坐标系下的量，后者视为老坐标系下的量，利用变换公式得

$$\left.\begin{aligned}\boldsymbol{g}_i&=\frac{\partial x^j}{\partial y^i}\boldsymbol{e}_j,\quad u_i=\frac{\partial y^j}{\partial x^i}v_j\\ \boldsymbol{g}^i&=\frac{\partial y^i}{\partial x^j}\boldsymbol{e}^j,\quad u^i=\frac{\partial x^i}{\partial y^j}v^j\end{aligned}\right\} \tag{4.111}$$

考虑式(4.11)和式(3.16)，向量的左梯度(混变)为

$$\nabla\boldsymbol{v}=\frac{\partial u^j}{\partial x^i}\boldsymbol{e}^i\boldsymbol{e}_j$$

$$
\begin{aligned}
&=\frac{\partial y^{k}}{\partial x^{i}}\boldsymbol{e}^{i}\ \frac{\partial}{\partial y^{k}}\left(v^{l}\ \frac{\partial x^{j}}{\partial y^{l}}\boldsymbol{e}_{j}\right)\\
&=\boldsymbol{g}^{k}\ \frac{\partial v^{l}\boldsymbol{g}_{l}}{\partial y^{k}}=\boldsymbol{g}^{k}\ \frac{\partial v}{\partial y^{k}}\\
&=\boldsymbol{e}^{k}\ \frac{\partial\ \boldsymbol{v}}{\partial x^{k}}
\end{aligned}
\tag{4.112}
$$

类似左梯度(协变)为

$$
\begin{aligned}
\nabla\boldsymbol{v}\ &=\frac{\partial u_{j}}{\partial x^{i}}\boldsymbol{e}^{i}\boldsymbol{e}^{j}\\
&=\boldsymbol{g}^{k}\ \frac{\partial v_{l}\boldsymbol{g}^{l}}{\partial y^{k}}\\
&=\boldsymbol{g}^{k}\ \frac{\partial v}{\partial y^{k}}\\
&=\boldsymbol{e}^{k}\ \frac{\partial\ \boldsymbol{v}}{\partial x^{k}}
\end{aligned}
\tag{4.113}
$$

可见向量算子

$$
\nabla=\boldsymbol{g}^{k}\ \frac{\partial}{\partial y^{k}}=\boldsymbol{e}^{k}\ \frac{\partial}{\partial x^{k}}
\tag{4.114}
$$

必为协变向量。

同理,可得右梯度表达式

$$
\begin{aligned}
\nabla_{\mathrm{R}}\boldsymbol{v}\ &=\frac{\partial u^{i}}{\partial x^{j}}\boldsymbol{e}_{i}\boldsymbol{e}^{j}\\
&=\frac{\partial v^{l}\boldsymbol{g}_{l}}{\partial y^{k}}\boldsymbol{g}^{k}\\
&=\frac{\partial\ \boldsymbol{v}}{\partial y^{k}}\boldsymbol{g}^{k}
\end{aligned}
\tag{4.115}
$$

$$
\begin{aligned}
\nabla_{\mathrm{R}}\boldsymbol{v}\ &=\frac{\partial u_{i}}{\partial x^{j}}\boldsymbol{e}^{i}\boldsymbol{e}^{j}\\
&=\frac{\partial u_{l}\boldsymbol{g}^{l}}{\partial y^{k}}\boldsymbol{g}^{k}\\
&=\frac{\partial\ \boldsymbol{v}}{\partial y^{k}}\boldsymbol{g}^{k}
\end{aligned}
\tag{4.116}
$$

所以右向量算子为

$$
\nabla_{\mathrm{R}}=\frac{\partial}{\partial y^{k}}\boldsymbol{g}^{k}
\tag{4.117}
$$

仍是协变向量。

以上分析表明，梯度是向量组 $\boldsymbol{g}^k$ 与向量组$\dfrac{\partial \boldsymbol{v}}{\partial y^k}$的并积和，左梯度是左并积，右梯度是右并积。在$\dfrac{\partial \boldsymbol{v}}{\partial y^k}$中，$k$ 是区别向量组不同向量的指标，称为**组指标**。在式(4.117)中，k 又成为区别向量张量分量的**张量标**。所以，指标的特性与它所处的位置有关。当 k 一定时$\dfrac{\partial \boldsymbol{v}}{\partial y^k}$为一向量，可按逆变基或协变基分解

$$\frac{\partial \boldsymbol{v}}{\partial y^k} = v_i \mid_k \boldsymbol{g}^i = v^i \mid_k \boldsymbol{g}_i \tag{4.118}$$

式中：i 是张量指标，$v_i|_k$ 与 $v^i|_k$ 称为向量分量的协变导数，简称向量的协变导数；$v_i|_k$ 是协变分量的协变导数；$v^i|_k$ 是逆变分量的协变导数。协变导数的协变性是由指标 k 的协变性决定的。

在直角坐标系下，基向量是常量，协变导数与普通导数相同：

$$\frac{\partial \boldsymbol{v}}{\partial x^i} = \frac{\partial u_j \boldsymbol{e}^j}{\partial x^i} = \frac{\partial u_j}{\partial x^i}\boldsymbol{e}^j = u_j \mid_i \boldsymbol{e}^j \tag{4.119}$$

由式(4.119)得

$$\frac{\partial u_j}{\partial x^i} = u_j \mid_i \tag{4.120}$$

同理，有

$$\frac{\partial u^j}{\partial x^i} = u^j \mid_i \tag{4.121}$$

将式(4.118)、式(4.121)、式(4.122)代入式(4.113)，得

$$\nabla \boldsymbol{v} = u_j \mid_i \boldsymbol{e}^i \boldsymbol{e}^j = v_j \mid_i \boldsymbol{g}^i \boldsymbol{g}^j \tag{4.122}$$

由此可知，$v_j|_i$ 为二阶张量∇v 的协变分量，i，j 都张量指标。同理可得 $v^j|_j$ 是$\nabla \boldsymbol{v}$的逆变分量。

4.5.2　C(Christoffel)符号

以上分析表明，梯度问题实际上是协变导数问题。现求协变导数，由向量求导法则，式(4.118)变为

$$\begin{aligned} \frac{\partial \boldsymbol{v}}{\partial y^j} &= \frac{\partial v^i \boldsymbol{g}_i}{\partial y^j} \\ &= \frac{\partial v^i}{\partial y^j}\boldsymbol{g}_i + \frac{\partial \boldsymbol{g}_i}{\partial y^j} v^i \\ &= v^i \mid_j \boldsymbol{g}_i \end{aligned} \tag{4.123}$$

$$\frac{\partial \boldsymbol{v}}{\partial y^j}=\frac{\partial v_i \boldsymbol{g}^i}{\partial y^j}$$

$$=\frac{\partial v_i}{\partial y^j}\boldsymbol{g}^i+\frac{\partial g^i}{\partial y^j}v_i$$

$$=v_i\mid_j \boldsymbol{g}^i \tag{4.124}$$

用 $\boldsymbol{g}^k$ 点乘式(4.124)，$\boldsymbol{g}_k$ 点乘式(4.125)得

$$v^k\mid_j=\frac{\partial v^k}{\partial y^j}+\left(\frac{\partial \boldsymbol{g}_i}{\partial y^j}\cdot \boldsymbol{g}^k\right)v^i \tag{4.125}$$

$$v_k\mid_j=\frac{\partial v_k}{\partial y^j}+\left(\frac{\partial \boldsymbol{g}^i}{\partial y^j}\cdot \boldsymbol{g}_k\right)v_i \tag{4.126}$$

令

$$\Gamma_{ij}^k=\frac{\partial \boldsymbol{g}_i}{\partial y^j}\cdot \boldsymbol{g}^k \tag{4.127}$$

Γ_{ij}^k 称第二类 C(Christoffel)符号，k 是张量标，i、j 是组指标(求导标)。由向量公式(4. 23)得

$$\frac{\partial \boldsymbol{g}_i}{\partial y^j}=\Gamma_{ij}^k \boldsymbol{g}_k \tag{4.128}$$

又

$$\frac{\partial \boldsymbol{g}^i}{\partial y^j}\cdot \boldsymbol{g}_k=\frac{\partial \boldsymbol{g}^i\cdot \boldsymbol{g}_k}{\partial y^j}-\frac{\partial \boldsymbol{g}_k}{\partial y^j}\cdot \boldsymbol{g}^i$$

$$=-\frac{\partial \boldsymbol{g}_k}{\partial y^j}\cdot \boldsymbol{g}^i=-\Gamma_{kj}^i \tag{4.129}$$

则有

$$\frac{\partial \boldsymbol{g}^i}{\partial y^j}=-\Gamma_{kj}^i \boldsymbol{g}^k \tag{4.130}$$

将式(4. 128)、式(4. 129)代入式(4. 126)、式(4. 127)得

$$v^k\mid_j=\frac{\partial v^k}{\partial y^j}+\Gamma_{ij}^k v^i \tag{4.131}$$

$$v_k\mid_j=\frac{\partial v_k}{\partial y^j}-\Gamma_{kj}^i v_i \tag{4.132}$$

所以协变导数问题又转化为 C 符号问题。C 符号有以下特性：

① Γ_{ij}^k 是向量组$\dfrac{\partial \boldsymbol{g}_i}{\partial y^j}$的逆变分量(见式(4. 128a))，可由升降运算求协变分量

$$\Gamma_{ijk}=g_{km}\Gamma_{ij}^m$$

$$=g_{km}\frac{\partial \boldsymbol{g}_i}{\partial y^j}\cdot \boldsymbol{g}^m$$

$$=\frac{\partial \boldsymbol{g}_i}{\partial y^j}\cdot \boldsymbol{g}_k \tag{4.133}$$

Γ_{ijk} 称为**第一类 C**(Christoffel)符号,i,j 是组指标(求导标),k 是张量标。反之有

$$\Gamma_{ij}^m = g^{mk}\Gamma_{ijk} \tag{4.134}$$

② 直线坐标系下等于零(因此时基向量为常量)。

③ 不是三阶张量的分量。

因在直线坐标系下 $\Gamma_{ij}^k=0$,曲线坐标系 $\Gamma_{ij}^{\prime k}\neq 0$,所以不满足张量方程不变性。

④ 关于组指标(求导标)对称

$$\begin{aligned}\frac{\partial \boldsymbol{g}_i}{\partial y^j}&=\frac{\partial}{\partial y^j}\left(\frac{\partial \boldsymbol{r}}{\partial y^i}\right)\\&=\frac{\partial}{\partial y^i}\left(\frac{\partial \boldsymbol{r}}{\partial y^j}\right)\\&=\frac{\partial \boldsymbol{g}_j}{\partial y^i}\end{aligned} \tag{4.135a}$$

由 C 符号的定义得

$$\left.\begin{aligned}\Gamma_{ijk}&=\Gamma_{jik}\\ \Gamma_{ij}^k&=\Gamma_{ji}^k\end{aligned}\right\} \tag{4.135b}$$

⑤ 可用度量张量表示。

利用对称性式(4.135a)和向量求导法则得

$$\begin{aligned}\Gamma_{ijk}&=\frac{\partial \boldsymbol{g}_i}{\partial y^j}\cdot \boldsymbol{g}_k\\&=\frac{1}{2}\left(\frac{\partial \boldsymbol{g}_i}{\partial y^j}\cdot \boldsymbol{g}_k+\frac{\partial \boldsymbol{g}_j}{\partial y^i}\cdot \boldsymbol{g}_k\right)\\&=\frac{1}{2}\left[\frac{\partial \boldsymbol{g}_i\cdot \boldsymbol{g}_k}{\partial y^j}+\frac{\partial \boldsymbol{g}_j\cdot \boldsymbol{g}_k}{\partial y^i}-\left(\frac{\partial \boldsymbol{g}_k}{\partial y^j}\cdot \boldsymbol{g}_i+\frac{\partial \boldsymbol{g}_k}{\partial y^i}\cdot \boldsymbol{g}_j\right)\right]\\&=\frac{1}{2}\left[\frac{\partial g_{ki}}{\partial y^j}+\frac{\partial g_{jk}}{\partial y^i}-\left(\frac{\partial \boldsymbol{g}_j}{\partial y^k}\cdot \boldsymbol{g}_i+\frac{\partial \boldsymbol{g}_i}{\partial y^k}\cdot \boldsymbol{g}_j\right)\right]\\&=\frac{1}{2}\left(\frac{\partial g_{ki}}{\partial y^j}+\frac{\partial g_{jk}}{\partial y^i}-\frac{\partial \boldsymbol{g}_i\cdot \boldsymbol{g}_j}{\partial y^k}\right)\\&=\frac{1}{2}\left(\frac{\partial g_{ki}}{\partial y^j}+\frac{\partial g_{jk}}{\partial y^i}-\frac{\partial g_{ij}}{\partial y^k}\right)\end{aligned} \tag{4.136}$$

Γ_{ij}^k 的关系可由式(4.134)得到。另一常用公式是与度量张量行列式 g 的关系。由式(4.98)

$$\frac{\partial \sqrt{g}}{\partial y^j}=\pm\frac{\partial V_{\mathrm{G}}}{\partial y^j}$$

$$
\begin{aligned}
&=\pm\left[\frac{\partial}{\partial y^j}(\boldsymbol{g}_1\cdot\boldsymbol{g}_2\times\boldsymbol{g}_3)\right]\\
&=\pm\left(\frac{\partial\boldsymbol{g}_1}{\partial y^j}\cdot\boldsymbol{g}_2\times\boldsymbol{g}_3+\boldsymbol{g}_1\cdot\frac{\partial\boldsymbol{g}_2}{\partial y^j}\times\boldsymbol{g}_3+\boldsymbol{g}_1\cdot\boldsymbol{g}_2\times\frac{\partial\boldsymbol{g}_3}{\partial y^j}\right)\\
&=\pm(\Gamma^m_{1j}\boldsymbol{g}_m\cdot\boldsymbol{g}_2\times\boldsymbol{g}_3+\Gamma^m_{2j}\boldsymbol{g}_1\cdot\boldsymbol{g}_m\times\boldsymbol{g}_3+\Gamma^m_{3j}\boldsymbol{g}_1\cdot\boldsymbol{g}_2\times\boldsymbol{g}_m)\\
&=\pm(\Gamma^1_{1j}\boldsymbol{g}_1\cdot\boldsymbol{g}_2\times\boldsymbol{g}_3+\Gamma^2_{2j}\boldsymbol{g}_1\cdot\boldsymbol{g}_2\times\boldsymbol{g}_3+\Gamma^3_{3j}\boldsymbol{g}_1\cdot\boldsymbol{g}_2\times\boldsymbol{g}_3)\\
&=\pm\Gamma^m_{mj}\boldsymbol{g}_1\cdot\boldsymbol{g}_2\times\boldsymbol{g}_3=\Gamma^m_{mj}(\pm V_{\mathrm{G}})=\Gamma^m_{mj}\sqrt{g}
\end{aligned}
\tag{4.137}
$$

则有

$$
\Gamma^m_{mj}=\frac{1}{\sqrt{g}}\frac{\partial\sqrt{g}}{\partial y^j}
\tag{4.138}
$$

4.5.3 张量的协变导数和逆变导数

向量的协变导数概念可推广到任意阶张量 $\boldsymbol{T}$。我们把导数组$\frac{\partial\boldsymbol{T}}{\partial y^k}$在张量基上的分量称为协变导数，这里 k 为组指标。张量求导实际上是对张量的每个解析分量函数求导，结果仍为同阶张量$\left(注：\boldsymbol{g}^k\frac{\partial\boldsymbol{T}}{\partial y^k}是两个张量的并积和，阶数比\frac{\partial\boldsymbol{T}}{\partial y^k}高一阶\right)$，故可将$\frac{\partial\boldsymbol{T}}{\partial y^k}$向张量基分解，从而得到协变导数。例如，将零、一、二阶张量 φ、$\boldsymbol{v}$ 、$\boldsymbol{T}$ 向协变基分解得

$$
\left.
\begin{aligned}
\frac{\partial\varphi}{\partial y^k}&=\varphi\mid_k\\
\frac{\partial\boldsymbol{v}}{\partial y^k}&=v^i\mid_k\boldsymbol{g}_i\\
\frac{\partial\boldsymbol{T}}{\partial y^k}&=T^{ij}\mid_k\boldsymbol{g}_i\boldsymbol{g}_j
\end{aligned}
\right\}
\tag{4.139}
$$

零阶张量没有基向量，协变导数恒等于普通导数。一阶以上的张量按不同的基分解可得不同的协变导数。下面我们以二阶混变张量为例，推导高阶协变张量的表达式，其他类型张量的协变导数可根据指标升降得到。根据协变导数的定义、基向量求导公式(4.128)和式(4.130)以及向量求导法则得

$$
\begin{aligned}
T^i_{\cdot j}\mid_k\boldsymbol{g}_i\boldsymbol{g}^j&=\frac{\partial\boldsymbol{T}}{\partial y^k}=\frac{\partial}{\partial y^k}(T^i_{\cdot j}\boldsymbol{g}_i\boldsymbol{g}^j)\\
&=\frac{\partial T^i_{\cdot j}}{\partial y^k}\boldsymbol{g}_i\boldsymbol{g}^j+T^i_{\cdot j}\frac{\partial\boldsymbol{g}_i}{\partial y^k}\boldsymbol{g}^j+T^i_{\cdot j}\boldsymbol{g}_i\frac{\partial\boldsymbol{g}^j}{\partial y^k}\\
&=\frac{\partial T^i_{\cdot j}}{\partial y^k}\boldsymbol{g}_i\boldsymbol{g}^j+T^i_{\cdot j}\Gamma^m_{ik}\boldsymbol{g}_m\boldsymbol{g}^j-T^i_{\cdot j}\Gamma^j_{mk}\boldsymbol{g}_i\boldsymbol{g}^m
\end{aligned}
$$

$$= \frac{\partial T^{i}_{\cdot j}}{\partial y^{k}} \boldsymbol{g}_{i} \boldsymbol{g}^{j} + T^{m}_{\cdot j} \Gamma^{i}_{mk} \boldsymbol{g}_{i} \boldsymbol{g}^{j} - T^{i}_{\cdot m} \Gamma^{m}_{jk} \boldsymbol{g}_{i} \boldsymbol{g}^{j}$$

所以

$$T^{i}_{\cdot j}\ |_{k} = \frac{\partial T^{i}_{\cdot j}}{\partial y^{k}} + \Gamma^{i}_{mk} T^{m}_{\cdot j} - \Gamma^{m}_{jk} T^{i}_{\cdot m} \tag{4.140}$$

n 阶张量协变导数公式的规律是：第一项是普通导数，其余 n 项由第二类 C 符号与张量分量的乘积构成，每一项依次用哑标置换原张量指标得到，置换上标时为正号，否则为负号，C 符号的其余指标按指标一致原理确定。

例：试写出 $A_{ij}^{\cdot\cdot k}$ 的协变导数。

解：

$$A_{ij}^{\cdot\cdot k}|_{l} = \frac{\partial A_{ij}^{\cdot\cdot k}}{\partial y^{l}} - \Gamma^{m}_{il} A_{mj}^{\cdot\cdot k} - \Gamma^{m}_{jl} A_{im}^{\cdot\cdot k} + \Gamma^{k}_{ml} A_{ij}^{\cdot\cdot m} \tag{4.141}$$

张量的协变导数有如下性质与运算规律：

① n 阶张量的协变导数是 $n+1$ 阶张量的分量。

因为

$$\boldsymbol{g}^{k}\ \frac{\partial \boldsymbol{T}}{\partial y^{k}} = T^{ij}|_{k} \boldsymbol{g}^{k} \boldsymbol{g}_{i} \boldsymbol{g}_{j}$$

② 协变导数的求导顺序可交换。

协变导数是张量，可再次求协变导数得二阶协变导数，每求一次导，张量的阶数加一。例如，逆变向量的二阶协变导数可记为

$$(v^{i}|_{j})|_{k} = v^{i}|_{jk} \tag{4.142}$$

j 和 k 为求导标。在直角坐标系下有

$$\begin{aligned} u^{i}|_{jk} &= \frac{\partial u^{i}}{\partial x^{j} \partial x^{k}} \\ &= \frac{\partial u^{i}}{\partial x^{k} \partial x^{j}} \\ &= u^{i}\ |_{kj} \end{aligned} \tag{4.143}$$

根据张量方程的不变性得

$$v^{i}|_{jk} = v^{i}|_{kj} \tag{4.144}$$

③ 度量张量和置换张量的协变导数为零。

例如，在自然坐标系下，$g_{ij} \Rightarrow \delta_{ij}$，$\varepsilon^{ijk} \Rightarrow e^{ijk}$，而

$$\left.\begin{aligned} \delta_{ij}|_{k} &= \frac{\partial \delta_{ij}}{\partial x^{k}} = 0 \\ e^{ijk}|_{l} &= \frac{\partial e^{ijk}}{\partial y^{l}} = 0 \end{aligned}\right\} \tag{4.145}$$

所以

$$\left.\begin{aligned} g_{ij}|_k &= 0 \\ \varepsilon^{ijk}|_l &= 0 \end{aligned}\right\} \tag{4.146}$$

度量张量协变导数为零这一特性称为**Ricci 定理**。根据这一特性，对张量式求协变导数时，可将度量张量提到求导号外。同样置换张量求导时也可作常量处理。

④ 协变导数的求导法则与普通导数相同。

这是张量方程不变性的必然结果。例如，设 α 为常量，则

$$(\alpha A^{ij}b_k + g^{li}C^{j}_{\cdot kl})|_n = \alpha(A^{ij}|_n b_k + A^{ij}b_k|_n) + g^{li}C^{j}_{\cdot kl}|_n \tag{4.147}$$

⑤ 协变导数可用度量张量对求导标进行升降运算。

这是张量的基本特性，如

$$v_i|^k = g^{kl}v_i|_l \tag{4.148}$$

求导标为上标的导数称为张量的**逆变导数**。有了逆变导数的概念，向量梯度可用任意类型张量分量表达，即

$$\begin{aligned} \nabla \boldsymbol{v} &= v_i|_k \boldsymbol{g}^k \boldsymbol{g}^i \\ &= v^i|^k \boldsymbol{g}_k \boldsymbol{g}_i \\ &= v^i|_k \boldsymbol{g}^k \boldsymbol{g}_i \\ &= v_i|^k \boldsymbol{g}_k \boldsymbol{g}^i \end{aligned} \tag{4.149}$$

4.5.4 梯度、散度、旋度

1. 梯　度

由 4.4 节知，梯度的一般形式为

$$\left.\begin{aligned} \nabla \boldsymbol{T} &= \boldsymbol{g}^k \frac{\partial \boldsymbol{T}}{\partial y^k} \\ \nabla_{\mathrm{R}} \boldsymbol{T} &= \frac{\partial \boldsymbol{T}}{\partial y^k} \boldsymbol{g}^k \end{aligned}\right\} \tag{4.150}$$

$\boldsymbol{T}$ 为任意阶张量，而梯度的分量即为协变导数，所以零阶张量的梯度为

$$\nabla \varphi = \varphi|_i \boldsymbol{g}^i = \frac{\partial \varphi}{\partial y^i} \boldsymbol{g}^i \tag{4.151}$$

向量的左梯度见式(4.149)，右梯度为

$$\begin{aligned} \nabla_{\mathrm{R}} \boldsymbol{v} &= v_k|_i \boldsymbol{g}^k \boldsymbol{g}^i \\ &= v^k|^i \boldsymbol{g}_k \boldsymbol{g}_i \\ &= v^k|_i \boldsymbol{g}^k \boldsymbol{g}_i \\ &= v_k|^i \boldsymbol{g}_k \boldsymbol{g}^i \end{aligned} \tag{4.152}$$

不难发现，逆变或协变左梯度与梯度互为转置，对于混变梯度，二者不等，即

$$\left.\begin{array}{l}\nabla_{\mathrm{R}}\boldsymbol{v}=(\nabla\boldsymbol{v})^{\mathrm{T}}\text{—— 逆变或协变}\\ \nabla_{\mathrm{R}}\boldsymbol{v}\neq(\nabla\boldsymbol{v})^{\mathrm{T}}\text{—— 混变}\end{array}\right\}\tag{4.153}$$

由二阶张量的分解定理，协变梯度可分解为

$$\left.\begin{array}{l}\nabla\boldsymbol{v}=\boldsymbol{S}+\Omega\\ \boldsymbol{S}=\dfrac{1}{2}(\nabla\boldsymbol{v}+\nabla_{\mathrm{R}}\boldsymbol{v})\\ \Omega=\dfrac{1}{2}(\nabla\boldsymbol{v}-\nabla_{\mathrm{R}}\boldsymbol{v})\\ v_j|_i=S_{ij}+\Omega_{ij}\\ S_{ij}=\dfrac{1}{2}(v_j|_i+v_i|_j)\\ \Omega_{ij}=\dfrac{1}{2}(v_j|_i-v_i|_j)\end{array}\right\}\tag{4.154}$$

式中：S_{ij} 为对称张量，Ω_{ij} 为反对称张量。我们知道物理上 Ω_{ij} 表示转动，称为转动张量。下面举例说明 $v_j|_i$ 和 S_{ij} 的物理意义。

例：设 v_j 表示变形固体的位移向量场(若为流体则表示速度，即单位时间的位移)，假定位移是微小量(若为流体，则讨论微小时段的位移，仍为小量)，试说明 $v_j|_i$ 和 S_{ij} 的物理意义，并写出柱坐标系下 S_{ij} 的物理分量。

解：如图 4-4 所示，设变形体内有无限近的两点 P，Q，变形后移至 P'，Q'。P，Q 的位移差为

$$\begin{aligned}\mathrm{d}\boldsymbol{v}&=\frac{\partial\boldsymbol{v}}{\partial y^i}\mathrm{d}y^i\\ &=v_j|_i\mathrm{d}y^i\boldsymbol{g}^j\\ &=v^k|_i\mathrm{d}y^i\boldsymbol{g}_k\end{aligned}\tag{4.155}$$

所以，$v_j|_i$ 数量上表示位移差的大小，称为**位移张量**。如果位移后，两点的距离发生变化，则说明产生了变形，因为刚体运动不会使两点距离发生改变。故可用两点距

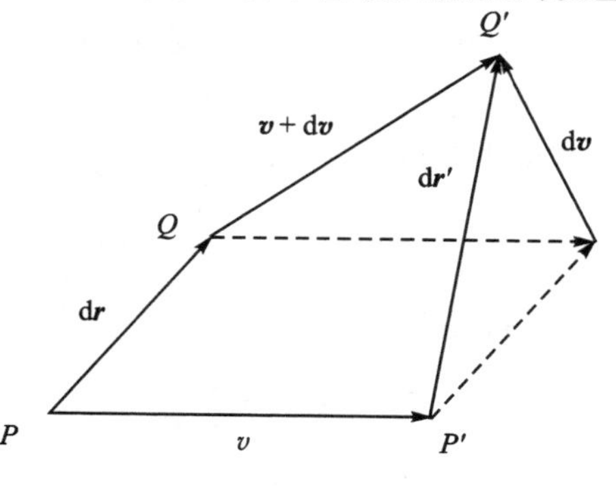

图 4-4　变形体

离的平方差来度量变形

$$\left.\begin{aligned} d\boldsymbol{r}' &= d\boldsymbol{r} + d\boldsymbol{v} \\ d\boldsymbol{r} &= dy^i \boldsymbol{g}_i \end{aligned}\right\} \tag{4.156}$$

即若 $A_{ijk}=A_{jik}$，$B_{ij}=-B_{ji}$，则

$$A_{ijk}B_{ij}=0 \tag{4.157}$$

因 $A_{ijk}B_{ij}=-A_{jik}B_{ji}=-A_{ijk}B_{ij}$ 则 $A_{ijk}B_{ij}=0$。

$$\begin{aligned} \Delta^2 \boldsymbol{r} &= d\boldsymbol{r}' \cdot d\boldsymbol{r}' - d\boldsymbol{r} \cdot d\boldsymbol{r} \\ &= 2d\boldsymbol{v} \cdot d\boldsymbol{r} + d\boldsymbol{v} \cdot d\boldsymbol{v} \\ &= 2v_j|_i dy^i dy^k (\boldsymbol{g}^j \cdot \boldsymbol{g}_k) + v^k|_i v_j|_l dy^i dy^j (\boldsymbol{g}_k \cdot \boldsymbol{g}^l) \\ &= 2v_j|_i dy^i dy^j + v^l|_i v_j|_l dy^i dy^j \end{aligned} \tag{4.158}$$

由小位移假定，略去高阶小量，将式(4.154)代入，且考虑 Ω_{ij} 的反对称性与 $dy^i dy^j$ 的对称性有

$$\begin{aligned} \Delta^2 \boldsymbol{r} &= 2v_j|_i dy^i dy^j \\ &= 2S_{ij} dy^i dy^j + 2\Omega_{ij} dy^i dy^j \\ &= 2S_{ij} dy^i dy^j \end{aligned} \tag{4.159}$$

由此可知，S_{ij} 反映变形大小，称为**变形张量**。

下面求柱坐标系 $(y^1, y^2, y^3)=(r, \theta, z)$ 下，S_{ij} 的物理分量，先求度量张量和第二类 C 符号。由例题 4.2 的结果得

$$g_{ij}=\boldsymbol{g}_i \cdot \boldsymbol{g}_j=\begin{pmatrix} 1 & 0 & 0 \\ 0 & r^2 & 0 \\ 0 & 0 & 1 \end{pmatrix}, \quad g=\det(g_{ij})=g_{11}g_{22}g_{33}=r^2 \tag{4.160}$$

说明柱坐标系是正交坐标系，满足正交条件

$$\left.\begin{aligned} \boldsymbol{g}_i \cdot \boldsymbol{g}_j &= g_{ij}=\delta_{ij} g_{\underline{ii}} \\ g_{\underline{ii}} &= (1 \quad r^2 \quad 1) \end{aligned}\right\} \tag{4.161}$$

即正交坐标系的度量矩阵为对角矩阵，显然逆变度量矩阵也为对角矩阵

$$\boldsymbol{g}^i \cdot \boldsymbol{g}^j = g^{ij}=\delta^{ij} g^{\underline{ii}} \tag{4.162}$$

因为两者为互逆关系，即相乘为单位矩阵，故

$$g^{\underline{ii}}=\frac{1}{g_{\underline{ii}}}=\left(1 \quad \frac{1}{r^2} \quad 1\right) \tag{4.163}$$

利用 C 符号与度量矩阵的关系可求出

$$\left.\begin{aligned} &\Gamma_{12}^2=\Gamma_{21}^2=\frac{1}{r} \\ &\Gamma_{22}^1=-r \\ &\text{其余为零} \end{aligned}\right\} \tag{4.163a}$$

$$v_i|_j=\frac{\partial v_i}{\partial y^j}-\Gamma_{ij}^k v_k$$

$$=\begin{bmatrix}\dfrac{\partial v_1}{\partial r} & \dfrac{\partial v_1}{\partial\theta}-\dfrac{v_2}{r} & \dfrac{\partial v_1}{\partial z}\\ \dfrac{\partial v_2}{\partial r}-\dfrac{v_2}{r} & \dfrac{\partial v_2}{\partial\theta}+rv_1 & \dfrac{\partial v_2}{\partial z}\\ \dfrac{\partial v_3}{\partial r} & \dfrac{\partial v_3}{\partial\theta} & \dfrac{\partial v_3}{\partial z}\end{bmatrix} \tag{4.164}$$

位移向量的物理分量为

$$v_{(i)}=(v_r,v_\theta,v_z)$$
$$=v_i\sqrt{g^{\underline{ii}}}$$
$$=(v_1\sqrt{g^{11}},v_2\sqrt{g^{22}},v_3\sqrt{g^{33}})$$
$$=\left(v_1,\frac{v_2}{r},v_3\right) \tag{4.165}$$

变形张量的物理分量为

$$S_{(ij)}=S_{ij}\sqrt{g^{\underline{ii}}}\sqrt{g^{\underline{jj}}}$$
$$=\frac{1}{2}(v_i|_j+v_j|_i)\sqrt{g^{\underline{ii}}}\sqrt{g^{\underline{jj}}}$$
$$=\begin{bmatrix}\dfrac{\partial v_r}{\partial r} & \dfrac{1}{2}\left(\dfrac{\partial v_r}{r\partial\theta}+\dfrac{\partial v_\theta}{\partial r}-\dfrac{v_\theta}{r}\right) & \dfrac{1}{2}\left(\dfrac{\partial v_r}{\partial z}+\dfrac{\partial v_z}{\partial r}\right)\\ & \dfrac{\partial v_\theta}{r\partial\theta} & \dfrac{1}{2}\left(\dfrac{\partial v_\theta}{\partial z}+\dfrac{\partial v_z}{r\partial\theta}\right)\\ & \text{对称} & \dfrac{\partial v_z}{\partial z}\end{bmatrix} \tag{4.166}$$

此例说明，为求张量的物理表达式，S_{ij} 和 v_i 都需要转换。

2. 散　度

先求一般坐标系向量的散度表达式

$$\nabla\cdot\boldsymbol{v}=\frac{\partial u^i}{\partial x^i}=\delta_j^i\,\frac{\partial u^j}{\partial x^i}$$
$$=\boldsymbol{e}^i\cdot\boldsymbol{e}_j\,\frac{\partial u^j}{\partial x^i}$$
$$=\boldsymbol{e}^i\cdot\frac{\partial u^j\boldsymbol{e}_j}{\partial x^i}=\boldsymbol{e}^i\cdot\frac{\partial\,\boldsymbol{v}}{\partial x^i}$$
$$=\frac{\partial y^k}{\partial x^i}\boldsymbol{e}^i\cdot\frac{\partial v}{\partial y^k}$$

$$=\boldsymbol{g}^k\cdot\frac{\partial\boldsymbol{v}}{\partial y^k}=\frac{\partial\boldsymbol{v}}{\partial y^k}\cdot\boldsymbol{g}^k \tag{4.167}$$

可见向量的散度无左右之分，且散度的算子为

$$\left.\begin{aligned}\nabla\cdot&=\boldsymbol{g}^k\cdot\frac{\partial}{\partial y^k}\\ \nabla_{\mathrm{R}}\cdot&=\frac{\partial}{\partial y^k}\cdot\boldsymbol{g}^k\end{aligned}\right\} \tag{4.167a}$$

利用协变导数定义有

$$\left.\begin{aligned}\nabla\cdot\boldsymbol{v}&=v^i|_k\boldsymbol{g}_i\cdot\boldsymbol{g}^k=v^i|_k\delta_j^k=v^i|_i\\ \nabla\cdot\boldsymbol{v}&=v_i|_k\boldsymbol{g}^i\cdot\boldsymbol{g}^k=v_i|_kg^{ik}=v_i|^i=v^k|_k\end{aligned}\right\} \tag{4.168}$$

所以，向量散度等于梯度的缩并，这与卡氏张量相同。由协变导数公式与式(4.138)得

$$\begin{aligned}\nabla\cdot\boldsymbol{v}&=v^k|_k\\ &=\frac{\partial v^k}{\partial y^k}+\Gamma_{mk}^kv^m\\ &=\frac{1}{\sqrt{g}}\frac{\partial\sqrt{g}v^k}{\partial y^k}\end{aligned} \tag{4.169}$$

此为向量散度的常用计算式，在直角坐标系下，$\sqrt{g}=1$，上式变为常见形式。

类似地可导出二阶张量的散度

$$\left.\begin{aligned}\nabla\cdot\boldsymbol{T}&=\boldsymbol{g}^k\cdot\frac{\partial\boldsymbol{T}}{\partial y^k}\\ \nabla_{\mathrm{R}}\cdot\boldsymbol{T}&=\frac{\partial\boldsymbol{T}}{\partial y^k}\cdot\boldsymbol{g}^k\end{aligned}\right\} \tag{4.170}$$

$$\begin{aligned}\nabla\cdot\boldsymbol{T}&=T^{ij}|_k\boldsymbol{g}^k\cdot\boldsymbol{g}_i\boldsymbol{g}_j\\ &=T^{ij}|_k\delta_i^kg_j\\ &=T^{ij}|_i\boldsymbol{g}_j\end{aligned} \tag{4.171}$$

$$\begin{aligned}\nabla_{\mathrm{R}}\cdot\boldsymbol{T}&=T^{ij}|_k\boldsymbol{g}_i\boldsymbol{g}_j\cdot\boldsymbol{g}^k\\ &=T^{ij}|_k\delta_j^kg_i\\ &=T^{ik}|_k\boldsymbol{g}_i=T^{ji}|_i\boldsymbol{g}_j\end{aligned} \tag{4.172}$$

可见若 $\boldsymbol{T}$ 为对称张量，则左散度等于右散度。二阶张量的散度为向量，分量为(以逆变张量为例，并考虑式(4.138))

$$\begin{aligned}T^{ij}|_i&=\frac{\partial T^{ij}}{\partial y^i}+\Gamma_{mi}^iT^{mj}+\Gamma_{mi}^jT^{im}\\ &=\frac{1}{\sqrt{g}}\frac{\partial\sqrt{g}T^{ij}}{\partial y^i}+\Gamma_{mi}^jT^{im}\end{aligned} \tag{4.173}$$

利用指标升降运算容易求出其他类型张量的散度公式，如有必要根据

式(4.170)还可定义任意阶张量的散度并导出计算公式。

3. 旋　度

旋度公式为

$$\begin{aligned}\nabla\times \boldsymbol{v} &= \frac{\partial u_k}{\partial x^j}\boldsymbol{e}^j \times \boldsymbol{e}^k \\ &= \boldsymbol{e}^j \times \frac{\partial u_k}{\partial x^j}\boldsymbol{e}^k \\ &= \boldsymbol{e}^j \times \frac{\partial u_k \boldsymbol{e}^k}{\partial x^j} \\ &= \boldsymbol{e}^j \times \frac{\partial \boldsymbol{v}}{\partial x^j} \\ &= \frac{\partial y^k}{\partial x^j}\boldsymbol{e}^j \times \frac{\partial \boldsymbol{v}}{\partial y^k} \\ &= \boldsymbol{g}^k \times \frac{\partial \boldsymbol{v}}{\partial y^k}\end{aligned} \tag{4.174}$$

最后一个等式是向量旋度的普遍式。此外还可定义向量得右旋度

$$\begin{aligned}\nabla_{\mathrm{R}}\times \boldsymbol{v} &= \frac{\partial \boldsymbol{v}}{\partial y^k} \times \boldsymbol{g}^k \\ &= -\boldsymbol{g}^k \times \frac{\partial \boldsymbol{v}}{\partial y^k} \\ &= -\nabla\times \boldsymbol{v}\end{aligned} \tag{4.175}$$

所以向量的左右旋度互为相反向量,因此我们只需讨论左旋度。由式(4.174)和式(4.175),旋度算子为

$$\left.\begin{aligned}\nabla\times &= \boldsymbol{g}^k \times \frac{\partial}{\partial y^k} \\ \nabla_{\mathrm{R}}\times &= \frac{\partial}{\partial y^k} \times \boldsymbol{g}^k\end{aligned}\right\} \tag{4.176}$$

由协变导数公式得(注意:Γ^m_{jk} 关于 jk 对称,ε^{ijk} 关于 jk 反对称)

$$\begin{aligned}\nabla\times \boldsymbol{v} &= v_k|_j \boldsymbol{g}^j \times \boldsymbol{g}^k \\ &= \varepsilon^{jki} v_k|_j \boldsymbol{g}_i \\ &= \boldsymbol{\varepsilon}^{ijk}\left(\frac{\partial v_k}{\partial y^j} - \Gamma^m_{jk} v_m\right)\boldsymbol{g}_i \\ &= \boldsymbol{\varepsilon}^{ijk}\frac{\partial v_k}{\partial y^j}\boldsymbol{g}_i = \frac{e^{ijk}}{V_G}\frac{\partial v_k}{\partial y^j}\boldsymbol{g}_i\end{aligned}$$

$$=\frac{1}{\pm\sqrt{g}}\begin{vmatrix} \boldsymbol{g}_1 & \boldsymbol{g}_2 & \boldsymbol{g}_3 \\ \dfrac{\partial}{\partial y^1} & \dfrac{\partial}{\partial y^2} & \dfrac{\partial}{\partial y^3} \\ v_1 & v_2 & v_3 \end{vmatrix} \tag{4.177}$$

上式还可写为

$$\nabla\times\boldsymbol{v}=\varepsilon:\nabla\boldsymbol{v} \tag{4.178}$$

若有需要,则可根据式(4.178)等号右边和式(4.150)定义任意阶张量的旋度。此外向量旋度与反对称张量和反偶向量的关系与卡氏张量相同。

$$\nabla\times\boldsymbol{v}=-\varepsilon:\Omega=2\omega \tag{4.179}$$

最后,由指标升降还可导出逆变向量旋度公式。

4.5.5 L(Laplacian)算子与物质导数算子

由前面介绍的内容可知,梯度、散度、旋度都可看成是算子∇与张量作用的结果。本小节将讨论另外两个常用的张量微分算子:L (Laplacian)**算子和物质导数算子**。

1. L 算子

L 算子是一种复合运算算子,它的运算法则是先对张量求梯度得到另一张量,然后对新张量求散度。我们以逆变向量为例导出 L 算子的表达式

$$\begin{aligned}\nabla^2\boldsymbol{v}&=\nabla\cdot(\nabla\boldsymbol{v})\\&=\boldsymbol{g}^k\cdot\frac{\partial}{\partial y^k}\left(\boldsymbol{g}^l\,\frac{\partial\boldsymbol{v}}{\partial y^l}\right)\\&=\boldsymbol{g}^k\cdot\frac{\partial}{\partial y^k}(v^i|_l\boldsymbol{g}^l\boldsymbol{g}_i)\\&=(v^i|_l)|_k\boldsymbol{g}^k\cdot\boldsymbol{g}^l\boldsymbol{g}_i\\&=v^i|_{kl}g^{kl}\boldsymbol{g}_i=v^i|_k^k\boldsymbol{g}_i\end{aligned} \tag{4.180}$$

令

$$\boldsymbol{v}|_k^k=v^i|_k^k\boldsymbol{g}_i \tag{4.181}$$

式中:$\boldsymbol{v}|_k^k$ 表示二阶混变导数与张量基的线性组合,由上面推导过程不难得知,其中 $\boldsymbol{v}$ 可换成任何张量 $\boldsymbol{T}$ 如

$$\boldsymbol{T}|_k^k=T^i_{\cdot j}|_k^k\boldsymbol{g}_i\boldsymbol{g}^j \tag{4.181a}$$

与普通导数不同的是,上面表达式中的张量基可提到求导号外面。由此(4.180)式变为

$$\nabla^2\boldsymbol{v}=\nabla\cdot\nabla\boldsymbol{v}=\boldsymbol{v}|_k^k \tag{4.181b}$$

所以,L 算子可表示为

$$\nabla^2() = \nabla \cdot \nabla() = ()\,|_k^k = ()\,|_{kl} g^{kl} \tag{4.182}$$

例如：在直角坐标系下，协变导数变为普通导数，度量张量变为单位张量，则

$$\begin{aligned}\nabla^2() &= \frac{\partial^2()}{\partial x^k \partial x^l}\delta^{kl} \\ &= \frac{\partial^2()}{\partial x^k \partial x^k} \\ &= \frac{\partial^2()}{\partial x^2} + \frac{\partial^2()}{\partial y^2} + \frac{\partial^2()}{\partial z^2}\end{aligned} \tag{4.183}$$

这是我们熟悉的算子。利用 L 算子，Laplacian 方程可写为

$$\nabla^2 \varphi = 0 \tag{4.184}$$

式中：φ 为标量。

下面推导一般坐标系下，标量 φ 的 L 算子计算式。因为$\nabla\varphi$ 为向量，所以在一般坐标系下的协变分量由式(4.151)给出，由指标升降运算得逆变分量

$$\begin{aligned}(\nabla\varphi)^k &= g^{kj}(\nabla\varphi)_j \\ &= g^{kj}\frac{\partial \varphi}{\partial y^j}\end{aligned}$$

由 L 算子的定义和向量散度的计算式(4.169)可得到任意坐标系下的标量 Laplacian 算子为

$$\begin{aligned}\nabla^2\varphi &= \nabla \cdot (\nabla\varphi) \\ &= \frac{1}{\sqrt{g}}\frac{\partial}{\partial y^k}\left(\sqrt{g}\, g^{kj}\frac{\partial\varphi}{\partial y^j}\right)\end{aligned} \tag{4.184a}$$

2. 物质导数算子

在张量场中，空间坐标 y^i 是与时间 t 无关的独立变量，如果我们观察质点在空间的运动，用 y^i 表示质点在 t 时刻的空间位置，这样空间坐标就转换为时间的函数

$$y^i = y^i(t) \tag{4.185}$$

而质点的速度由 4.1 节例 2 的讨论可表示为

$$\boldsymbol{v} = v^i \boldsymbol{g}_i = \frac{\mathrm{d}y^i}{\mathrm{d}t}\boldsymbol{g}_i \tag{4.186}$$

进一步，我们将质点具有的物理量(如密度、温度、速度等等)用张量 $\boldsymbol{T}$ 表示

$$\boldsymbol{T} = \boldsymbol{T}(y^i(t), t) \tag{4.187}$$

则 $\boldsymbol{T}$ 随时间的变化率定义为质点的**物质导数**。由求导法则有

$$\begin{aligned}\frac{\mathrm{D}\boldsymbol{T}}{\mathrm{D}t} &= \frac{\partial \boldsymbol{T}}{\partial t} + \frac{\partial \boldsymbol{T}}{\partial y^j}\frac{\mathrm{d}y^j}{\mathrm{d}t} \\ &= \frac{\partial \boldsymbol{T}}{\partial t} + v^j \frac{\partial \boldsymbol{T}}{\partial y^j}\end{aligned}$$

$$
\begin{aligned}
&= \frac{\partial \boldsymbol{T}}{\partial t} + v^j \boldsymbol{T}|_j \\
&= \frac{\partial \boldsymbol{T}}{\partial t} + v^i \delta_i^j \frac{\partial \boldsymbol{T}}{\partial y^j} \\
&= \frac{\partial \boldsymbol{T}}{\partial t} + v^i \boldsymbol{g}_i \cdot \boldsymbol{g}^j \frac{\partial \boldsymbol{T}}{\partial y^j} \\
&= \frac{\partial \boldsymbol{T}}{\partial t} + \boldsymbol{v} \cdot \nabla \boldsymbol{T}
\end{aligned} \tag{4.188}
$$

式中：$\boldsymbol{T}|_j$ 的含义见式(4.181)及说明，它与普通导数表示法最大的不同是张量基可以提到求导符号外。所以**物质导数算子**为

$$
\begin{aligned}
\frac{\mathrm{D}()}{\mathrm{D}t} &= \frac{\partial ()}{\partial t} + v^j ()|_j \\
&= \frac{\partial ()}{\partial t} + \boldsymbol{v} \cdot \nabla ()
\end{aligned} \tag{4.189}
$$

算子的第一部分是单纯的时间变化率称为**当地导数**，第二部分是与空间位置变化有关的变化率称为**迁移导数**。

例如：质点的加速度为质点的物质导数

$$
\begin{aligned}
\boldsymbol{a} = a^i \boldsymbol{g}_i &= \frac{\mathrm{D}\boldsymbol{v}}{\mathrm{D}t} \\
&= \frac{\partial \boldsymbol{v}}{\partial t} + \boldsymbol{v} \cdot \nabla \boldsymbol{v} \\
&= \left(\frac{\partial v^i}{\partial t} + v^j v^i|_j \right) \boldsymbol{g}_i
\end{aligned} \tag{4.190}
$$

$$
a^i = \frac{\partial v^i}{\partial t} + v^j v^i|_j \tag{4.191}
$$

最后指出，前面讨论的微分算子都是张量，具有坐标变换的不变性，故称为**不变性微分算子**。

4.6 张量方程的转换

张量方程主要有实体、并矢和分量三种形式，第三种实际上是第二种省略形式(略去了基向量)。张量方程包括代数方程、微分方程和积分方程。积分方程的被积式为微分表达式，为简便，下面我们仅讨论张量实体或分量代数方程和微分方程的转换。

物理方程可用物理分量表示为**物理分量方程**，也可用指标式或实体式表示为**张量方程**。物理分量方程的形式与选择的坐标系有关，张量方程的形式与坐标系无

关。在实际运用中，我们常常需要把物理分量方程转换为张量方程或把张量方程转换为物理分量方程，还可能需把某一坐标系下的物理分量方程转换为另一坐标系下的物理分量方程，最常见的是把直角坐标系下的物理分量方程转换为曲线坐标系下的物理分量方程，实现这种转换的步骤如下：

① 把直角坐标系下的物理分量方程转换为直角坐标系下的张量方程。

② 把直角坐标系下的张量方程转换为一般坐标系下的张量方程。

③ 将一般坐标系下的张量方程在给定曲线坐标系下展开为物理分量方程。

第①、③两步在前面章节已作讨论，这里重点讨论第②步。

1. 选择转换类型的基本原则

在直角坐标系下，不区分上下标，或认为上下标表示的张量相等，因此把直角坐标系下的张量转换为一般坐标系下何种张量（逆变、协变、混变）是面临的首要问题，选择的基本原则如下：

① 任意性：理论上可用任一种张量作转换，在一般坐标下，各种张量之间可用指标升降作转换。

② 简单性：方程形式尽可能简单，张量独立变量尽可能少（如二阶对称逆变、协变张量的独立分量比混变少）等。

③ 一致性：满足指标一致原理，与相关方程一致（见下面实例），与直角坐标系下的张量方程形式一致（见 4.1 节的例 1 和例 2）等。

④ 针对性：根据具体需要选择（若需了解沿坐标线方向的分量或变化率，则采用逆变张量）。

2. 特征张量的运用

转换中，利用某些张量在两种坐标系的对应关系可简化转换过程，常用的对应关系有

$$\left.\begin{aligned} &x_i \Rightarrow y^i \\ &\boldsymbol{e}_i \Rightarrow \boldsymbol{g}_i \boldsymbol{g}^i \\ &\delta_{ij} \Rightarrow g_{ij} g^{ij} \delta_i^j \\ &e_{ijk} \Rightarrow \varepsilon^{ijk} \varepsilon_{ijk} \end{aligned}\right\} \text{普通导数} \Rightarrow \text{协变导数} \tag{4.192}$$

此外，可利用一般坐标系下的代数运算规则和前面讨论的各种**不变性微分算子**进行转换。

3. 举　例

例 1：转动惯量张量。

由第 1 章，在直角坐标系下，转动惯量张量分量式为

$$I_{ij}=m(\delta_{ij}x_kx_k-x_ix_j) \tag{4.193}$$

在一般坐标系下，可以有下面的转换形式(混变只列出一种)

$$\left.\begin{aligned} T^{i}_{\cdot j}&=m(\delta^{i}_{j}y^{k}y_{k}-y^{i}y_{j})\\ T_{ij}&=m(g_{ij}g^{kl}y_{k}y_{l}-y_{i}y_{j})\\ T^{ij}&=m(g^{ij}g_{kl}y^{k}y^{l}-y^{i}y^{j})\end{aligned}\right\} \tag{4.194a}$$

式中：y^k 不是坐标，而是 $\boldsymbol{r}$ 在一般坐标系下的分量，即

$$\boldsymbol{r}=x_i\boldsymbol{e}_i=y^i\boldsymbol{g}_i \tag{4.194b}$$

需强调的是，点积 x_kx_k 的转换是 y^ky_k 或 y_ky^k，不是 y_ky_k 或 y^ky^k，后者不满足哑标上下分的一致性原理，如需用协变或逆变分量转换，转换之前，可将点积写成

$$x_kx_k=\delta_{kl}x_kx_l$$

然后利用特征张量的对应关系进行转换。

显然在上面三种转换中，混变形式最简单。

例 2： 将下面质点的动量方程组 M1～M6(实体或分量)转换为一般坐标系下的分量方程

$$\rho\frac{\mathrm{D}\boldsymbol{v}}{Dt}=\rho\boldsymbol{f}+\nabla\cdot\boldsymbol{\sigma} \tag{M1}$$

式中：ρ 为密度；$\boldsymbol{f}$ 为单位质量力；σ 为应力(二阶对称张量)，左端的物质导数可表示为

$$\frac{\mathrm{D}\boldsymbol{v}}{\mathrm{D}t}=\frac{\partial\boldsymbol{v}}{\partial t}+\boldsymbol{v}\cdot\nabla\boldsymbol{v} \tag{M2}$$

式中迁移导数可按向量恒等式写为

$$\boldsymbol{v}\cdot\nabla\boldsymbol{v}=\nabla\frac{\boldsymbol{v}\cdot\boldsymbol{v}}{2}+\nabla\times\boldsymbol{v}\times\boldsymbol{v} \tag{M3}$$

此外，M1 中

$$\sigma=\boldsymbol{C}^{(4)}:\boldsymbol{S} \tag{M4}$$

式中弹性常数 $\boldsymbol{C}^{(4)}$ 为各向同性张量

$$C_{ijkl}=\lambda\delta_{ij}\delta_{kl}+\mu\delta_{ik}\delta_{jl}+\gamma\delta_{il}\delta_{jk} \tag{M5}$$

M4 中 $\boldsymbol{S}$ 为变形率张量(也是二阶对称张量)

$$\boldsymbol{S}=\frac{1}{2}(\nabla\boldsymbol{v}+\nabla_{\mathrm{R}}\boldsymbol{v}) \tag{M6}$$

解： 先考虑 M2，由 4.1 节和 4.5.5 小节可知，迁移导数中的第一个向量用逆变转换可保持质点速度表达式在两种坐标系下一致性，为减少张量的种类同时又不使方程变繁，我们取第二个向量仍为逆变向量作转换，考虑到指标一致性得

$$\frac{\mathrm{D}v^i}{\mathrm{D}t}=\frac{\partial v^i}{\partial t}+v^jv^i|_j \tag{M2$'$}$$

M1 中，由一致性(包括与 M2 一致)，$\boldsymbol{v}$ 和 $\boldsymbol{f}$ 为逆变量，根据散度定义，σ 的两个指标中一个为自由标，另一个为哑标，前者必为逆变标，后者仍取为逆变标正好与协变导数指标构成哑标，由散度公式(4.171)有

$$\rho\frac{\mathrm{D}v^i}{\mathrm{D}t}=\rho f^i+\sigma^{ji}|_j \tag{M1'}$$

又由一致性和点积，叉积、梯度、旋度的一般公式得

$$v^j v^i|_j=\frac{1}{2}(v^j v_j)|^i+\varepsilon^{ijk}\varepsilon_{jmn}v^n|^m v_k \tag{M3'}$$

$$\sigma^{ij}=C^{ijkl}:S_{kl} \tag{M4'}$$

式中：C 是各向同性张量，其定义见第 1 章，M5 是直角坐标下的通用式，根据特征张量的对应关系，在一般坐标系下应转换为

$$C^{ijkl}=\lambda g^{ij}g^{kl}+\mu g^{ik}g^{jl}+\gamma g^{il}g^{jk} \tag{M5'}$$

由式(4.154)，M6 转换为

$$S_{ij}=\frac{1}{2}(v_j|_i+v_i|_j) \tag{M6'}$$

附录 A　各向同性张量分量的构成

通常有两种求各向同性张量分量表达式的方法。一是利用某些特殊的坐标变换,根据各向同性张量定义直接求出分量表达式;二是利用线性张量函数和各向同性张量函数的 Cauchy 表示定理求分量表达式。前者较为直观,阶数升高时比较麻烦,后者较为抽象,但适用于任意阶张量。

附录 A.1　用特殊坐标变换求各向同性张量分量表达式

根据定义,各向同性张量为在任意直角坐标系下分量值不变的非零张量,如

$$A'_{ij}=A_{ij},\quad A'_{ijkl}=A_{ijkl}$$

1. 一阶张量

一阶张量满足

$$a'_i=\beta_{ij}a_j=\beta_{i1}a_1+\beta_{i2}a_2+\beta_{i3}a_3$$

考虑图 A－1 特殊坐标变换

根据各向同性张量定义和变换Ⅱ(见图 A－1(b))有

$$\left.\begin{aligned}a_1=a'_1=\beta_{12}a_2=(+1)a_2=a_2\\a_2=a'_2=\beta_{23}a_3=(+1)a_3=a_3\\a_3=a'_3=\beta_{31}a_1=(+1)a_1=a_1\end{aligned}\right\}\tag{A.1a}$$

$$\Rightarrow a_1=a_2=a_3\tag{A.1b}$$

根据变换Ⅰ(见图 A－1(a))有

$$a_1=a'_1=\beta_{11}a_1=(-1)a_1=-a_1$$

$$\Rightarrow a_1=0$$

$$\Rightarrow a_1=a_2=a_3=0$$

这表明

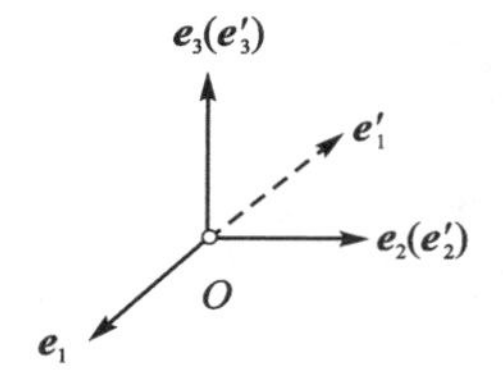

$$[\beta_{ij}]=\begin{bmatrix}-1 & 0 & 0\\ 0 & 1 & 0\\ 0 & 0 & 1\end{bmatrix}$$

(a) 反射变换 I

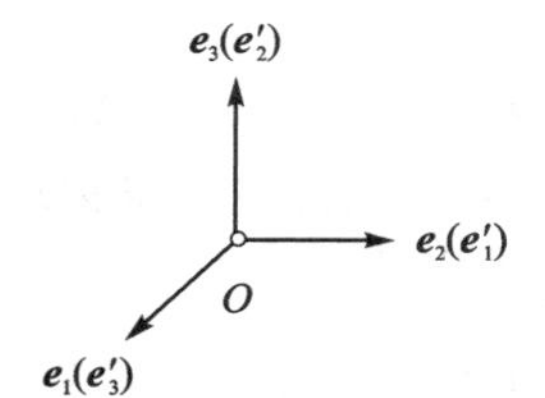

$$[\beta_{ij}]=\begin{bmatrix}0 & 1 & 0\\ 0 & 0 & 1\\ 1 & 0 & 0\end{bmatrix}$$

(b) 轮换旋转变换 II

图 A-1　特殊坐标变换

不存在一阶各向同性张量

从式(A.1)的推导过程可归纳下面的**轮换定理**：

将各向同性张量分量指标作置换 1⇒2,2⇒3,3⇒1 所得的分量值不变

例如：

$$A_{11}=A_{22}=A_{33}$$
$$A_{12}=A_{23}=A_{31}$$
$$A_{21}=A_{32}=A_{13}$$

2. 二阶张量

根据变换 I（见图 A-1(a)）有

$$A_{11}=A'_{11}=\beta_{11}\beta_{11}A_{11}=(-1)^2A_{11}=A_{11}$$
$$A_{12}=A'_{12}=\beta_{11}\beta_{22}A_{12}=(-1)(+1)A_{12}=-A_{12}\Rightarrow A_{12}=0$$
$$A_{21}=A'_{21}=\beta_{22}\beta_{11}A_{21}=(+1)(-1)A_{12}=-A_{21}\Rightarrow A_{21}=0$$

再由轮换定理有

$$A_{11}=A_{22}=A_{33}=\lambda$$
$$A_{12}=A_{23}=A_{31}=A_{21}=A_{32}=A_{13}=0$$

所以有

$$A_{ij}=\lambda\delta_{ij}$$

这是二阶各向同性张量分量的一般形式。

3. 三阶张量

根据变换Ⅰ(见图 A-1(a))有

$$A_{111}=A'_{111}=\beta_{11}\beta_{11}\beta_{11}A_{111}=(-1)^3A_{111}=-A_{111}\Rightarrow A_{111}=0$$

不难得知,指标中有两个 2 一个 1,或两个 3 一个 1,或三个指标均不同的分量也有同样结果,即

$$A_{133}=A_{313}=A_{331}=0$$
$$A_{122}=A_{212}=A_{221}=0$$
$$A_{123}=A_{231}=A_{312}=A_{132}=A_{213}=A_{321}=0$$

再由轮换定理有

$$A_{111}=A_{222}=A_{333}=0$$
$$A_{112}=A_{223}=A_{331}=0$$
$$A_{121}=A_{232}=A_{313}=0$$
$$A_{211}=A_{322}=A_{133}=0$$
$$A_{113}=A_{221}=A_{332}=0$$
$$A_{131}=A_{212}=A_{323}=0$$
$$A_{311}=A_{122}=A_{233}=0$$

至此 27 个分量全为零,表明

不存在三阶各向同性张量

4. 四阶张量

第一,考虑 4 个指标相同的分量(共 3 个)。

根据变换Ⅰ(见图 A-1(a))有

$$A_{1111}=A'_{1111}=\beta_{11}\beta_{11}\beta_{11}\beta_{11}A_{1111}=(-1)^4A_{1111}=A_{1111}$$

再由轮换定理有

$$A_{1111}=A_{2222}=A_{3333}=\eta \tag{A.2}$$

第二,考虑 3 个指标相同的分量(共 24 个)。

根据变换Ⅰ(见图 A-1(a))有

$$A_{1112}=A'_{1112}=\beta_{11}\beta_{11}\beta_{11}\beta_{22}A_{1112}=(-1)^3(+1)A_{1112}=-A_{1112}\Rightarrow A_{1112}=0$$

不难得知,指标中有三个1一个2,或三个1一个3的分量也有同样结果,即

$$A_{1112}=A_{1121}=A_{1211}=A_{2111}=0$$

$$A_{1113}=A_{1131}=A_{1311}=A_{3111}=0$$

再由轮换定理有

$$A_{1112}=A_{2223}=A_{3331}=0$$

$$A_{1121}=A_{2232}=A_{3313}=0$$

$$A_{1211}=A_{2322}=A_{3133}=0$$

$$A_{2111}=A_{3222}=A_{1333}=0$$

$$A_{1113}=A_{2221}=A_{3332}=0$$

$$A_{1131}=A_{2212}=A_{3323}=0$$

$$A_{1311}=A_{2122}=A_{3233}=0$$

$$A_{3111}=A_{1222}=A_{2333}=0$$

所以有3个指标相同的分量全为0。

第三,考虑2个指标相同另两个不同的分量(共36个)。

根据变换Ⅰ(见图A-1(a))有

$$A_{3312}=A'_{3312}=\beta_{33}\beta_{33}\beta_{11}\beta_{22}A_{3312}=(+1)^2(-1)(+1)A_{3312}=-A_{3312}\Rightarrow A_{3312}=0$$

不难得知,指标中有两个3,或两个2的分量也有同样结果,即

$$A_{3312}=A_{3321}=\cdots=A_{1323}=0\quad(12个)$$

$$A_{2231}=A_{2213}=\cdots=A_{3212}=0\quad(12个)$$

再由轮换定理有

$$A_{1123}=A_{1132}=\cdots=A_{2131}=0\quad(12个)$$

36个分量全为0。

第四,考虑指标中有两对重复的分量(共18个)。

根据变换Ⅰ(见图A-1(a))有

$$A'_{1122}=\beta_{11}\beta_{11}\beta_{22}\beta_{22}A_{1122}=(-1)^2(+1)A_{1122}=A_{1122}$$

类似地,

$$A'_{1212}=A_{1212}$$

$$A'_{2112}=A_{2112}$$

根据图A-2变换Ⅲ可证1,2指标可交换,即

$$A_{1122}=A'_{1122}=\beta_{12}\beta_{12}\beta_{21}\beta_{21}A_{2211}$$

$$=(+1)^2(+1)^2A_{2211}$$

同理,

$$A_{1212}=A_{2121}$$

$$A_{1221}=A_{2112}$$

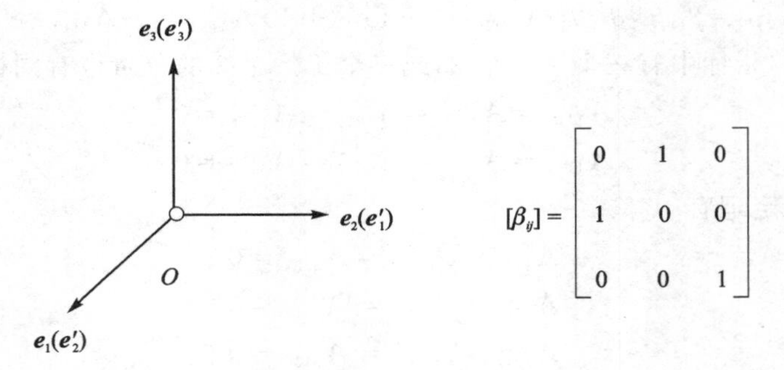

图 A-2 反射与旋转复合变换Ⅲ

再由轮换定理有

$$A_{1122}=A_{2211}=A_{2233}=A_{3322}=A_{3311}=A_{1133}=\lambda$$
$$A_{1212}=A_{2121}=A_{2323}=A_{3232}=A_{3131}=A_{1313}=\mu$$
$$A_{2112}=A_{1221}=A_{3223}=A_{2332}=A_{1331}=A_{3113}=\gamma$$

至此 81 个分量全部确定，归纳为

$$\boxed{A_{ijkl}=\lambda\delta_{ij}\delta_{kl}+\mu\delta_{ik}\delta_{jl}+\gamma\delta_{il}\delta_{jk}} \tag{A.3}$$

$$A_{ijkl}=\lambda\delta_{ij}\delta_{kl}+\mu(\delta_{ij}\delta_{kl})^{\mathrm{T}(jk)}+\gamma(\delta_{ij}^{\mathrm{T}}\delta_{kl})^{\mathrm{T}(ik)}$$
$$\boldsymbol{A}=\lambda\boldsymbol{II}+\mu(\boldsymbol{II})^{\mathrm{T}(jk)}+\gamma(\boldsymbol{I}^{\mathrm{T}}\boldsymbol{I})^{\mathrm{T}(ik)}$$

上式虽然未出现式(A.2)的 η，但实际上包括了 $i=j=k=l$ 的情况，由式(A.2)和式(A.3)得

$$\eta=\lambda+\mu+\gamma$$

可见 η 不是独立参数。

式(A.3)是四阶各向同性张量分量的一般形式。

从以上讨论可知，奇数阶张量不是各向同性张量，这是否为普遍规律？另外当阶数进一步升高时，用上面方法构造各向同性张量非常困难。

附录 A.2 用线性张量函数和 Cauchy 表示定理求分量表达式

1. 各向同性张量函数与 Cauchy 表示定理

自变量为张量的函数称为**张量函数**，其函数值可以是标量，也可以是张量，例如：

$$\left.\begin{aligned} \boldsymbol{v} &= \boldsymbol{A} \cdot \boldsymbol{u} \\ v_i &= A_{ij} u_j \end{aligned}\right\} \tag{A.4}$$

式中：$\boldsymbol{u}$,$\boldsymbol{v}$ 为向量;$\boldsymbol{A}$ 为二阶张量。当 $\boldsymbol{A}$ 为固定值,$\boldsymbol{u}$ 为变量时,$\boldsymbol{v}$ 为 $\boldsymbol{u}$ 的张量函数,函数关系为 $\boldsymbol{f}() = \boldsymbol{A} \cdot ()$,式(A.4)记为

$$\boldsymbol{v} = \boldsymbol{f}(\boldsymbol{u}) \tag{A.5}$$

$\boldsymbol{f}$ 或 $\boldsymbol{A}$ 也称为**变换**或**映射**,它把一向量变换为另一向量(见图 A-3(a))。

如果某变换

$$\boldsymbol{v} = \boldsymbol{Q} \cdot \boldsymbol{u} \tag{A.6}$$

保持任意两个向量的点积不变,则称为**正交变换**。我们知道,点积决定向量的长度和夹角,因此,在正交变换下,向量的长度与向量之间的夹角不变(见图 A-3(b))。

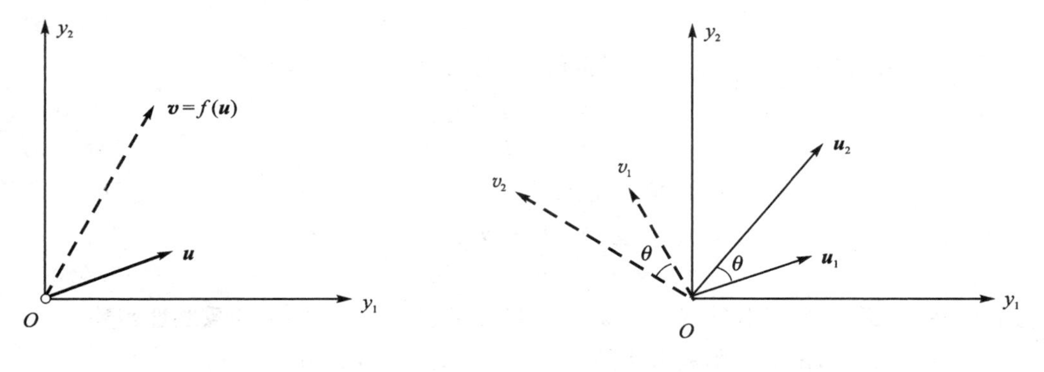

(a) 向量变换的图示　　(b) 正交变换保持长度和夹角不变

图 A-3　向量的变换

> **这里的正交变换是同一坐标系的变换,定义卡氏张量的正交变换是不同坐标系间的变换**

因为

$$\boldsymbol{v}_1 \cdot \boldsymbol{v}_2 = (\boldsymbol{Q} \cdot \boldsymbol{u}_1) \cdot (\boldsymbol{Q} \cdot \boldsymbol{u}_2) \Leftrightarrow v_{1i} v_{2i} = Q_{ki} Q_{kj} u_{1i} u_{2j}$$

若点积不变,必有

$$Q_{ki} Q_{kj} = \delta_{ij} \Leftrightarrow \boldsymbol{Q} \cdot \boldsymbol{Q}^{\mathrm{T}} = \boldsymbol{I} \tag{A.7}$$

$$\Rightarrow v_{1i} v_{2i} = \delta_{ij} u_{1i} u_{2j} = u_{1i} u_{2i} \Leftrightarrow \boldsymbol{v}_1 \cdot \boldsymbol{v}_2 = \boldsymbol{u}_1 \cdot \boldsymbol{u}_2$$

式(A.7)为正交变换的充分必要条件,也可作为正交变换的定义。满足式(A.7)的张量称为**正交张量**。

由此可见

正交变换具有保点积性,反之保点积性的变换必为正交变换

再讨论一种有重要应用的张量函数,即自变量为向量组,函数为标量的张量函数:

$$\varphi = f(\boldsymbol{u}_1, \boldsymbol{u}_2, \cdots, \boldsymbol{u}_m) \tag{A.8}$$

例如:

双点积为

$$\varphi = \boldsymbol{A} : \boldsymbol{ab} = A_{ij} a_i b_j \tag{A.9a}$$

四重点积为

$$\varphi = \boldsymbol{A} \vdots \boldsymbol{abcd} = A_{ijkl} a_i b_j c_k d_l \tag{A.9b}$$

当式中二阶或四阶张量 $\boldsymbol{A}$ 取固定值时,上式为向量的标量函数

$$\varphi = f(\boldsymbol{a}, \boldsymbol{b}) \tag{A.10a}$$

$$\varphi = f(\boldsymbol{a}, \boldsymbol{b}, \boldsymbol{c}, \boldsymbol{d}) \tag{A.10b}$$

若对任一自变量(例如 $\boldsymbol{b}$)满足下式:

$$\begin{aligned} \varphi &= f(\boldsymbol{a}, \alpha \boldsymbol{b} + \beta \boldsymbol{b}') \\ &= \alpha f(\boldsymbol{a}, \boldsymbol{b}) + \beta f(\boldsymbol{a}, \boldsymbol{b}') \end{aligned} \tag{A.11}$$

则称为**线性函数**,容易验证式(A.9a)为**双线性函数**,式(A.9b)为**四重线性函数**。

一般情况下,函数的函数值将随自变量的变化而变化,例如:

$$f(x_1, y_1) \neq f(x_2, y_2), \quad x_1 \neq x_2, \quad y_1 \neq y_2$$

但对某些函数,当自变量按一定规律变化时,函数值将保持不变,例如:$f(x, y) = \varphi\left(\frac{x}{y}\right)$,当

$$\frac{x_1}{y_1} = \frac{x_2}{y_2}$$

有

$$f(x_1, y_1) = \varphi\left(\frac{x_1}{y_1}\right) = \varphi\left(\frac{x_2}{y_2}\right) = f(x_2, y_2) \quad (x_1 \neq x_2, y_1 \neq y_2)$$

类似地,对于某些张量函数(式(A.8)),自变量按正交变换(式(A.6))变化时函数值将保持不变,这类函数称为**各向同性标量函数**:

$$f(\boldsymbol{u}_1, \boldsymbol{u}_2, \cdots, \boldsymbol{u}_m) = f(\boldsymbol{Q} \cdot \boldsymbol{u}_1, \boldsymbol{Q} \cdot \boldsymbol{u}_2, \cdots, \boldsymbol{Q} \cdot \boldsymbol{u}_m) \tag{A.12}$$

对于各向同性标量函数,有著名的**Cauchy 表示定理**:标量函数为各向同性的充分必要条件为函数可表示为自变量点积的函数,即

$$f(\boldsymbol{u}_1, \boldsymbol{u}_2, \cdots, \boldsymbol{u}_m) = \varphi(\boldsymbol{u}_i \cdot \boldsymbol{u}_j), \quad i, j = 1, \cdots, m \tag{A.13}$$

也就是自变量若保点积变化

$$\boldsymbol{u}_i\cdot\boldsymbol{u}_j=\boldsymbol{v}_i\cdot\boldsymbol{v}_j,\quad i,j=1,\cdots,m \tag{A.14}$$

则函数值将保持不变

$$f(\boldsymbol{u}_1,\boldsymbol{u}_2,\cdots,\boldsymbol{u}_m)=\varphi(\boldsymbol{u}_i\cdot\boldsymbol{u}_j)=\varphi(\boldsymbol{v}_i\cdot\boldsymbol{v}_j)=f(\boldsymbol{v}_1,\boldsymbol{v}_2,\cdots,\boldsymbol{v}_m) \tag{A.15}$$

式(A.14)和式(A.15)可作为式(A.13)的等价描述。

证明：

① 充分性。

利用正交变换保点积特性得

$$\begin{aligned}f(\boldsymbol{u}_1,\boldsymbol{u}_2,\cdots,\boldsymbol{u}_m)&=\varphi(\boldsymbol{u}_i\cdot\boldsymbol{u}_j)\\&=\varphi((\boldsymbol{Q}\cdot\boldsymbol{u}_i)\cdot(\boldsymbol{Q}\cdot\boldsymbol{u}_j))\\&=f(\boldsymbol{Q}\cdot\boldsymbol{u}_1,\boldsymbol{Q}\cdot\boldsymbol{u}_2,\cdots,\boldsymbol{Q}\cdot\boldsymbol{u}_m)\end{aligned}$$

充分性得证。

② 必要性。

需证明当式(A.12)成立时式(A.13)成立，而式(A.13)成立等价于在式(A.14)条件下，式(A.15)成立。先证明在保点积条件下，存在正交变换，使得

$$\boldsymbol{v}_i=\boldsymbol{Q}\cdot\boldsymbol{u}_i,\quad i=1,\cdots,m \tag{A.16}$$

因为自变量的取值是相互独立的，故在三维欧氏空间中，有3个自变量线性无关($m=2$时为2个)，不妨设$\boldsymbol{u}_1,\boldsymbol{u}_2,\boldsymbol{u}_3$线性无关，几何上表示三向量不共面。因为点积决定向量的长度和夹角，所以保点积性决定了$\boldsymbol{v}_1,\boldsymbol{v}_2,\boldsymbol{v}_3$也不共面，即线性无关。对于线性无关的向量组，可用斯密特(Schmidt)方法(参考有关《线性代数》方面的书籍)将其正交化及单位化(见图A-4)，即

$$\left.\begin{aligned}\boldsymbol{u}'_1&=\boldsymbol{u}_1\\\boldsymbol{u}'_2&=\boldsymbol{u}_2-\frac{\boldsymbol{u}'_1\cdot\boldsymbol{u}_2}{\boldsymbol{u}'_1\cdot\boldsymbol{u}'_1}\boldsymbol{u}'_1=\boldsymbol{u}_2-\frac{\boldsymbol{u}_1\cdot\boldsymbol{u}_2}{\boldsymbol{u}_1\cdot\boldsymbol{u}_1}\boldsymbol{u}_1\\\boldsymbol{u}'_3&=\boldsymbol{u}_3-\frac{\boldsymbol{u}'_1\cdot\boldsymbol{u}_3}{\boldsymbol{u}'_1\cdot\boldsymbol{u}'_1}\boldsymbol{u}'_1-\frac{\boldsymbol{u}'_2\cdot\boldsymbol{u}_3}{\boldsymbol{u}'_2\cdot\boldsymbol{u}'_2}\boldsymbol{u}'_2\\&=\boldsymbol{u}_3-\frac{\boldsymbol{u}_1\cdot\boldsymbol{u}_3}{\boldsymbol{u}_1\cdot\boldsymbol{u}_1}\boldsymbol{u}_1-\\&\quad\frac{(\boldsymbol{u}_1\cdot\boldsymbol{u}_1)(\boldsymbol{u}_1\cdot\boldsymbol{u}_3)-(\boldsymbol{u}_1\cdot\boldsymbol{u}_2)(\boldsymbol{u}_1\cdot\boldsymbol{u}_3)}{(\boldsymbol{u}_1\cdot\boldsymbol{u}_1)(\boldsymbol{u}_2\cdot\boldsymbol{u}_2)-(\boldsymbol{u}_1\cdot\boldsymbol{u}_2)^2}\left(\boldsymbol{u}_2-\frac{\boldsymbol{u}_1\cdot\boldsymbol{u}_2}{\boldsymbol{u}_1\cdot\boldsymbol{u}_1}\boldsymbol{u}_1\right)\end{aligned}\right\} \tag{A.17a}$$

$$\left.\begin{aligned}\boldsymbol{u}^0_1&=\frac{\boldsymbol{u}'_1}{|\boldsymbol{u}'_1|}\\\boldsymbol{u}^0_2&=\frac{\boldsymbol{u}'_2}{|\boldsymbol{u}'_2|}\\\boldsymbol{u}^0_3&=\frac{\boldsymbol{u}'_3}{|\boldsymbol{u}'_3|}\end{aligned}\right\} \tag{A.17b}$$

$$\boldsymbol{u}_i^0 \cdot \boldsymbol{u}_j^0 = \delta_{ij}, \quad i,j=1,2,3(\text{或当自变量个数 } m \leqslant 2 \text{ 时 } i,j=1,m) \tag{A.17c}$$

同理，

$$\left.\begin{aligned}
&\boldsymbol{v}_1' = \boldsymbol{v}_1 \\
&\boldsymbol{v}_2' = \boldsymbol{v}_2 - \frac{\boldsymbol{v}_1 \cdot \boldsymbol{v}_2}{\boldsymbol{v}_1 \cdot \boldsymbol{v}_1}\boldsymbol{v}_1 \\
&\boldsymbol{v}_3' = \boldsymbol{v}_3 - \frac{\boldsymbol{v}_1 \cdot \boldsymbol{v}_3}{\boldsymbol{v}_1 \cdot \boldsymbol{v}_1}\boldsymbol{v}_1 - \\
&\qquad \frac{(\boldsymbol{v}_1 \cdot \boldsymbol{v}_1)(\boldsymbol{v}_1 \cdot \boldsymbol{v}_3) - (\boldsymbol{v}_1 \cdot \boldsymbol{v}_2)(\boldsymbol{v}_1 \cdot \boldsymbol{v}_3)}{(\boldsymbol{v}_1 \cdot \boldsymbol{v}_1)(\boldsymbol{v}_2 \cdot \boldsymbol{v}_2) - (\boldsymbol{v}_1 \cdot \boldsymbol{v}_2)^2}\left(\boldsymbol{v}_2 - \frac{\boldsymbol{v}_1 \cdot \boldsymbol{v}_2}{\boldsymbol{v}_1 \cdot \boldsymbol{v}_1}\boldsymbol{v}_1\right)
\end{aligned}\right\} \tag{A.18a}$$

$$\boldsymbol{v}_1^0 = \frac{\boldsymbol{v}_1'}{|\boldsymbol{v}_1'|}, \quad \boldsymbol{v}_2^0 = \frac{\boldsymbol{v}_2'}{|\boldsymbol{v}_2'|}, \quad \boldsymbol{v}_3^0 = \frac{\boldsymbol{v}_3'}{|\boldsymbol{v}_3'|} \tag{A.18b}$$

$$\boldsymbol{v}_i^0 \cdot \boldsymbol{v}_j^0 = \delta_{ij}, \quad i,j=1,2,3(\text{当自变量个数 } m \leqslant 2 \text{ 时 } i,j=1,m) \tag{A.18c}$$

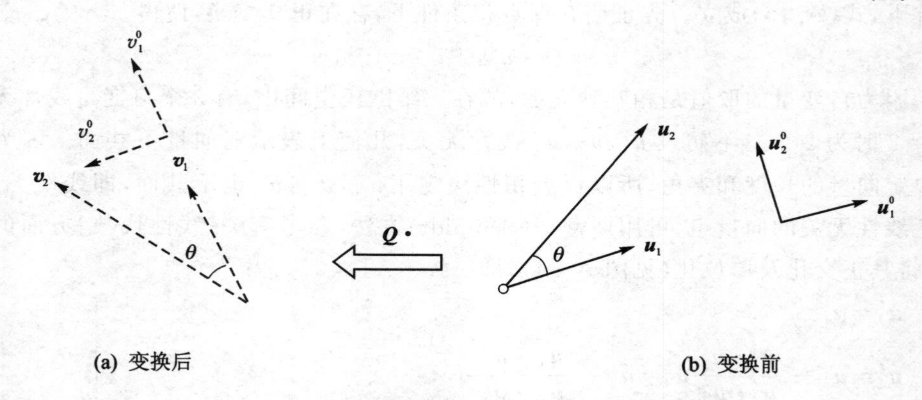

图 A-4 向量的标准正交化

由 $\boldsymbol{u}_i, \boldsymbol{v}_i$ 间的保点积性，式(A.17a)和式(A.18a)可简写为

$$\left.\begin{aligned}
&\boldsymbol{u}_1' = \boldsymbol{u}_1, \quad \boldsymbol{v}_1' = \boldsymbol{v}_1 \\
&\boldsymbol{u}_2' = \boldsymbol{u}_2 - \alpha\boldsymbol{u}_1, \quad \boldsymbol{v}_2' = \boldsymbol{v}_2 - \alpha\boldsymbol{v}_1 \\
&\boldsymbol{u}_3' = \boldsymbol{u}_3 - \beta\boldsymbol{u}_2 - \gamma\boldsymbol{u}_1, \quad \boldsymbol{v}_3' = \boldsymbol{v}_3 - \beta\boldsymbol{v}_2 - \gamma\boldsymbol{v}_1
\end{aligned}\right\} \tag{A.19}$$

α, β, γ 仅由点积确定，在两组自变量中保持不变。不难看出 $\boldsymbol{u}_i', \boldsymbol{v}_i'$ 也是保点积的，即

$$\boldsymbol{u}_i' \cdot \boldsymbol{u}_j' = \boldsymbol{v}_i' \cdot \boldsymbol{v}_j' \Rightarrow |\boldsymbol{u}_i'| = |\boldsymbol{v}_i'| \tag{A.20}$$

由 $\boldsymbol{u}_i, \boldsymbol{v}_i$ 的保点积性和式(1.19)还可得

$$\boldsymbol{u}_i \cdot \boldsymbol{u}_j' = \boldsymbol{v}_i \cdot \boldsymbol{v}_j', \quad i=1,\cdots,m, \quad i,j=1,2,3(\text{当自变量个数 } m \leqslant 2 \text{ 时 } i,j=1,m)$$

再考虑式(A.20)有

$$\boldsymbol{u}_i\cdot\frac{\boldsymbol{u}'_j}{|\boldsymbol{u}'_j|}=\boldsymbol{v}_i\cdot\frac{\boldsymbol{v}'_j}{|\boldsymbol{v}'_j|}$$

$$\Rightarrow\boldsymbol{u}_i\cdot\boldsymbol{u}_j^0=\boldsymbol{v}_i\cdot\boldsymbol{v}_j^0,\quad i=1,\cdots,m,\quad j=1,2,3$$

（或当自变量个数 $m\leqslant 2$ 时 $j=1,m$）

$\boldsymbol{u}_j^0,\boldsymbol{v}_j^0$为标准正交向量组，可作为向量的基。向量在标准正交基下的分量等于向量与标准正交基的点积，于是

$$\boldsymbol{v}_i=(\boldsymbol{v}_i\cdot\boldsymbol{v}_j^0)\boldsymbol{v}_j^0=(\boldsymbol{u}_i\cdot\boldsymbol{u}_j^0)\boldsymbol{v}_j^0=\boldsymbol{v}_j^0(\boldsymbol{u}_j^0\cdot\boldsymbol{u}_i)=(\boldsymbol{v}_j^0\boldsymbol{u}_j^0)\cdot\boldsymbol{u}_i=\boldsymbol{Q}\cdot\boldsymbol{u}_i$$

$i=1,\cdots,\boldsymbol{m}$，　$j=1,2,3$（当自变量个数 $m\leqslant 2$ 时 $j=1,m$）

式中：$\boldsymbol{Q}=\boldsymbol{v}_j^0\boldsymbol{u}_j^0$ 为 $\boldsymbol{u}_i$ 到 $\boldsymbol{v}_i$ 的变换。因 $\boldsymbol{u}_i$ 和 $\boldsymbol{v}_i$ 是保点积的，$\boldsymbol{Q}$ 必为正交变换。

于是当 f 为各向同性标量函数时，有

$$\boldsymbol{u}_i\cdot\boldsymbol{u}_j=\boldsymbol{v}_i\cdot\boldsymbol{v}_j,\quad i,j=1,\cdots,m$$

$$\begin{aligned}f(\boldsymbol{v}_1,\boldsymbol{v}_2,\cdots,\boldsymbol{v}_m)&=f(\boldsymbol{Q}\cdot\boldsymbol{u}_1,\boldsymbol{Q}\cdot\boldsymbol{u}_2,\cdots,\boldsymbol{Q}\cdot\boldsymbol{u}_m)\\&=f(\boldsymbol{u}_1,\boldsymbol{u}_2,\cdots,\boldsymbol{u}_m)\end{aligned}$$

必要性得证。

2. 二阶各向同性张量的构成

见式（A. 9a），二阶张量与向量并积的双点积为标量，是坐标变换的不变量，即

$$A_{ij}a_ib_j=A'_{ij}a'_ib'_j \tag{A. 21}$$

$$\left.\begin{aligned}a'_i&=\beta_{ik}a_k\\b'_i&=\beta_{ik}b_k\end{aligned}\right\} \tag{A. 22}$$

若把 a'_i,b'_i视为与 a_k,b_k 同一坐标系不同的变量，则 β_{ik} 视为 a_k,b_k 到 a'_i,b'_i的变换，因 β_{ik} 为正交矩阵，$\beta_{ik}\beta_{jk}=\delta_{ij}$，故 β_{ik} 与正交张量 Q_{ik} 等价，可令 $\beta_{ik}=Q_{ik}$，将式（A. 22）写为

$$\left.\begin{aligned}\boldsymbol{a}'&=\boldsymbol{Q}\cdot\boldsymbol{a}\\\boldsymbol{b}'&=\boldsymbol{Q}\cdot\boldsymbol{b}\end{aligned}\right\} \tag{A. 23}$$

对于各向同性张量，$A_{ij}=A'_{ij}$，则式（A. 21）变为

$$A_{ij}a_ib_j=A'_{ij}a'_ib'_j=A_{ij}Q_{ik}a_kQ_{jl}b_{jl} \tag{A. 24a}$$

$$\boldsymbol{A}:\boldsymbol{ab}=\boldsymbol{A}:(\boldsymbol{Q}\cdot\boldsymbol{a})(\boldsymbol{Q}\cdot\boldsymbol{b}) \tag{A. 24b}$$

$$f(\boldsymbol{a},\boldsymbol{b})=f(\boldsymbol{Q}\cdot\boldsymbol{a},\boldsymbol{Q}\cdot\boldsymbol{b}) \tag{A. 24c}$$

这表明 f 是各向同性标量函数，同时 f 又是关于 $\boldsymbol{a},\boldsymbol{b}$ 的双线性函数（见式（A. 11）），因此，满足 Cauchy 表示定理和线性特性的函数形式只能是

$$f(\boldsymbol{a},\boldsymbol{b})=\boldsymbol{A}:\boldsymbol{ab}=\lambda\boldsymbol{a}\cdot\boldsymbol{b}\quad（\lambda\text{ 为任意实数}）$$

或

$$\begin{aligned}&A_{ij}a_ib_j=\lambda a_ib_i\\&\Rightarrow A_{ij}a_ib_j=\lambda a_ib_i=\lambda\delta_{ij}a_ib_j\end{aligned}$$

则

$$A_{ij}=\lambda\delta_{ij}$$

这是二阶各向同性张量分量的一般形式。

可以看到，满足 Cauchy 表示定理，但自变量个数为奇数的各向同性标量函数不是线性函数，如

$$f(\boldsymbol{a},\boldsymbol{b},\boldsymbol{c})=\lambda(\boldsymbol{a}\cdot\boldsymbol{b})+\mu(\boldsymbol{a}\cdot\boldsymbol{b})(\boldsymbol{c}\cdot\boldsymbol{a})+\cdots$$

读者可用线性函数的定义（见式(A.11)）验证上式不是 $\boldsymbol{a}$ 或 $\boldsymbol{c}$ 的线性函数。所以

各向同性张量只能是偶数阶张量

3. 四阶各向同性张量的构成

根据二阶张量各向同性张量的构成过程可知，满足 Cauchy 表示定理和线性特性的四阶张量函数形式只能是

$$\begin{aligned}f(\boldsymbol{a},\boldsymbol{b},\boldsymbol{c},\boldsymbol{d})&=\boldsymbol{A}\mid\boldsymbol{abcd}\\&=\lambda(\boldsymbol{a}\cdot\boldsymbol{b})(\boldsymbol{c}\cdot\boldsymbol{d})+\mu(\boldsymbol{a}\cdot\boldsymbol{c})(\boldsymbol{b}\cdot\boldsymbol{d})+\gamma(\boldsymbol{a}\cdot\boldsymbol{d})(\boldsymbol{b}\cdot\boldsymbol{c})\\&\qquad(\lambda,\mu,\gamma\ \text{为任意实数})\end{aligned}$$

或

$$\begin{aligned}A_{ijkl}a_ib_jc_kd_l&=\lambda a_ib_ic_kd_k+\mu a_ic_ib_jd_j+\gamma a_id_ib_jc_j\\&=\lambda\delta_{ij}\delta_{kl}a_ib_jc_kd_l+\mu\delta_{ik}\delta_{jl}a_ib_jc_kd_l+\lambda\delta_{il}\delta_{jk}a_ib_jc_kd_l\\&=(\lambda\delta_{ij}\delta_{kl}+\mu\delta_{ik}\delta_{jl}+\gamma\delta_{il}\delta_{jk})a_ib_jc_kd_l\end{aligned}$$

所以四阶各向同性张量分量的一般形式是

$$A_{ijkl}=\lambda\delta_{ij}\delta_{kl}+\mu\delta_{ik}\delta_{jl}+\gamma\delta_{il}\delta_{jk}$$

附录 B　任意形状微元的通量公式

3.3.4 小节我们用立方体微元推导出了微元的通量公式式(3.45)和式(3.46)，实际上这两个公式对任意形状微元都是适用的，下面我们就来证明。

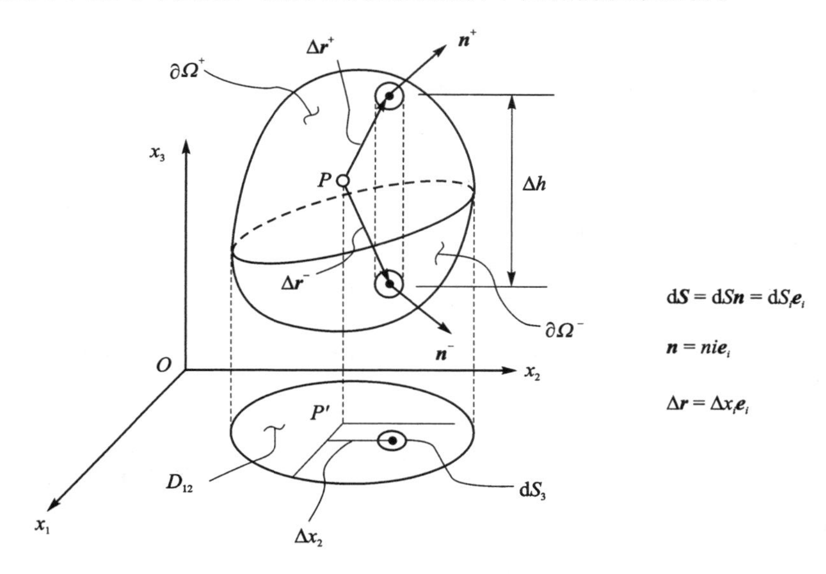

图 B-1　微元的通量

围绕张量场(1 到 n 阶)$\boldsymbol{A}(\boldsymbol{r})$($\boldsymbol{r}=x_i\boldsymbol{e}_i$)中 P 点作任意形状的微元(见图 B-1)。将微元表面$\partial\Omega$ 分割为有限个面元(每个面元可视为平面)$\mathrm{d}\boldsymbol{S}=\mathrm{d}S\boldsymbol{n}=\mathrm{d}S_i\boldsymbol{e}_i$，$\boldsymbol{n}=n_i\boldsymbol{e}_i$ 为微元表面外法向单位矢量，$\mathrm{d}S_i=\mathrm{d}Sn_i$ 为 $\mathrm{d}\boldsymbol{S}$ 在坐标面上的投影。面元处的张量可表达为 P 点的张量与微分之和。

$$
\begin{aligned}
\boldsymbol{A}_{\partial\Omega} &= \boldsymbol{A} + \mathrm{d}\boldsymbol{A} \\
&= \boldsymbol{A} + \boldsymbol{A}\ \nabla\cdot\Delta\boldsymbol{r} \qquad \text{(B.1)} \\
\Delta\boldsymbol{r} &= \Delta x_i\boldsymbol{e}_i
\end{aligned}
$$

则微元的左通量可表示为

$$
\mathrm{d}\Phi = \sum_{\partial\Omega}\mathrm{d}\boldsymbol{S}\cdot\boldsymbol{A}_{\partial\Omega} \qquad \text{(B.2)}
$$

将式(2.1)代入式(2.2)得

$$
\mathrm{d}\Phi = \mathrm{d}\Phi_{\mathrm{I}} + \mathrm{d}\Phi_{\mathrm{II}}
$$

$$= \sum_{\partial\Omega} \mathrm{d}\boldsymbol{S} \cdot \boldsymbol{A} + \sum_{\partial\Omega} \mathrm{d}\boldsymbol{S} \cdot \boldsymbol{A}\ \nabla\cdot\ \Delta\boldsymbol{r}$$

$$\mathrm{d}\Phi_{\mathrm{I}} = \sum_{\partial\Omega} \mathrm{d}\boldsymbol{S} \cdot \boldsymbol{A}$$

$$= \sum_{\partial\Omega} \mathrm{d}S_i \boldsymbol{e}_i \cdot \boldsymbol{A} = \left(\sum_{\partial\Omega} \mathrm{d}S_i\right) \boldsymbol{e}_i \cdot \boldsymbol{A}$$

上式中括号内表示面元投影面积之和。先考虑 x_1x_2 上的投影面积 $\mathrm{d}S_3$ 之和，为此将$\partial\Omega$ 分成上、下两个单值曲面$\partial\Omega^+$和$\partial\Omega^-$，在 x_1x_2 上的投影域均为 D_{12}，则有

$$\sum_{\partial\Omega} \mathrm{d}S_3 = \sum_{\partial\Omega^+} \mathrm{d}S_3^+ + \sum_{\partial\Omega^-} \mathrm{d}S_3^-$$

$$= \sum_{D_{12}} \mathrm{d}S_3^+ + \sum_{D_{12}} \mathrm{d}S_3^-$$

同一垂线上，上、下面元的投影大小相等，符号相反 $\mathrm{d}S_3^+ = -\mathrm{d}S_3^-$，故 $\sum\limits_{\partial\Omega} \mathrm{d}S_3 = 0$。同理可证 $\sum\limits_{\partial\Omega} \mathrm{d}S_2 = \sum\limits_{\partial\Omega} \mathrm{d}S_1 = 0$，于是有

$$\mathrm{d}\Phi_{\mathrm{I}} = 0$$

$$\mathrm{d}\Phi = \mathrm{d}\Phi_{\mathrm{II}}$$

$$= \sum_{\partial\Omega} \mathrm{d}\boldsymbol{S} \cdot \boldsymbol{A}\ \nabla\cdot\ \Delta\boldsymbol{r}$$

$$= \sum_{\partial\Omega} \mathrm{d}S_i \boldsymbol{e}_i \cdot \boldsymbol{A}\ \nabla\cdot\ \boldsymbol{e}_j \Delta x_j$$

$$= \boldsymbol{e}_i \cdot \boldsymbol{A}\ \nabla\cdot\ \boldsymbol{e}_j \sum_{\partial\Omega} \Delta x_j \mathrm{d}S_i$$

求和因子表示面元投影面积与面元相对位置矢量 $\Delta\boldsymbol{r}$ 投影乘积之和，$Q_{ij} = \sum\limits_{\partial\Omega} \Delta x_j \mathrm{d}S_i$，有 9 个分量，先分析 $i \neq j$ 的分量，例如：

$$Q_{32} = \sum_{\partial\Omega^+} \Delta x_2^+ \mathrm{d}S_3^+ + \sum_{\partial\Omega^-} \Delta x_2^+ \mathrm{d}S_3^-$$

$$= \sum_{D_{12}} \Delta x_2^+ \mathrm{d}S_3^+ + \sum_{D_{12}} \Delta x_2^- \mathrm{d}S_3^-$$

同一垂线上，上、下面元的位置矢量投影大小相等，$\Delta x_2^+ = \Delta x_2^- = \Delta x_2$，而面元的投影大小相等，符号相反，故

$$Q_{32} = 0$$

同理可得

$$Q_{23} = Q_{13} = Q_{31} = Q_{12} = Q_{21} = 0$$

再分析 $i = j$ 的分量，例如：

$$Q_{33} = \sum_{\partial\Omega^+} \Delta x_3^+ \mathrm{d}S_3^+ + \sum_{\partial\Omega^-} \Delta x_3^- \mathrm{d}S_3^-$$

$$= \sum_{D_{12}} \Delta x_3^+ \mathrm{d}S_3^+ + \sum_{D_{12}} \Delta x_3^- \mathrm{d}S_3^-$$

令 $dS_3 = dS_3^+ = -dS_3^-$，而 $\Delta h = \Delta x_3^+ - \Delta x_3^-$ 表示上、下面元间柱体的高(见图 B－1)，则有

$$Q_{33} = \sum_{D_{12}} (\Delta x_3^+ - \Delta x_3^-)\, dS_3$$
$$= \sum_{D_{12}} \Delta h\, dS_3 = dV$$

式中：δV 为微元体积。同理可得

$$Q_{22} = Q_{11} = dV$$

于是

$$d\Phi = (\boldsymbol{e}_1 \cdot \boldsymbol{A}\ \nabla \cdot \boldsymbol{e}_1 + \boldsymbol{e}_2 \cdot \boldsymbol{A}\ \nabla \cdot \boldsymbol{e}_2 + \boldsymbol{e}_3 \cdot \boldsymbol{A}\ \nabla \cdot \boldsymbol{e}_3)\, dV$$
$$= (\boldsymbol{e}_i \cdot \boldsymbol{A}\ \nabla \cdot \boldsymbol{e}_i)\, dV$$

$$\boldsymbol{e}_i \cdot \boldsymbol{A}\ \nabla \cdot \boldsymbol{e}_i = \boldsymbol{e}_i \cdot \frac{\partial \boldsymbol{A}}{\partial x_j} \boldsymbol{e}_j \cdot \boldsymbol{e}_i$$
$$= \boldsymbol{e}_i \cdot \frac{\partial \boldsymbol{A}}{\partial x_j} \delta_{ji}$$
$$= \boldsymbol{e}_i \cdot \frac{\partial \boldsymbol{A}}{\partial x_i}$$
$$= \nabla \cdot \boldsymbol{A} = \mathrm{div}\, \boldsymbol{A}$$

所以

$$\boxed{d\Phi = \sum_{\partial \Omega} d\boldsymbol{S} \cdot \boldsymbol{A} = \mathrm{div}\, \boldsymbol{A}\, dV} \tag{B.3}$$

此公式为微元的通量公式，即微元的高斯定理，它适合于 1 到 n 阶张量，表示微元表面的左通量等于微元中心的左散度乘微元体积。如果通量为右通量，类似的推导可得

$$\boxed{d\Phi = \sum_{\partial \Omega} \boldsymbol{A} \cdot d\boldsymbol{S} = \boldsymbol{A} \cdot \nabla dV = \mathrm{div}_{\mathrm{R}} \boldsymbol{A}\, dV} \tag{B.4}$$

参考文献

[1] 黄克制,薛明德,陆明万. 张量分析[M]. 3 版. 北京:清华大学出版社,2020.
[2] 张若京. 张量分析简明教程[M]. 上海:同济大学出版社,2010.